Für Quaddle

Inhalt

Vorwort von Randolf Menzel

Wir Menschen fühlen uns (anderen) Tieren weit überlegen. In der Tat komponieren Tiere keine Symphonien oder Schlager, bauen keine Autos, berechnen nicht die Tragfähigkeit von Brücken und denken nicht über ihre Wesenheit nach dem Tod nach. Diese und viele geistige Leistungen des Menschen sind das Ergebnis einer erst 20.000 bis 50.000 Jahre alten kulturellen Evolution, also sehr jungen Datums. Im Verlauf dieser kulturellen Entwicklung haben wir Menschen auch manches Wertvolle verloren. Wir können nicht mehr nach dem Magnetfeld der Erde, dem Sternenhimmel oder den Wellenbewegungen im Meer navigieren – von einigen indigenen Völkern in Australien und im Pazifik abgesehen. Wir kennen nicht mehr die Fülle der Heilmittel der Natur. Wir wissen nichts mehr von den zahllosen hilfreichen Methoden, um den Wettbewerb mit konkurrierenden Bakterien, Pilzen und Tieren im Ackerbau und in der Viehzucht ohne Chemie zu bestehen. Und in allerjüngster Zeit gibt es nur noch ganz wenige Spezialisten, die mechanische Uhren oder Dampfmaschinen reparieren können, ganz abgesehen von alten Handwerken wie dem Schmieden mit Hand- oder Fußblasebalg.

Mit Ausnahme dieser Verluste war die kulturelle Evolution des Menschen eine großartige Geschichte der Erfolge. Diese Errungenschaften verstellen manchmal den Blick auf die Tiere, denn sie sind uns in vieler Hinsicht auch überlegen. Wer von uns Menschen läuft schon so schnell wie ein Gepard? Niemand von uns kann ohne Hilfsmittel das prächtige Muster an polarisiertem Licht des blauen Himmels sehen, wie das die Insekten können. Wir können nicht mit Ultraschall in der Nacht im schnellen Flug nach Motten jagen wie die Fledermäuse. Wer von uns kann schon laufen, schwimmen und fliegen, ohne technische Hilfsmittel wie der Rückenschwimmer Notonecta, ein Käfer. In diesem Buch finden Sie eine Fülle von beeindruckenden Beispielen für Sinnesleistungen und Verhaltensweisen von Tieren, die wir nur bewundern können, wenn wir sie mit den eingeschränkten Fähigkeiten des Menschen vergleichen.

Aber wie steht es mit den geistigen Fähigkeiten von Tieren, ihrem Lernvermögen, ihrem Gedächtnis für lang zurückliegende Ereignisse oder für Regeln, die erst aus einer Vielzahl von Lernereignissen extrahiert werden können? Können denn Tiere auch planen, vorausschauend entscheiden und sich über komplexe Ereignisse in der Umwelt informieren? Haben sie Erwartungen, die über Belohnungslernen hinausgehen? Darwin war sich sicher, dass Tiere über mentale Fähigkeiten verfügen, die sich nicht prinzipiell von denen der Menschen unterscheiden. In seinem Buch *Die Abstammung des Menschen und die Auswahl im Verhältnis zur geschlechtlichen Fortpflanzung* (*The Descent of Man and Selection in Relation to Sex*), 1871, schreibt er: »Es gibt keinen fundamentalen Unterschied zwischen Menschen und nicht menschlichen Tieren. … Die niederen Tiere können angenehme Gefühle und Schmerz, Freude und Pein empfinden wie der Mensch.« Aber lassen sich solche sehr pauschalen Urteile experimentell belegen?

Die zweite Hälfte des 19. Jahrhunderts und die erste Hälfte des 20. Jahrhunderts war in der aufblühenden experimentellen Verhaltensforschung geprägt von einer tiefen Skepsis gegenüber vermenschlichenden Beschreibungen und Interpretationen. Seit dem Schock, den die Verhaltensbiologie mit dem Klugen Hans, einem »rechnenden« Pferd, erfahren hat, ist die objektive, ausschließlich beschreibende und nicht interpretierende Datenerfassung verbunden mit einer mathematischen Formalisierung, eine zentrale und schwierige Aufgabe der Verhaltensbiologie. Dieses

Bemühen um formalisierte Objektivität hat mancherlei Blüten getrieben: Zum Beispiel wurden Begriffe wie Gedächtnis, Gehirn, Ich-Erlebnis, Absicht, Planen aus dem Sprachgebrauch der experimentellen Psychologen der behavioristischen Schule in den USA verbannt. Auch auf dem Gebiet der individuellen Anpassung des Verhaltens durch Lernen war das blinde Auge der Ethologen, der Verhaltensforscher, eher hinderlich als hilfreich. Die Stärke der Ethologie, die Tiere in ihrer natürlichen Umgebung zu studieren und die verwandtschaftlichen Beziehungen zwischen Tierarten in die Betrachtung einzubeziehen, wurde durch die Fokussierung auf angeborene Verhaltensweisen eingeschränkt. Dieses Einschränken aber förderte wiederum das Aufdecken der Bedeutung von angeborenen Verhaltensweisen.

Diese historischen Begrenzungen überwand die Wissenschaft in den vergangenen Jahrzehnten in vorsichtigen Schritten. Manche Verhaltensbiologen sprechen euphorisch von einer kognitiven Wende. Beigetragen haben dazu zwei Entwicklungen: Zum einen die Sammlung einer riesigen Fülle von ganz erstaunlichen Leistungen von Tieren, die über besondere Anpassungen ihrer Sinnesorgane und ihrer Verhaltensmuster hinausgehen. Sie legt den Schluss nahe, dass es sich um kognitive, der entsprechenden Tierart angemessene mentale Leistungen handelt. Dafür finden Sie in diesem Buch eine große Zahl von Beispielen. Lassen Sie sich davon in den Bann ziehen. Die zweite Entwicklung, die diese entscheidende Wende in der Verhaltensbiologie befördert hat, ist der Erfolg der Neurowissenschaft. Die Gehirnforscher finden vielfältige Parallelen bei den Vorgängen, die sich im Hirn von Mensch und Tier abspielen. Und dies beobachten Neurobiologen nicht nur bei Säugetieren und Primaten, die dem Menschen evolutiv recht nahestehen, sondern auch bei Schnecken und Insekten. Bei der Beschreibung der kognitiven Fähigkeiten von Tieren ist es häufig nicht vermeidbar, Begriffe zu verwenden, die den Eindruck erwecken, Tiere würden vermenschlicht. In all diesen Fällen ist es besonders wichtig, die kritische Distanz des aufmerksamen Lesers beizubehalten. Bedenken Sie dabei, dass wir Menschen uns eben nur in einer menschlichen Sprache verständlich machen können. Unsere Sprache hat sich entwickelt, um die detailreiche Verständigung zwischen uns zu ermöglichen, nicht, um die Beziehung der Tiere untereinander zu erklären. Ein vermenschlichend klingender Begriff bedeutet deshalb nicht, dass bei dem betreffenden Tier Gehirnvorgänge angenommen werden müssen, die denen des Menschen entsprechen. Es könnte sehr wohl sein, dass es sich bei dem erstaunlichen Verhalten des Tieres um das Zusammenspiel einfacherer kognitiver Leistungen handelt, als der Begriff – und unsere subjektive Erfahrung – nahelegt. Solche Überlegungen führen dazu, die entsprechenden menschlichen kognitiven Leistungen genauer zu betrachten. Es könnte nämlich sein, dass auch beim Menschen das Denkvermögen, als einheitlich empfundene geistige Fähigkeit, ein Zusammenspiel von recht einfachen kognitiven Teilleistungen ist.

Beschreibungen des Tierverhaltens mit den Begriffen unserer zwischenmenschlichen Verständigung können daher nur der erste Versuch einer Erklärung sein. Worin sich Erwarten, Planen, Entscheiden, Schmerz, Ich-Erlebnis, Empathie, Freude, Aggression, soziale Verständigung bei einer bestimmten Tierart von den entsprechenden kognitiven Fähigkeiten des Menschen oder anderer Tierarten unterscheiden, ist eine offene Frage. Sie verlangt sehr sorgfältiges Experimentieren. Hier kommt uns die Neurowissenschaft zu Hilfe, denn wenn sich zeigt, dass diesen Fähigkeiten das Zusammenspiel von Gehirnarealen zugrunde liegt, die in entsprechender Weise auch bei der untersuchten Tierart zu finden sind, wird eine tragfähige Brücke geschlagen. Diese eröffnet den Zugang zu den Gehirnmechanismen, die allen kognitiven Vorgängen bei Tier und Mensch zugrunde liegen und sich im Verlauf der biologischen Evolution herausgebildet haben. Allerdings ist die Neurowissenschaft noch weit davon entfernt, die nötigen Daten zur Verfügung zu stellen. Erkenntnisse dieser Art ordnen den Menschen dort ein, wo er biologisch steht, in der Evolutionsreihe der Tiere. Der Gewinn einer solchen Betrachtungsweise ist für den Menschen von noch viel größerer Bedeutung als für die Erklärung einer erstaunlichen kognitiven Fähigkeit einer Tierart. Aus diesem Grund ist die vergleichende Betrachtung kognitiver Fähigkeiten bei Tier und Mensch von so grundsätzlicher Bedeutung für das Verständnis von uns selbst. Weder der Mensch wird dabei tierhaft reduziert, noch wird das Tier vermenschlicht.

Die emotionale Beziehung zu einem Tier kann für das Verständnis seiner kognitiven Fähigkeiten gleichzeitig fördernd und hemmend sein. Fördernd in dem Sinne, dass wir uns besonders tief in seine Wahrnehmung, seine Erfahrungsgeschichte und seine nächsten Verhaltensweisen hineindenken können. Für einen erklärenden Ansatz allerdings braucht es auch den nötigen Abstand, sozusagen den neutralen analytischen Blick. Die moderne Verhaltensbiologie sucht nach einer Balance in diesem Spannungsfeld. Dieses Spannungsfeld wird in diesem Buch aus den Beschreibungen der Gespräche mit ausgewählten Forschern deutlich, ihren Denkweisen, ihrem Umgang mit den Problemen und Fragen, denen sie sich stellen, und der Art und Weise, wie sie mit ihren Versuchstieren umgehen. Der Leser wird so zu einem Kumpan in der Forschungslandschaft, die er gemeinsam mit der Autorin und den agierenden Wissenschaftlern durchstreift, und er wird dabei viel Neues entdecken.

Einleitung

Dieses Buch handelt von Tieren. Von ihren erstaunlichen Fähigkeiten, die lange Zeit verborgen geblieben sind und von der Forschung nun in immer kürzeren Abständen aufgedeckt werden.

Aber nicht nur.

Es handelt auch von unserem Blick auf Tiere, der sich innerhalb weniger Jahrzehnte grundlegend verändert hat. Das weiß jeder Hundehalter, der sich heute nicht mehr retten kann vor Wellnessangeboten rund um seinen Vierbeiner. Noch in den Siebzigerjahren lebten viele Hunde hierzulande in Zwingern, und kein Mensch sprach von ihrem seelischen Wohlbefinden.

Wie kommt dieser Wandel zustande? Plötzlich interessieren wir uns für das Innenleben von Insekten. Wir schwimmen mit Delfinen und buchen Whale-Watching-Touren, weil uns der Anblick einer Pottwal-Fluke in Ekstase versetzt. Weiß noch jemand, dass das offizielle Walfangmoratorium erst vor rund 30 Jahren in Kraft trat? Und dass bis dahin das Abschlachten der Meeressäuger gang und gäbe war? Nicht nur betrieben von einzelnen Nationen wie heute.

Was also ist passiert?

Unsere wesentlichen Informationen über Tiere stammen aus der Wissenschaft. Und dort hat sich in den vergangenen Jahrzehnten – von der Öffentlichkeit weitgehend unbemerkt – ein Paradigmenwechsel vollzogen, ein grundlegender Wandel der Anschauungen und der Herangehensweise. Noch um 1970 war es für einen Verhaltensforscher undenkbar, von tierischer Intelligenz zu sprechen. Oder von Gefühlen, die ein Tier haben könnte.

15

Für die Wissenschaft waren Tiere vor allem instinktgesteuerte oder konditionierte, also mehr oder weniger dressierte Geschöpfe, die der Mensch turmhoch überragte. Und jetzt?

Jetzt sprechen Biologen und Verhaltensforscher wie selbstverständlich von »nicht menschlichen« und »menschlichen Tieren« – mit Letzteren sind wir gemeint. Sie ordnen uns in die Klasse der Säugetiere ein, sodass wir nicht mehr gesondert dastehen, sondern uns auf Augenhöhe mit anderen Säugern befinden. Das ist eine Zeitenwende in der Wissenschaft, die man gar nicht hoch genug bewerten kann. Sie räumt ein, dass nicht die Tiere beschränkt sind, sondern dass unsere Vorurteile und mitunter dürftigen Untersuchungsmethoden den Blick auf sie verstellt haben. Das ist ein bisschen so, als habe jemand einen Vorhang zur Seite gezogen, und nun strömen Licht und Luft durch weit geöffnete Fenster. Auf einmal lautet die Frage: Was werden wir herausfinden, wenn wir uns keine Denkverbote mehr auferlegen?

Seitdem erreichen uns Forschungsergebnisse, die verblüffend sind. Wir lesen von Tauben, die Rechtschreibregeln begreifen. Von Bienen, die vielleicht träumen können. Und von Kraken mit einem beträchtlichen Lernvermögen. Es zeigt sich bei Tieren aller Klassen – nicht nur bei den Säugetieren, sondern auch bei Fischen, Vögeln und Insekten – immer mehr von dem, was man einst nur Menschen zugetraut hatte. Und das Beruhigende ist, dass dabei keine Esoteriker am Werk sind, sondern ernsthafte Wissenschaftler, die fragen, prüfen, zweifeln, sich gegenseitig kontrollieren. Und die ihre Ergebnisse mehr und mehr zugänglich machen, auf kostenfreien Portalen im Internet.

Das heißt nicht, dass unsere tierischen Mitgeschöpfe genau so sind wie wir. Die Unterschiede sind ganz erheblich. Aber die tierischen Fähigkeiten bekommen nun allmählich den Platz, der ihnen zusteht. Weil sie nicht mehr von vornherein als minderwertig gelten, sondern als das, was sie hauptsächlich sind: *anders*. Von einer ganz eigenen Komplexität. Der Münsteraner Verhaltensbiologe Norbert Sachser bringt es auf den Punkt, wenn er sagt:

»Wir dürfen nicht erwarten, dass die Emotionen beim Tier eins zu eins dieselben sind wie beim Menschen. Emotionen sind durch die natürliche Selektion hervorgebracht worden, durch die Anpassung an den Lebensraum. Es kann also sein, dass Tiere Emotionen haben, die wir gar nicht kennen.«

Das gilt auch für ihre kognitiven Leistungen. Besonders bei den Mitgeschöpfen, die noch über ganz andere Sinne verfügen als wir. Etwa Fledermäuse, die sich per Echo-Ortung in ihrer Welt orientieren – und damit vielleicht auch kommunizieren, wie die Bioakustikerin Anna Bastian aus Südafrika gerade untersucht. Oder Bienen, die im Gegensatz zu uns das polarisierte Sonnenlicht sehen können. Oder auch Hunde, die vermutlich die Magnetfelder der Erde wahrnehmen.

Wie ist es, eine Fledermaus zu sein? Fragen solcher Art, wie sie als Erster der amerikanische Philosoph Thomas Nagel stellte, kursieren heute unter Verhaltensforschern. Auch wenn sie wissen, dass es darauf keine Antwort gibt, denn Menschen können nicht aus ihrer Haut. Wir werden wohl nie herausfinden, was es heißt, wie eine Fledermaus zu fühlen, zu denken und in der Welt zurechtzukommen. Aber allein diese Frage zeigt, wie sehr sich die wissenschaftliche Haltung gegenüber Tieren verändert hat. Der Mensch als Krone der Schöpfung ist ein wenig demütiger geworden und in seinen Annahmen vorsichtiger. Er blickt nicht mehr von oben auf seine Studienobjekte herab, sondern sucht nach einer wirklichen Annäherung. Und ist damit besser imstande, die tierische Welt zu verstehen.

So wissen wir inzwischen, dass die Natur nicht nach und nach Geschöpfe hervorgebracht hat, die immer klüger wurden, mit dem Giganten Mensch am Ende, sondern dass sie zu unterschiedlichen Zeiten und in vielen Arten ganz unabhängig voneinander das Licht angeknipst hat. Etwa in Vögeln, deren Ast am evolutionären Stammbaum sich schon vor mehr als 300 Millionen Jahren von unserem entfernte und deren Gehirne anders aussehen als unsere. Ihnen fehlt der Cortex, die Hirnrinde, die uns das Denken ermöglicht. Weswegen man in früheren Zeiten dachte, dass sie besonders tumbe Gesellen sein müssten, so etwas wie instinktgelenkte Automaten. Dabei sind einige Vogelarten zu Denkleistungen imstande, die an die von Primaten heranreichen. Das hat ihnen auch einen neuen Beinamen eingetragen: »gefiederte Affen«.

All das hätten wir nicht erfahren, wenn sich die Wissenschaft vom Tier nicht so umfassend gewandelt hätte. Aber Forschung wird immer von Menschen gemacht. Deshalb lohnt es sich, auch einmal einen Blick auf diejenigen zu werfen, die so viel Neues aus der tierischen Welt ans Tageslicht holen. Meistens bekommt man sie ja nicht zu Gesicht, dabei gehören Verhaltenskundler, Biologen und Neurowissenschaftler zu einer bemerkenswerten Spezies. Egal, ob sie leutselig sind oder verschlossen, ob sie ihre Heureka-Momente haben oder jahrzehntelang tapfer vor sich hin gründeln, um einiger weniger Puzzleteile willen: Die meisten betreiben ihre Forschung mit unglaublicher Inbrunst. Sprechen sie von ihren Tieren, vergessen sie die Zeit. In vielen Büros habe ich Stunden zugebracht, ohne dass mein Gegenüber auch nur den Anschein von Müdigkeit gezeigt hätte. Oder mal einen Kaffee gebraucht hätte. Und kommen sie auf einem Branchentreffen zusammen, etwa dem Kongress namens »Behaviour«, der nur alle zwei Jahre stattfindet und von dem gleich noch die Rede sein wird, dann flitzen knapp tausend Forscher – Superstars wie Nachwuchskräfte – im Halbstundentakt von Vortrag zu Vortrag. Eine Woche lang, von frühmorgens bis abends. Oder besser gesagt: bis der Sicherheitsdienst sie sanft zur Tür hinausschiebt.

Begleiten wir sie für einen kurzen Moment. Denn ein Kongress ist der Umschlagplatz schlechthin für alle neuen Informationen aus der Tierforschung. Nirgendwo sonst kommt auf so kleinem Raum so geballtes Wissen zusammen. Manches ist derart neu, dass darüber nicht berichtet werden darf. Anderes ist längst bekannt, nur dass es bislang an Beweisen gefehlt hat. Und jetzt endlich scheinen sie gefunden.

18

Auf solchen Tagungen werden jedoch nicht nur Forschungsergebnisse geteilt. Sondern auch Positionen bestimmt. Wo steht die Branche derzeit? Ist das Thema tierische Intelligenz, im Fachjargon *animal cognition*, immer noch ganz oben auf der Hitliste wie seit fast fünfzehn Jahren? Was im Übrigen kein schlechtes Zeichen für ein Fach wäre, in dem Studenten noch Anfang der Achtzigerjahre durch Prüfungen fielen, wenn sie das Wort »Denken« bei Tieren auch nur in den Mund nahmen.

Wer die Forschung vom Tier mitverfolgen will, kommt um ein paar Fachbegriffe nicht herum. Sie mögen sperrig sein, aber man hat es ja auch mit einer Wissenschaft zu tun, die in unbekanntes Terrain vorstößt. Da sind die Wege längst noch nicht ausgeleuchtet, und Landkarten gibt es auch kaum. Umso wichtiger wird eine klare Sprache, die halbwegs von allen verstanden wird. Auf der »Behaviour«, diesem Klassentreffen der Verhaltensforscher, gibt es ausreichend Gelegenheit, sie zu lernen.

Die jüngste Konferenz fand im August 2017 statt, in einem kleinen portugiesischen Küstenort namens Estoril, nahe Lissabon. Sie war eine der größten in der 65-jährigen Geschichte der »Behaviour«. Der erste Kongress dieser Art, der damals noch ganz anders hieß, wurde 1952 in Deutschland abgehalten, direkt bei Konrad Lorenz' Forschungsstätte, dem Vater der klassischen Verhaltensforschung. Damals kamen etwa 80 Forscher zusammen. Nun waren es rund 950 Teilnehmer aus 45 Ländern.

Was sind das für Leute, woran forschen sie im Augenblick? Und was verbirgt sich hinter den Begriffen wie *Theory of Mind*, *Mental Time Travel* oder *Episodic-like Memory,* die sie nutzen? Ziemlich Aufregendes, selbst für die nüchterne Wissenschaft. Zum Beispiel der Nachweis, dass Rabenvögel wissen, was ein anderer weiß. Oder das Ende vom Gerücht, Hunde hätten kein Zeitgefühl.

Aber sehen Sie selbst.

19

Das Klassentreffen in Estoril

Eine zierliche Dame fortgeschrittenen Alters geht durch die Eingangshalle des Kongresscenters in Estoril, Portugal. In ihre langen Haare hat sie eine Sonnenbrille geschoben. Sie trägt einen Minirock, dazu einen pinkfarbenen Blazer. An ihren Armen klirren unzählige silberne Reifen. Die Finger sind mit Ringen bestückt, eine große Strassbrosche schimmert am Revers, und auch in den Ohren trägt sie Funkelndes. Irene Pepperberg glitzert wie ein Weihnachtsbaum, mitten im Sommer. Fast meint man, den Graupapagei Alex auf ihrer Schulter sitzen zu sehen. Dabei ist der seit 2007 nicht mehr am Leben. Mit Alex ist die Vogelexpertin aus Harvard weltberühmt geworden, und das zu Recht. Bis zum heutigen Tag ist der Papagei so etwas wie der Wappenvogel der Verhaltensforscher.

Irene Maxine Pepperberg kommt zwei Tage zu spät zum Kongress, aber ihr Alex ist schon da. Er ist Thema in unzähligen Vorträgen. Immer wenn es um Genie-Leistungen von Tieren geht, fällt sein Name zuerst. Selbst Verhaltensforscher, die sich sonst zurückhalten, wenn von tierischer Intelligenz die Rede ist, weil sie der Ansicht sind, das Wort »Intelligenz« müsse den Menschen vorbehalten sein, machen bei Alex eine Ausnahme. »Bis auf diesen verdammten Vogel« ist ein – buchstäblich – geflügeltes Wort. Was so viel heißt wie: Könnte man allen Tieren ihre Denkleistungen absprechen, bei diesem Graupapagei müsste man doch kapitulieren, denn zu bedeutend war alles, was der Kerl draufhatte. Im Kapitel über Papageien wird mehr über ihn zu lesen sein und über seine beiden Nachfolger.

Durchblättert man das dicke Buch des Tagungsprogramms, fällt auf, dass die derzeit kniffligsten Fragen der Verhaltensforschung vor allem an Vögeln durchdekliniert werden. Im April 2016 haben zwei Wissenschaftler – der Biopsychologe Onur Güntürkün aus Bochum und der Biologe Thomas Bugnyar aus Wien – in einer umfangreichen Arbeit zusammengefasst, warum die kognitiven Leistungen von Rabenvögeln und Papageien in vielerlei Hinsicht mit denen von Menschenaffen vergleichbar sind. Das und die Tatsache, dass ihre Haltung sehr viel einfacher ist als die von Primaten, macht die Forschung mit ihnen so vielversprechend. Etwa zur legendären *Theory of Mind*.

Theory of Mind – die Welt aus den Augen eines anderen sehen

Kaum ein Begriff ist in der Verhaltensforschung so umstritten wie *Theory of Mind*. Das lässt sich nur etwas lahm übersetzen mit »Theorie des Geistes« oder »Theorie des Bewusstseins«. Damit ist gemeint, dass ein Lebewesen eine Vorstellung hat vom Bewusstsein anderer. Dass es weiß, wie die Welt aus den Augen eines anderen aussieht. Zur *Theory of Mind* gehört auch, bei anderen ein bestimmtes Wissen zu vermuten, das dann in die eigenen Handlungen miteinbezogen wird.

Selbstredend hat man solche Fähigkeiten früher nur dem Menschen zugeschrieben. Doch beim Verstecken von Futter, wie es Raben und andere Rabenvögel tun, sind sie entscheidend. Die Vögel stehen regelmäßig vor dem Problem, dass ihre Nahrungsdepots von Artgenossen leer geräumt werden. Daher müssen ihre Verstecke gut sein. Aber das allein reicht eben nicht. Da Raben – als nichtbrütende Jungtiere – in Gruppen leben, sind sie meist von ihresgleichen umzingelt. Ein Tier, das seine Beute in Sicherheit bringen will, muss also erkennen: Wenn der andere da oben im Baum hockt, kann er dann aus seinem Blickwinkel sehen, wo ich mein Futter hintrage? Im Rabenkapitel wird sich zeigen, dass es nun einen soliden Nachweis für eine *Theory of Mind* bei Rabenvögeln gibt. Aber auch, dass es dazu mehrerer Anläufe bedurfte.

Mental Time Travel – die Zeitreise in Gedanken

Dabei geht es um die Vorstellung von Vergangenheit und Zukunft. Auch das hat man lange nur dem Menschen zugebilligt. Tiere lebten im Hier und Jetzt, hieß es, sie hätten kein Gespür für die Zeit. Was von vornherein eine seltsame Behauptung war. Denn Zeitempfinden ist für viele Tierarten schlicht notwendig, um den Winter zu überstehen. Wer Vorräte anlegt und sie Monate später wiederfindet, kann nicht gänzlich ohne einen Sinn für Zeit sein. Doch wie beweisen?

In einem sommerlich schwingenden Blumenkleid betritt Nicola Clayton die Bühne des Auditoriums im Kongresscenter von Estoril. Die Britin ist Professorin an der Universität von Cambridge und eine weltweit anerkannte Expertin für Rabenvögel. Die 54-Jährige hat ein Talent, sehr einfache und zugleich sehr schlüssige Versuchsanordnungen zu schaffen. Und kommt dadurch zu erstaunlichen Ergebnissen. Clayton arbeitet vorwiegend mit Buschhähern. In mehreren Studien hat sie nachgewiesen, dass diese Vögel tatsächlich ein Gespür für die Zukunft haben, dass sie sich vorstellen können, was passieren wird. Und dass sie ihr Verhalten danach ausrichten. Sie lässt ein Video abspielen, das zwei Buschhäher zeigt, die in einem dreigeteilten Käfig sitzen.

Diese Häher haben sechs Tage in dem Käfig zugebracht und konnten sich in allen Bereichen frei bewegen. Überall lag Futter für sie aus. Zur Nachtruhe wurde jeder in einen der beiden Außenkäfige gesetzt. Und dort passierte Folgendes: Wenn der Morgen anbrach, gab es in einem der Räume ein Frühstück, im anderen nicht. Der Pechvogel, der im Raum ohne Futter saß, musste warten, bis der Vormittag verstrichen war. Dann gingen

23

die Türen wieder auf, und überall war Futter verfügbar. Nur eben nicht in diesem einen Raum, früh am Morgen. Das war der sogenannte »Fastenraum«. Beide Vögel machten nun an jeweils drei Vormittagen die Erfahrung, dass sie Pech oder Glück haben konnten, dass sie hungrig bleiben mussten oder etwas zu fressen bekamen. Und dass der entscheidende Faktor dieser Käfig war, in den sie abends gesperrt wurden. Im Verlauf des Experiments ging jeder Vogel dreimal morgens leer aus, und dreimal durfte er frühstücken.

Nach sechs Tagen erhielten die Buschhäher Körnerfutter, das sie verstecken konnten, wie sie es oft und gern tun. Und genau das setzten sie sofort in die Tat um. Auch wenn keiner der Häher wusste, wo er die kommende Nacht verbringen würde – jeder sorgte für den Fall vor, dass er der Unglücksrabe sein würde, der im Fastenraum landete. Als der Abend anbrach, lag dort fünfmal mehr Körnerfutter als im Frühstücksraum. »Sie haben das nicht durch Versuch und Irrtum gelernt. Auch nicht dadurch, dass man sie fürs Futterverstecken belohnt hat. Sie haben ihre eigenen Schlüsse gezogen«, sagt Clayton, als das Video endet und es im Saal wieder hell wird.

Episodic-like Memory – das episodische Gedächtnis

Ganz ähnliche Versuche hat die Britin durchgeführt, um bei ihren Buschhähern auch ein episodisches Gedächtnis nachzuweisen. Das ist ein Teilaspekt aus dem Bereich von *Mental Time Travel* und meint die Fähigkeit, sich an Erlebtes zu erinnern. Also gedanklich in die Vergangenheit zurückzugehen und sein Verhalten darauf abzustimmen. Wie Buschhäher es tun. Sie wissen offenbar, wann welches Futter, das sie versteckt haben, so verdorben ist, dass sich die Suche danach nicht mehr lohnt. Maden zum Beispiel, die ein ganz anderes Verfallsdatum haben als Nüsse. Ist ein bestimmter Zeitraum überschritten, suchen Buschhäher ihre Madenverstecke nicht mehr auf, auch wenn Maden sonst

24

zu ihren Lieblingshappen zählen. Nussverstecke hingegen werden weiterhin angesteuert.

Aber auch andere Tiere haben inzwischen sehr eindrücklich ein episodisches Gedächtnis gezeigt. Hunde etwa, wie die Biologin Claudia Fugazza herausgefunden hat. Mehr davon im Kapitel über Hunde.

Die Schwierigkeit der richtigen Frage

Jetzt sitzt Pepperberg im größten Saal des Kongresscenters und hört einer jungen Kollegin aus Spanien zu, die ebenfalls mit Papageien arbeitet. Sie ist der Frage nachgegangen, ob ihre Vögel den Sinn eines Tauschhandels begreifen. Kriegen sie es hin, Symbole gegen Fressbares einzutauschen? Können sie sogar ökonomische Entscheidungen treffen, indem sie den Wert ihres Einsatzes steigern?

Das ist eine hochgradig anspruchsvolle Studie, und vielleicht hat die Forscherin damit zu viel gewollt. Denn zunächst müssen die Papageien Symbole lernen, die für bestimmtes Futter stehen. Die Tiere selbst haben klar erkennbare Vorlieben: Walnüsse sind für sie echtes Super-Food, dafür lassen sie alles stehen und liegen. Sonnenblumenkerne sind auch nicht schlecht, aber längst nicht so begehrt wie die Nuss. Maiskorn hingegen nehmen sie nur, wenn nichts anderes da ist. Es gibt also heiß geliebtes Futter, mittelmäßiges und solches, das nur noch »na ja« ist.

Im nächsten Schritt lernen die Papageien, ihre Vorlieben in Symbole zu übersetzen. Ein Plastikring steht für die Walnuss, also den Jackpot. Ein Haken symbolisiert das mittelprächtige Futter Sonnenblumenkern. Ein u-förmiges Objekt repräsentiert das eher unbeliebte Maiskorn.

Und tatsächlich, so das Ergebnis der Studie, hantieren die Vögel eifrig mit den Symbolen. Sie setzen sie auch zum Tauschen ein, machen sich also nicht sofort über das Futter her, sondern wählen zwischen Fressbarem und Objekten aus. Aber wie?

Manchmal wirkt der Tauschhandel sinnvoll, weil er den Papageien-Vorlieben entspricht. Und manchmal wundert man sich. Da wählt ein Vogel den Plastikring, der die Walnuss symbolisiert, obwohl er auch die echte Nuss hätte haben können.

Am Ende des Vortrags gibt es lang anhaltenden Beifall. Und Fragen.

Etwa von Irene Pepperberg. Ob die Forscherin, will sie wissen, in ihrer Arbeit berücksichtigt habe, wie verspielt Papageien sind? Dass es ihnen häufig gar nicht um die Belohnung geht, sondern um das Spiel an sich? Möglicherweise waren die Tiere mehr in den Tauschhandel vernarrt als in ihre Futterbelohnung.

Damit spricht die Grande Dame der Verhaltensforschung ein heikles Thema an: die Versuchsanordnung. Sie gehört zu den größten Herausforderungen für Verhaltenskundler und ist einer der Gründe, warum die Wissenschaft vom Tier so schwierig ist. Denn wie übersetzt man seine Frage in ein Experiment, das eine Antwort überhaupt ermöglicht? Das nicht irgendwohin abzweigt, wo man sich in einem Informationsgestrüpp verheddert, das mit der Ausgangsfrage nichts mehr zu tun hat? Die große Kunst besteht darin, einen Versuch so aufzubauen, dass er genau das beantworten kann, wonach man gefragt hat.

Der Kluge Hans

Und selbst das reicht nicht aus. Jeder Forscher muss bei seinen Experimenten auch verhindern, dass Tiere ihre Informationen aus ganz anderen Quellen beziehen als beabsichtigt. Bei allem, was Ethologen, sprich Verhaltensforscher, tun, steht eine Kreatur aus früheren Zeiten unsichtbar im Raum und wackelt mit dem Kopf. Es ist das Pferd namens Kluger Hans: Anfang des zwanzigsten Jahrhunderts zog ein Lehrer mit seinem Trakehnerhengst durch Berlin, der angeblich so schlau war, dass er zählen konnte. Und nicht nur das, er konnte sogar Rechenaufgaben lösen. Fragte man das Pferd, wie viel ist zwei mal zwei, klopfte es

26

viermal mit seinem Huf auf den Boden oder nickte viermal mit dem Kopf. Das Tier war eine Sensation, bis sich herausstellte, worin sein eigentliches Können bestand: Es las aus den Mienen der Umstehenden ab, wann es die richtige Anzahl erreicht hatte, und stellte dann das Klopfen ein. Winzigste Nuancen an Kopf- und Gesichtsbewegungen genügten ihm. Eine Meisterleistung in Menschenkunde – aber keine in Mathematik.

Vor allem bei Hunden ist das immer wieder ein Thema. Die Tiere sind derart fortgeschritten in ihrem Können, Menschen zu lesen, dass bei ihnen ständig der Kluge-Hans-Effekt zuzuschlagen droht.

Mühen und Fallstricke kommen in der Forschung vom Tier also zuhauf vor. Und so gibt der Abschlussredner der »Behaviour«, der indische Insektenforscher Raghavendra Gadagkar, allen Kollegen im Raum eine Mahnung mit auf den Weg: »Wie man Wissenschaft betreibt, ist genauso wichtig wie das, was dabei herauskommt.«

Es ist gut möglich, dass einige der Studien in diesem Buch irgendwann oder in naher Zukunft von anderen Arbeiten widerlegt werden. Das ist Alltag in der Wissenschaft. Was hier vorgestellt wird, ist nichts anderes als der aktuelle Stand der Dinge. Und der kann morgen schon wieder ein anderer sein.

Gadagkar, der mit seinen Wespenstudien weltberühmt wurde, hat vor einiger Zeit noch etwas gesagt, das gut dazu passt – wie auch zum Thema dieses Buches. Das war 2015 in einem Gespräch mit der *Süddeutschen Zeitung*: »An einer Theorie festzuhalten, nur weil man sie einmal vertreten hat, ist nicht Wissenschaft.«

27

Große Wale:
Die Wissenschaft der Anstrengungen

Menschen lieben Wale, viele verehren sie geradezu. Dabei ist es noch nicht so lang her, dass die Tiere als blutige Masse auf den Schiffsplanken der Walfänger lagen, um als Margarine oder Lampenöl zu enden. Heute genießen Pottwal, Buckelwal und Blauwal einen fast mystischen Ruf. Dafür haben vor allem die Gesänge der Buckelwale gesorgt. Aber was weiß man wirklich über die gewaltigen Meeressäuger? Und vor allem: Wie kommt dieses Wissen zustande?

Die Wissenschaft vom Wal hat einen verheißungsvollen Klang. Doch statt Abenteuer auf hoher See erwartet die Forscher in erster Linie ein riesiges Geduldsspiel. Eine Art Hunderttausend-Teile-Puzzle aus Fragmenten, die alle gleich aussehen und nur ganz langsam einen Bildausschnitt zeigen. Manch ein Biologe hat Jahrzehnte seines Lebens drangegeben, und am Ende steht ein gucklochkleiner Einblick in die Welt der großen Meeressäuger.

Woran liegt das? Vor allem daran, dass Wale uns so fremd sind. Ihre Welt ist vollständig anders als unsere. Pottwale und Co. kann man nicht in Gefangenschaft halten, ihr Verhalten lässt sich nur mühsam beobachten, da sich ihr Leben unter Wasser abspielt. Oder gar gleich in der Tiefsee.

Hinzu kommen die Weite des Lebensraums und die geschrumpften Bestände vieler Walarten. Bis zum heutigen Tag haben sich etliche von der jahrhundertelangen Jagd kaum erholt. Noch immer erreicht die Population der Blauwale im Antarktischen Ozean nur einen Bruchteil ihrer einstigen Größe. Etwa 2000 Tiere sind es heute, von einstmals um die 350.000. Andere Spezies stehen direkt vor der Ausrottung, wie der Atlantische Nordkaper, dessen Populationen nur noch rund 450 Tiere umfassen.

Die meisten sind unstete Wanderer. Sie ziehen als Nomaden durch die Ozeane, manchmal über den halben Globus. Ihre Routen liegen weitgehend im Verborgenen. So haben Wissenschaftler erst im Jahr 2013 überhaupt eine Ahnung davon bekommen, wohin sich Südliche Minkwale neun Monate im Jahr zurückziehen *könnten*. Bis dahin waren die Tiere immer nur im australischen Sommer vor dem Great Barrier Reef gesichtet worden. Dann verschwanden sie für ein Dreivierteljahr vollständig von der Bildfläche. Erst als man einzelne Minkwale mit Ortungsgeräten versah, konnten diese von der australischen Marine verfolgt werden – auf ihrem Weg in den Süden, wo sie innerhalb von 30 Tagen rund 3000 Kilometer zurücklegten.

Aber auch Walpopulationen, die man als resident bezeichnet, weil sie ein Habitat vor einer Insel oder einer Küste besiedeln, halten sich dort nicht die ganze Zeit auf. Sie streifen in einem Radius von mehreren Hundert Kilometern durch ihr Gebiet.

Man muss die großen Wale also erst einmal suchen. Und wenn man sie gefunden hat, lassen sie sich nur schwer beobachten. Ihr soziales Leben spielt sich in wenig zugänglichen Bereichen ab. Was bedeutet, dass ihre Erforschung enorm kostspielig ist und längst nicht so umfassend betrieben wird, wie man vielleicht meinen könnte, gemessen an der Popularität der Tiere.

Eine 2012 veröffentlichte Weltkarte macht die Terra incognita der Walforschung sichtbar. Mitarbeiter der Universitäten Freiburg im Breisgau und St. Andrews in Schottland haben Studien ausgewertet, nach denen von 1975 bis 2005 nur in einem Viertel der Meeresfläche überhaupt nach Walen und Delfinen geforscht wurde. Der Großteil der Untersuchungen fand überdies auf der Nordhalbkugel statt, vor den Küsten so finanzkräftiger Staatengemeinschaften wie den USA oder Europa. Die südliche Hemisphäre wies mit Ausnahme der Gewässer um die Antarktis riesige weiße Flecken auf – bis heute unbekanntes Forschungsgebiet. Eine regelmäßige Datenerhebung erfolgte auf gerade mal sechs Prozent der gesamten ozeanischen Fläche.

All das erklärt, warum die Erforschung der großen Wale so langsam vorankommt. Angesichts der Herausforderungen ist es mehr als erstaunlich, was die Untersuchungen von Gesängen, Pfiffen und Klicklauten ans Licht gebracht haben. Sie zeigen, wie hochsozial die gewaltigen Meeressäuger leben. Und dass sie Wesen sind mit einer eigenen Kultur. Dies zumindest behauptet der Pionier der Pottwal-Forschung, Hal Whitehead. Er ist einer dieser leidensfähigen Wissenschaftler, die jahrzehntelang Unterwassermikrofone in die See hinabgleiten lassen – und warten. Die mit Kopfhörern auf ihren Booten hocken und angestrengt lauschen, ob sich in den Weiten der Ozeane etwas regt. Und wenn ja, was. Und die dabei wissen, dass sie etwa 90 Prozent ihrer Aufnahmen später gar nicht verwerten können, weil es sich um Ausschuss handelt.

Aber sie machen unverdrossen weiter. Und manchmal lohnt sich der ganze Aufwand.

Fremde Intelligenzen

April 2017, Halifax. Besuch bei Hal Whitehead im rauen Nova Scotia, einer Halbinsel im äußersten Osten Kanadas, die bis auf eine schmale Landbrücke vom Nordatlantik umschlossen ist. Für einen Walforscher die passende Umgebung, sollte man meinen, vor der Küste liegen mehrere Walgründe. Pottwale allerdings finden sich hier nur selten. Die Tiere, die Whitehead hauptsächlich erforscht, leben in tropischen Gewässern.

Der Biologe gehört zu den führenden Wal-Experten weltweit und lehrt an der Dalhousie-Universität in Halifax. Seit mehr als vier Jahrzehnten treibt er sich auf See herum, um das Verhalten der Meeressäuger zu erforschen. Dabei ist er zu der Überzeugung gelangt: Wale haben eine eigene Kultur. Sie pflegen Traditionen und Rituale, die sie an ihre Nachkommen weitergeben, genau wie wir das tun. Und von diesen kulturellen Leistungen hängt sogar ihr Leben ab.

War Kultur denn nicht immer das, was Menschen von Tieren trennte? Diese These ist nicht mehr haltbar. Und Hal Whitehead soll mir jetzt erklären, warum.

Doch dazu muss ich ihn erst einmal finden. Ich gehe eine lang gezogene Straße entlang, Richtung Dalhousie-Universität. Die Hausnummern sind schon vierstellig. Es ist ein kalter, ruppiger Aprilvormittag, an dem es so stark regnet und stürmt, dass mein Schirm sich immer wieder umstülpt. Doch das ist nicht das Problem. Die Adresse, die mir der Walforscher gegeben hat, stimmt nicht. Wo ein Universitätsgebäude sein sollte, steht nur ein kleines Holzhaus und vor dessen Tür ein Schild: zu mieten.

»Oh, oh sorry«, höre ich durch das Rauschen des Windes hindurch die helle Stimme von Whitehead im Telefon. »Ich hab mich mit der Hausnummer vertan!« Seit 1986 arbeitet er an der Universität, doch wie ich bald noch sehen werde, kommt der Mann an Land weniger gut zurecht als auf See.

Mit halbstündiger Verspätung und nass vom Regen erreiche ich sein Institut. Whitehead ist in bester Stimmung, seine hellen Augen liegen in einem Nest aus Lachfalten. Unter vielen Entschuldigungen reicht er mir die Hand. »Das tut mir so leid mit der Hausnummer«, sagt er und führt mich in sein winziges Büro, das die Menge an Büchern, Buckelwal-Postern, gekritzelten Notizzetteln und Segelfotos kaum fassen kann. Der Mann gibt ein verwegenes Bild ab, so ganz und gar nicht professoral. Er ist 65 Jahre alt, mittelgroß und schlaksig, die Waden stecken in wuchtigen Gummistiefeln, als käme er gerade von Bord. Sein Gesicht ist von einem wolligen Haarschopf umrahmt, der aussieht wie das Vlies eines Schafes. Die Mundpartie halb zugewachsen von einem weiß melierten Vollbart. Im Juli wird er wieder für eini-

32

ge Wochen zur See fahren, den Walen hinterher, wie er das sechs bis acht Wochen im Jahr tut. Er wirkt, als habe er die Expedition schon hinter sich.

Whitehead ist kein Kanadier, sondern stammt ursprünglich aus England. Seine Familie verbrachte ihre Sommerferien meist an der amerikanischen Ostküste, wo er segeln lernte. Das konnte er bald so gut, dass er als junger Student mit Walforschern in Kontakt kam. Er meldete ihnen, wenn er die Meeressäuger gesichtet hatte, machte selbst Aufzeichnungen und infizierte sich unheilbar mit dem Virus »Wal«. Das ließ ihn schließlich umschwenken: von Mathematik zur Biologie. Nach seinem Hochschulabschluss unterrichtete er fünf Jahre lang an der Universität in Neufundland, bevor er 1986 nach Halifax kam, um zu bleiben.

Die Kultur der Wale

Als Whitehead 1982 mit seinen Pottwal-Forschungen begann – zuvor hatte er überwiegend Buckelwale studiert –, fiel ihm bei seinen Expeditionen auf, wie intensiv sich die erwachsenen Tiere um ihren Nachwuchs kümmerten und dass sie das gemeinschaftlich taten. Manchmal gab es in einer Walgruppe nur ein einziges Kalb. Doch es wurde wie in einer Großfamilie von allen umsorgt, nicht nur von seiner Mutter.

Damals existierten nur sehr spärliche Erkenntnisse über das soziale Verhalten der Meeressäuger. Man wusste zum Beispiel noch nicht, wie sehr die Tiere lernen müssen, was sie im Leben brauchen. Wie sehr sie darauf angewiesen sind, dass die Gemeinschaft ihnen alles beibringt – selbst das Tauchen, aber auch das Kommunizieren, wie sich später noch zeigen wird.

Es ist ein Wissen, das von Generation zu Generation weitergetragen wird. Und es ist so existenziell, so unverzichtbar wichtig, dass sich daran das Schicksal einer Art entscheiden kann. Dieses Wal-Wissen nennt Hal Whitehead Kultur.

Das ist im Tierreich bis heute ein hochproblematischer Begriff. Nicht wenige Wissenschaftler, vor allem Anthropologen, ordnen Kultur ausschließlich den Menschen zu. Denn Tiere schreiben keine Bücher und komponieren keine Opern. Aber heißt Kultur auch gleich Hochkultur? Nein, sagen Biologen wie Whitehead. Aus biologischer Sicht gibt es eine ganz andere Definition des Wortes: Da heißt Kultur, voneinander zu lernen und Gelerntes weiterzugeben, sodass neue Generationen von den Kenntnissen der Vorfahren profitieren können. So, wie Bücher in einer Bibliothek von immer mehr Besuchern gelesen werden, verbreitet sich dieses Wissen unter den Mitgliedern einer Spezies. Und macht sie erfolgreicher in ihrem Fortbestand.

Kultur ist also nach Ansicht der Biologen ein Wissensfundus, der durch Lernen entstanden ist und nichts mit Genen zu tun hat, nichts mit instinktivem Know-how. So, wie wir üben, mit Messer und Gabel zu essen oder mit Stäbchen – was eine Form unserer Esskultur ist. Oder wie wir Benimmregeln lernen, um als soziale Wesen in unserer Gemeinschaft zurechtzukommen. Nichts davon haben uns die Gene mitgegeben.

Im Fall der Wale kann Kultur also bedeuten, sich eine neue Jagdtechnik durch Nachahmen anzueignen, die besser ist als die alte. Oder Lieder von Artgenossen zu erlernen und sie immer wieder abzuwandeln, um so über weite Entfernungen miteinander zu kommunizieren. Oder als Pottwal-Kalb einen ganz bestimmten Klicklaut zu üben – das ist die Art, wie sich die Tiere untereinander verständigen –, auch wenn es Jahre dauert, bis er sitzt.

»Ich bin davon überzeugt«, sagt Hal Whitehead und schlingt die Beine in den Gummistiefeln um seinen Stuhl, wie kleine Kinder das machen, »dass die Kultur das Leben von Walen maßgeblich bestimmt. Sie ist so wichtig wie das Erbgut und so wichtig wie der Ort, an dem sie leben.«

Diese Sätze sind seine Quintessenz aus mehr als 40 Jahren Walforschung. Man kann sie kaum verstehen, wenn man nicht weiß, wie Wale leben, Pottwale im Speziellen. Wie sie kommunizieren mit ihren Echo-Klicks, die sich manchmal anhören wie wildgewordene Nähmaschinen. Will man Hal Whiteheads Erkenntnissen folgen, muss man Zeit mitbringen. Und ein wenig hineintauchen in diese Unterwasserwelt, in der er mehr als irgendwo sonst zu Hause ist. Denn wie sich zeigen wird: Der Mann hat recht. Wale sind tatsächlich kulturelle Wesen, hochgradig voneinander abhängig und dadurch so fürchterlich in ihrem Bestand gefährdet.

Mutters kleine Familie ist Teil eines riesigen Clans

Derzeit ziehen etwa 360.000 Pottwale durch die Ozeane, das ist die Zahl, die Whitehead für realistisch hält. Es ist ein Näherungswert, der auf Meldungen aus Walbeobachtungsstationen beruht und hochgerechnet wird. Die Tiere verbreiten sich über alle Weltmeere und kommen auch in Regionen vor, in denen man sie nicht unbedingt vermutet hätte, etwa im Mittelmeer. Rund 2000 Pottwale gibt es dauerhaft im westlichen Teil vor Mallorca, aber auch vor Italien und vor der griechischen Küste.

Bei den Pottwalen leben die Geschlechter getrennt. Ausgewachsene männliche Tiere, die Bullen, ziehen vorwiegend in die kalten Gewässer rund um Arktis und Antarktis und sind als Einzelgänger unterwegs. Sie verlassen ihre Familien etwa im Alter von zehn Jahren und sammeln sich als Heranwachsende oft zunächst in kleineren Jungs-Cliquen. Anfang 2016 strandeten solche Gruppen aus halbwüchsigen Pottwalen mehrfach an den Küsten der Nordsee. Mit etwa zwanzig Jahren sind die Bullen geschlechtsreif. Erst dann kehren sie zu den Kühen zurück und paaren sich mit ihnen.

Die weiblichen Tiere leben so vollständig anders, dass es den Anschein hat, als gehörten sie zu einer fremden Spezies. Die Kühe bilden mit ihrem Nachwuchs eine Familie, in der alle Mitglieder miteinander verwandt sind. Diese matrilineare Gemeinschaft besteht ein Leben lang, die meisten Tiere verlassen sie nie. Nur der männliche Nachwuchs löst sich irgendwann aus dem Verband und wandert ab.

Die Mutterfamilien leben in den tropischen Gewässern und verhalten sich zueinander wie Schwestern oder Freundinnen. Sie schützen sich gegenseitig vor Schwertwal-Attacken, ihren einzigen Feinden, wenn man vom Menschen mal absieht. Sie teilen sich das Babysitting an der Wasseroberfläche, damit jedes Muttertier in den Tiefen nach Tintenfisch jagen kann, ihrem Hauptnahrungsmittel. Denn die Kälber können ihnen in ihren ersten Jahren nicht hinabfolgen und bleiben an der Wasseroberfläche – wohlbehütet von Tanten, Schwestern und Müttern ihrer Mütter.

Die Entdeckung dieses Babysittings war für Hal Whitehead Anfang der Achtzigerjahre ein echter Heureka-Moment. Er fand nicht nur die Sache an sich faszinierend – damals war das unter Meeressäugern unbekannt –, sondern sie brachte ihn auch auf die Spur dessen, was sein ganzes Forscherleben prägen sollte: Walkultur, hervorgebracht durch die komplexe soziale Lebensweise der Tiere. Das gegenseitige Hüten des Nachwuchses kam Whitehead wie ein entscheidender evolutionärer Vorteil vor. Das war ein probater Schutz gegen den Verlust der Kälber durch Orcas. Und schon damals keimte in ihm der Gedanke, dass ein solches Verhalten möglicherweise keine genetische Ursache hatte: »Abwechselndes Babysitting«, schrieb er in einer seiner frühen Studien, »müsste sich unter den matrilinear verwandten Tieren weiter ausgebreitet haben – entweder auf genetischem Weg oder auf kulturellem.« Also durch die Überlieferung von Wissen, hier: die Weitergabe einer bewährten Praktik.

Nun ist die Verhaltensforschung alles andere als eine fröhliche Abfolge von Heureka-Momenten. Schon gar nicht bei den großen Walen, wo man schon dankbar sein darf, wenn man auf See regelmäßig Fluke und Blas zu Gesicht bekommt, das Ausatmen der Meeressäuger. Doch Whitehead, der sich während des

36

Gesprächs immer wieder mit den Händen durch die Schafslocken fährt, als vermisse er den rauen Wind auf See, kann sich noch gut an den zweiten Heureka-Moment erinnern, der nicht lang auf sich warten ließ. Als er mit seinen Kollegen herausfand, dass die mütterlichen Pottwal-Familien – Gruppen von vier bis zwölf Tieren – gleichzeitig Angehörige riesiger Clans sind. Diese Großverbände bestehen aus mehreren Tausend Pottwalen und besiedeln weiträumige Areale. Heute weiß Whitehead von mindestens sieben solcher gigantischer Pottwal-Clans: Fünf halten sich im südlichen und mittleren Pazifik auf, zwei in der Karibik, und vor Japan soll es ebenfalls zwei geben, was aber noch nicht als gesichert gilt.

Diese Clans unterscheiden sich in vielen Dingen voneinander: wie sie kommunizieren, wie viele Kälber sie aufziehen, welche Routen sie wählen. Und sie bleiben unter sich. Mitglieder zweier verschiedener Großverbände, die denselben Lebensraum bewohnen, haben nichts miteinander zu tun. Sie bilden eine Art Parallelgesellschaft, ähnlich wie bei uns, wenn Menschen unterschiedlicher Nationalitäten Tür an Tür leben, aber ihre kulturellen Eigenheiten nur untereinander pflegen. Whitehead nennt sie die »multikulturelle Gesellschaft«.

Multikulti im Meer

Die multikulturelle Welt der Pottwale entdeckte der Biologe Ende der Achtzigerjahre vor den Galapagos-Inseln. Und er fand sie auch nur, weil dort zwei Muttergruppen aus verschiedenen Clans lebten. Whitehead fiel im Lauf seiner Studien auf, wie unterschiedlich sich die beiden Familien verhielten. Die eine blieb stets in der Nähe der Küste und bewegte sich auf komplizierten Routen, während die andere weit hinausschwamm und mehr oder weniger einen geradlinigen Kurs hielt. Auch schien die eine Gruppe erfolgreicher bei der Tintenfischjagd zu sein. Die zwei Familien vermischten sich nie miteinander, zeigten keinerlei

Annäherung oder irgendeine Form der Interaktion. Sie taten so, als seien die anderen gar nicht da.

Die größte Differenz bestand jedoch in der Kommunikation, wie Whitehead eines Tages feststellte, als er in seinem Uni-Büro saß und alte Tonbänder durchhörte. Einige Gebäudeflügel weiter saß sein junger Doktorand Luke Rendell, der heute selbst ein renommierter Walforscher ist. Im Lauf der Zeit hatte sich einiges an Audiomaterial angesammelt, und es war dringend erforderlich, alte und neue Aufnahmen miteinander abzugleichen. Was hatte sich seit Beginn der Aufzeichnungen verändert? Was war geblieben?

Und was war merkwürdig?

Es muss den Biologen buchstäblich vom Sitz gerissen haben. Jedenfalls rannte er nach seiner Entdeckung durch das Gebäude, mit einem Zettel in der Hand. Kam schnaufend bei seinem Doktoranden an und hielt ihm einen Zettel hin. Darauf stand nur eine Zahlen-Buchstaben-Kombination: 5R und 5+1. Ein bisschen wie der Code eines Safes. Und in der Tat, sie hatten ein Rätsel aus der Pottwal-Welt geknackt. Die beiden Familien vor Galapagos benutzten untereinander jeweils ganz eigene Klicklaute. Eine eigene Kommunikation für ihre Mitglieder. Es war, als existierten dort unten im selben Wasser zwei Dialekte nebeneinander.

Ein Kommunikationssystem, das töten kann

Pottwale produzieren Klicks durch ein Sonarsystem in ihrem kastenförmigen Schädel, das rund ein Viertel ihrer Körperfläche einnimmt. Es ist das mächtigste Schallwellen-Soundsystem, das die Natur geschaffen hat. Während Buckelwale melodische Töne erzeugen, also tatsächlich singen, senden Pottwale monotone Klicks aus, die sich blechern anhören wie mechanische Grillen oder manchmal auch wie das Rattern von Nähmaschinen.

Diese Klicks erfüllen unterschiedliche Funktionen. Zum einen orientieren sich die Wale damit in der nachtschwarzen Tiefsee durch die Reflexion des Schalls, die sogenannte Echo-Ortung. Zum anderen spüren sie so ihre Beute auf. Dabei erzeugen sie Klicklaute von enormer Stärke. Es sind gebündelte Schallwellen, die mehr als 200 Dezibel erreichen können – ein Lärm, der für den Menschen tödlich wäre. Schon bei 150 Dezibel reißt unser Trommelfell. Weil die Echo-Klicks der Pottwale so laut und so stark fokussiert sind, vermuten einige Wissenschaftler inzwischen, dass sie damit Tintenfische nicht nur aufspüren, sondern auch betäuben, wenn nicht sogar töten können.

»Stellen Sie sich vor«, sagt Hal Whitehead, »drei oder vier Pottwale gehen gleichzeitig da unten auf Beutefang. Die müssen höllisch aufpassen, dass sie sich nicht gegenseitig verletzen. Das ist so, als gingen Jäger im Wald auf eine Treibjagd und würden mit Maschinengewehren um sich schießen.« Wie schützen sich die Pottwale vor sich selbst? Keiner weiß es. Doch solche überlauten Klicks hört man ausschließlich beim Tauchgang in der Tiefsee, nicht in den oberen Wasserschichten, wo sich die Wale nach ihren Beutezügen ausruhen.

Ein eigener Dialekt

Dort klicken sie anders. Sehr viel leiser, sanfter, in rhythmischen Lautfolgen, die man Codas nennt. Und mit denen die Tiere kommunizieren, dessen sind sich die Wissenschaftler heute sicher. Hal Whitehead glaubt, dass Codas vor allem die sozialen Beziehungen der Wale untereinander stärken. Das sei ganz ähnlich wie bei uns, sagt er. »Auch unsere Unterhaltungen sind häufig Beziehungspflege, ohne höheren Anspruch.« Er erzählt von seiner Zeit in einem abgeschiedenen Fischerdorf in Neufundland, wo jeder jeden kannte: »Die Gespräche der Leute drehten sich um wenige Themen: Wetter, Fisch, Politik, die Nachbarn, Eishockey. Dabei ging es nicht um die Weitergabe von Neuigkeiten, das Eishockey-Spiel hatte jeder schon selbst gesehen, sondern um den Zusammenhalt. Um eine Bestätigung des Wir-Gefühls.«

Etwas Derartiges vermutet Whitehead auch bei den Pottwalen. Spätestens seit seiner Entdeckung beim Abhören der Tonbänder, als ihm die Sache mit den Pottwal-Clans und ihren unterschiedlichen Dialekten klar wurde. Damals hörte der Wissenschaftler, wie die Walkühe ihre Klicks auf spezielle Weise aneinanderreihten, je nachdem, zu welchem Clan sie gehörten. Beide gaben zuerst ein gleichmäßiges Lautmuster von sich, ein fünfmaliges Klick, doch dann hängte die eine Gruppe nach einer Pause noch einen weiteren Klicklaut an, was klang wie: klick-klick-klick-klick-klick … klick.

»Wie die Kanadier«, sagt Hal Whitehead und lacht. »Die beenden auch jeden Satz mit einem ›eh‹.«

Den Clan mit den gleichmäßigen Klicklauten nannte er Regular Clan, den anderen entsprechend Plus One Clan – den mit dem Nachklapp. Und so notierte er es auch auf dem Zettel: 5R stand für Regular Clan, 5+1 für Plus One. Je mehr Datenmaterial ihm und seinen Kollegen zur Verfügung stand, desto deutlicher zeigte sich, wie exklusiv die Kommunikation war, die beide Clans vor den Galapagos-Inseln untereinander pflegten. Kein Tier aus dem Regular Clan benutzte das Lautmuster mit dem Nachklapp. Und genauso war es andersherum. Kein Mitglied des Clans, der Plus One hieß, ließ je einmal den letzten Klick weg. Sie kommunizierten tatsächlich in eigenen Dialekten.

Zunächst dachte der Professor aus Halifax an eine genetische Abweichung. Es musste sich hier um zwei Unterarten der Spezies Pottwal handeln, so verschieden waren deren Verhaltensweisen. Anhand von Gewebeproben untersuchte er die Erbanlagen der Tiere. Aber er fand nichts, das Erbgut in den Zellkernen war identisch. Lediglich in den Mitochondrien – das sind kleine Bestandteile innerhalb der Zellen, die über ein eigenes kleines Genom verfügen – ließen sich geringfügige Unterschiede feststellen. Doch sie waren bei Weitem zu wenig, um als Erklärung für ein so andersartiges Verhalten infrage zu kommen. Die beiden Clans ließen sich nicht in Unterarten einteilen, wie Whitehead zunächst

40

vermutet hatte, ihr so abweichendes Verhalten war nicht genetisch bedingt. Was war dann der Grund?

»Die Clans müssen sich kulturell herausgebildet haben«, sagt Whitehead. »Es gibt keine andere Erklärung. Wenn die Gene quasi übereinstimmen, das Verhalten aber so gegensätzlich ist, dann haben wir es mit zwei Gruppen zu tun, deren Unterschiede kultureller Natur sind.«

Kultur also von der Art, wie Biologen sie sehen: eine Weitergabe von Informationen, Ideen und Verhaltensweisen innerhalb einer sozialen Gruppe. All das, was ihre Mitglieder lernen müssen und nicht von Geburt an können. Was bedeutet, dass Pottwale ihre Codas nicht instinktiv beherrschen. So, wie wir nicht sofort sprechen können, sondern zunächst einmal brabbeln. Heute kann Whitehead nachweisen, dass auch Pottwal-Kälber in ihren ersten Lebensjahren brabbeln und die Codas ihrer Familie üben müssen. Allein für diese Erkenntnis waren Dekaden intensiver Forschung nötig.

Es klopft. Eine Studentin streckt ihren Kopf ins Zimmer. »Sie denken an das Symposium?«, fragt sie ihren Professor. »Ja«, antwortet der, »wir kommen gleich.« Für einige seiner Studenten ist heute ein wichtiger Tag. Sie werden ihre Forschungsergebnisse öffentlich vorstellen. Doch bevor wir aufbrechen, möchte Whitehead noch loswerden, wie er und seine Kollegen damals, in jahrzehntelanger Arbeit, so viele Klickmuster von unterschiedlichen Clans sammelten, wie sie nur aufnehmen konnten. Das ist das Datenmaterial, aus dem sie heute schöpfen. Es ist wie der Schatz aus einer versunkenen Galeone, nur dass man ihn mehrmals heben kann. Denn ein großer Teil der gegenwärtigen Studien vergleicht aktuelle Daten mit solchen aus früheren Jahren. Nicht selten werden dabei alte Erkenntnisse über den Haufen geworfen. So weiß Whitehead seit einiger Zeit, dass die beiden Clans vor Galapagos nicht mehr da sind. Der Regular Clan und der mit dem Nachklapp sind weitergezogen, in unbekannte Gebiete. Vielleicht sind sie näher an die Küste des südamerikanischen

Kontinents herangeschwommen, denn auch dort hat sich etwas verändert. Zwei Clans, die lange Zeit vor Chile beobachtet wurden, haben ihr altes Gebiet verlassen und besiedeln nun seit etwa 2015 das Meer vor den Galapagos-Inseln. Whitehead kennt die Neuankömmlinge: Es ist der sogenannte Short Clan, der eher wortkarg ist, denn sein Lautmuster besteht nur aus drei Klicks. Und sein akustisches Gegenstück, der 4 Plus Clan. Er ist im Vergleich geradezu redselig und lässt seinen vier regelmäßigen Klicks noch drei weitere in schnellem Rhythmus folgen.

Doch nun wird es dringlich mit dem Symposium. Der Geräuschpegel vor der Tür ist völliger Stille gewichen. Whitehead kann sich nicht so recht erinnern, wo das Treffen stattfinden soll. In seinen Gummistiefeln hastet der Professor über den Flur seines Instituts. Aber jetzt ist keiner mehr da, den er fragen könnte.

»Ach, ich weiß«, sagt er. Zielstrebig verlässt er das Gebäude, überquert den Campus und hält mir die Tür eines Hauses auf, in dem er den Versammlungssaal vermutet. Doch dort faltet nur jemand weiße Tischtücher zusammen und blickt uns fragend an. »Hm«, sagt Whitehead und macht kehrt. Ein weiteres Mal über den Campus. In der Mitte des Platzes bleibt er stehen und überlegt. Von fern eilt ein Mann auf uns zu. Whitehead strahlt und winkt. »Wilfried!«, ruft er.

Der Student, der zu uns stößt, hat vor lauter Nervosität einen starren Blick. Wilfried Beslin trägt Blazer und Krawatte. Sein Gesicht ist bleich unter dem hoch aufragenden Haarschopf. Er wird gleich über seine Arbeit referieren. Auch wenn er vor Aufregung kein Wort sagen kann, weiß er doch, wo es hingeht, und so eilen wir zu dritt über das Uni-Gelände. Im Auditorium geht es salopp zu, jemand hat Kaffee und Kekse auf einen Tisch gestellt. Hal Whitehead tritt nach vorn und spricht ein paar einleitende Worte. Dann ist schon Wilfried Beslin an der Reihe. Nach ein paar bangen Minuten mit Aussetzern in der Präsentation folgt ein flüssiger und profunder Vortrag. Es geht um ein von ihm entwickeltes Softwareprogramm, mit dem sich schlechte Tonaufnahmen von guten unterscheiden lassen. Wer die Klicklaute von Pottwalen mit einem Unterwassermikrofon aufnimmt, steht regelmäßig vor dem Problem, dass fast 90 Prozent aller Aufnahmen nichts taugen. Man muss sie als Lärm kategorisieren und aussortieren. Aber es kostet eine Unmenge Zeit, alle Bänder durchzuhören, um die Spreu vom Weizen zu trennen. Das Programm, das der Nachwuchsforscher entwickelt hat, kann das automatisch. Whitehead wartet schon darauf, dass er es einsetzen kann. Und damit ist er nicht allein.

Dieser kleine windzerzauste Zipfel im Ozean, Nova Scotia, beherbergt mit der Dalhousie-Universität eine Art Kaderschmiede in Meeresforschung. Whitehead hat hier Studenten ausgebildet, die inzwischen renommierte Walexperten sind. Luke Rendell und auch Shane Gero. Der Biologe hält sich seit 2005 jedes Jahr für einige Monate in der Karibik auf, um die Forschung in der Region voranzutreiben. Dort hat er das »Dominica Sperm Whale Project« gegründet, eine Langzeit-Verhaltensstudie an Pottwalen, die unablässig Daten sammelt und an der auch Hal Whitehead, Luke Rendell und dänische Wissenschaftler beteiligt sind. Denn die Gewässer vor der karibischen Insel Dominica bieten Forschungsmöglichkeiten mit Seltenheitswert: alteingesessene Pottwal-Gruppen. Karibische Platzhirsche.

Die bekannteste Pottwal-Familie weltweit

Um einen Pottwal zu identifizieren, gibt es mehrere Möglichkeiten. Wenn Forscher das Glück haben, auf residente Gruppen zu treffen, also auf Familien, die überwiegend in einer Meeresregion leben, können sie aus dem Vollen schöpfen: Hautfetzen lassen sich einsammeln, die die Tiere abstreifen, wenn sie sich aneinander reiben. Oder die ihnen vom Leib platzen, wenn sie aus dem Wasser springen. Man kann nah genug an sie heranfahren, um Gewebeproben zu entnehmen, mit denen sich ihr Erbgut analysieren lässt. Oder man bringt Aufzeichnungsgeräte

43

per Saugnapf am Pottwal-Körper an, die mit in die Tiefsee reisen. Dadurch erhält man ein umfangreiches Klicklaut-Repertoire des einzelnen Wals. Und man fischt Fäkalienreste aus dem Wasser. Damit lässt sich ermitteln, wie erfolgreich die Tiere bei der Tintenfischjagd sind, was wiederum Rückschlüsse auf ihren Gesundheitszustand, aber auch auf ihre Gruppenzugehörigkeit erlaubt. Doch das wichtigste Erkennungsmerkmal ist zugleich das simpelste: ein Foto der Fluke. Pottwal-Schwanzflossen sind so markant, dass sich Wale dadurch eindeutig voneinander unterscheiden lassen – wenn man die Chance hat, sie regelmäßig zu beobachten. Und eine solche Chance bieten die Gewässer in der östlichen Karibik vor Dominica.

Dort hatten es die Walforscher bis in die jüngste Zeit mit nur einem Clan zu tun, den sie schlicht Eastern Caribbean nannten. Einige Familien dieses Clans leben dauerhaft in dem Gebiet, sie streifen zwar weit herum, kreuzen aber dennoch regelmäßig die Küstengewässer der Insel. Zu ihnen gehört die sogenannte Gruppe der sieben, die vermutlich bestuntersuchte Pottwal-Familie der Welt.

Dank dieser Gruppe weiß man heute, wie stark trotz aller Großfamilienfürsorge das Band von Mutter und Kalb ist. Während die erwachsenen Kühe Codas benutzen, die allen geläufig sind, existiert noch ein eigenes Klicklaut-Repertoire zwischen Müttern und ihrem Nachwuchs, in das die anderen nicht involviert sind. Auch hat Shane Gero junge Pottwal-Bullen beobachtet, die regelrechte Abnabelungsschwierigkeiten haben und sich von ihrer Familie nicht lösen können. Oder Jungtiere, die selbst noch mit acht Jahren versuchen, ihre Mütter zum Säugen zu bewegen.

Man weiß inzwischen auch, dass einige Pottwale tiefe Freundschaften pflegen. Sogar mit Mitgliedern anderer Familien, solange sie demselben Clan angehören. Fingers, eine Walkuh aus der Siebener-Gruppe, unterhielt über mindestens sechs Jahre eine intensive Freundschaft zu einem weiblichen Tier, das nicht aus ih-

44

rer Familie stammte. Doch solche außerfamiliären Verbindungen gibt es nicht allzu oft, in der Regel scheinen die Gruppen unter sich zu bleiben. Pottwal-Freundinnen kommen sich körperlich sehr nah. Sie ruhen sich Rücken an Rücken von ihren Tauchgängen aus, reiben sich aneinander. Eigentümlicherweise säugt die Gruppe der sieben ihre Jungtiere jedoch nicht wechselweise, was in anderen Familien durchaus üblich ist.

Weil diese Gruppe so intensiv beobachtet wurde, weiß die Forschung heute auch, wie sehr Pottwale gefährdet sind, allen Schutzmaßnahmen zum Trotz. Die Familie schrumpft seit Jahren stetig. Und nicht nur sie, sondern auch elf weitere Gruppen des karibischen Clans. Etwa um vier Prozent pro Jahr nimmt die Zahl ihrer Mitglieder ab. Woran liegt das? Ziehen die Wale woandershin?

»Nein«, sagt Whitehead. »Wenn sie abwandern, tun sie das als geschlossene Einheit. Doch hier geht die Zahl der Mitglieder zurück. Sie kalben weniger, einzelne Tiere sterben.« Er hat einen Verdacht, woran das liegen könnte. In der Karibik ist das Aufkommen der Kreuzfahrtschiffe sehr hoch. Pottwale kollidieren mit diesen gigantischen Kähnen oder verheddern sich in Teilen von Fischernetzen, die die Kreuzfahrer durchschneiden, sodass Netzfetzen durchs Meer treiben und sich um Walkörper schlingen. Was der Verlust dieser Tiere bedeutet, sagt Whitehead in einem kurzen Satz: »Hier geht Wissen verloren, unwiederbringlich.«

Ohne Kultur kein Überleben

Junge Wale lernen von ihren Müttern, Großmüttern und Tanten, wie man kommuniziert, jagt und sogar, wie man taucht. Zwei Jahre lang ließ sich ein Pottwal-Kalb der Gruppe der sieben bei seinen ungelenken Tauchübungen beobachten. Sobald es seine Fluke steil nach oben reckte, um in die Tiefe zu gleiten, kippte es zur Seite. Erst im dritten Jahr klappte es schließlich. Wo Tiere so aufs Lernen angewiesen sind, kann es sein, dass eine Walart

45

zugrunde geht, wenn ihre Lehrer verschwinden. Ihr fehlt dann schlicht das Know-how zum Überleben. So ergeht es zurzeit dem Atlantischen Nordkaper.

Zurück in seinem Büro erzählt Whitehead von dieser Walart, die unter dem Fang der früheren Jahrhunderte mit am stärksten gelitten hat. Der Atlantische Nordkaper ist ein langsamer Schwimmer mit einer besonders dicken Fettschicht und hält sich vorwiegend in Küstennähe auf. Dort lässt er sich an der Oberfläche treiben. Das hat ihm sogar eine Art Beutenamen eingetragen: the Northern Right Whale, der »richtige Wal« für die Jagd. Ihn musste man ja quasi nur noch einsammeln. Weil diese Spezies so extrem bejagt wurde, gibt es derzeit nur noch etwa 450 Tiere. Einst müssen es rund 100.000 gewesen sein, laut offizieller Schätzungen.

Sind von einer Art kaum noch Tiere vorhanden, entsteht ein sogenannter genetischer Flaschenhals. Vieles aus dem früheren reichhaltigen Erbgut ist dann bereits verloren gegangen. Die genetische Vielfalt ist dahin, was eine ohnehin geschwächte Art noch anfälliger macht, weil sie es sich nicht mehr leisten kann, weitere Individuen zu verlieren. Etwa durch die Anpassung an einen Erreger. Aber nur so stärkt eine Art ihre Widerstandskraft. Doch es gibt nicht nur den genetischen Flaschenhals, sondern auch den kulturellen. Dabei verschwinden statt des Erbguts Informationen, etwa wie sich die Tiere bei Nahrungsengpässen behelfen können.

Derzeit jagt eine Handvoll Atlantischer Nordkaper in einer engen Bucht nach Beute, der Bay of Fundy vor der Küste von Nova Scotia. Andere Jagdgründe suchen sie einfach nicht auf, selbst wenn das Futterangebot dort in manchen Jahren nicht ausreicht und sie hungern müssen. Nach solchen Magerperioden bringen sie noch weniger Kälber zur Welt als ohnehin schon – ein Atlantischer Nordkaper kalbt im Durchschnitt nur alle drei bis vier Jahre –, und die erwachsenen Tiere sind in schlechter körperlicher Verfassung.

46

»Warum schwimmen sie denn nicht einfach weiter, folgen ihrer Beute, wie andere Arten das auch tun?«, frage ich Whitehead.

»Sie wissen offenbar nicht, wie das geht«, gibt der zur Antwort. »Ihnen sind die traditionellen Kenntnisse verloren gegangen, wie sie andere Jagdgründe aufsuchen können.«

Ein anderes Beispiel sind Orcas, diese hochintelligenten Seeräuber. Auch sie werden manchmal ein Opfer ihrer Kultur. Und zwar dann, wenn sie in Gefangenschaft geraten. Diese Walart ist unglaublich konservativ in ihrem Fressverhalten. Es gibt Schwertwale, die ausschließlich Robben oder Pinguine fressen, und solche, die nur Fisch jagen. Wieder andere haben sich auf die Waljagd spezialisiert und lassen Robben ungeschoren. Was Orcas fressen und wie sie Beute machen, lernen sie von ihren Müttern. Und dabei bleiben sie dann auch, selbst wenn es sie das Leben kostet.

Als man anfing, die Tiere für Shows einzufangen, wusste man noch nichts von dieser Nahrungsspezialisierung. Man holte einen Schwertwal aus dem Ozean, verfrachtete ihn in ein Bassin und warf ihm Fisch zu. Und wunderte sich. Denn manchmal verweigerte der Neuzugang die Nahrung. Whitehead berichtet von einem gefangenen Orca, der sich in seinem Aquarium zu Tode hungerte, weil er nicht gelernt hatte, Fisch zu fressen. Andere Tiere brachten es sich mühsam bei. Aber sie taten sich zeitlebens schwer mit einer Nahrung, die einfach nicht die ihre war.

Whitehead macht eine Pause, hängt seinen Gedanken nach. Ich verstehe jetzt, was er meinte mit seinem Satz: Die Kultur ist bei Walen so wichtig, wie es die Gene sind.

»Aber ich nenne Ihnen ein Beispiel«, sagt er gleich darauf, und seine Stimme klingt wieder fröhlich, »wie sich eine andere Walart auf veränderte Lebensumstände eingestellt hat und damit höchst erfolgreich ist: Buckelwale. Das hat eine Langzeitstudie gezeigt, an der mein Kollege Luke Rendell beteiligt war.«

47

Innovative Geister

Die Stellwagen Bank vor der Küste von Massachusetts ist ein beliebtes Walbeobachtungsgebiet. Es ist ein Unterwasserplateau vor einer lang gestreckten Bucht, das sich aus der Tiefe des Meeres erhebt und einen Flachwasserbereich bildet. Rund um die Stellwagen Bank fallen die Felswände steil ab in die Tiefe. Hier sammeln sich riesige Fischschwärme, die wiederum die großen Meeressäuger anlocken, darunter Buckel- und Finnwale. Und genau hier war im Jahr 1980 ein einzelner Buckelwal bei einer Jagdtechnik beobachtet worden, die Ethologen zuvor noch nicht gesehen hatten. Die herkömmliche Fangmethode dieser Walart kannten sie gut und hatten sie vielfach dokumentiert. Bereits 1905 hatte ein Walfänger sie beschrieben: das sogenannte *bubble-net feeding*. Wenn Buckelwale Heringe jagen, produzieren sie ein Blasennetz. Sie tauchen unter einen Heringsschwarm, schwimmen in der Tiefe einen Kreis und erzeugen dabei Luftblasen, die als Ring an die Oberfläche steigen und die Beute umschließen. Ist der Ring vollendet, stoßen die Wale mit geöffnetem Maul in die Mitte, als fräßen sie aus einer Schüssel. Das war die Jagdtradition nach alter Väter Sitte. Und alle Buckelwale pflegten sie – bis zum Jahr 1980.

An der Stellwagen Bank war 1980 kein gutes Jahr für den Heringsfang. Die Bestände waren drastisch zurückgegangen. Stattdessen gab es reichlich Sandaale, das sind kleine, lange Fische, die sich bei Gefahr in den Sand bohren. Nur verfing bei dieser Beute die Technik des *bubble-net feeding* nicht. Die Sandaale sprangen aus den Blasennetzen einfach wieder hinaus. Was tun?

Wie ein Team von Walbeobachtern berichtete, begann ein einzelner Wal, seine Fluke mehrmals aufs Wasser zu schlagen. Danach tauchte er ab und ließ Luftblasen aufsteigen. Auch das Flukenschlagen ist üblich bei Buckelwalen, doch bislang war es noch nie in Verbindung mit dem *bubble-net feeding* gesehen worden. Genau diese Kombination wandte das Tier nun an – und war damit erfolgreich. Die Sandaale schienen in Panik zu geraten.

48

Sie ballten sich zusammen, auch dann noch, als die Luftblasen sie umschlossen. Wo sie zuvor aus dem Ring gesprungen waren, ließen sie sich nun fressen wie ehemals die Heringe.

Im Folgejahr wurden fünf weitere Buckelwale dabei gesichtet, wie sie mit ihrer Schwanzflosse erst aufs Wasser schlugen, dann abtauchten und Luftblasen erzeugten. Wissenschaftler nannten die neue Technik *lobtail feeding*, also Jagen per Flukenschlag. Sie tauchte immer häufiger auf. Aber es dauerte noch mehrere Jahrzehnte, bis sich ein Forscherteam, unter ihnen Luke Rendell, die Frage stellte, ob man es hier mit einem Wissenstransfer unter Buckelwalen zu tun hatte, also der kulturellen Weitergabe einer innovativen Technik.

Die Wissenschaftler nahmen sich einen Datenwust aus 27 Jahren kontinuierlicher Walbeobachtungen vor, bei denen rund 650 Buckelwale mindestens zwanzigmal am Unterwasserplateau gesichtet worden waren. Die Fleißarbeit brachte im Jahr 2013 schließlich ans Licht, wie stark sich das *lobtail feeding* an der Stellwagen Bank ausgebreitet hatte. Bis 2007 beherrschten fast 40 Prozent der Buckelwale in der Region die neue Jagdstrategie. Doch wurde sie nur angewandt, wenn Sandaal die Beute war. Heringe fingen die Wale weiter auf althergebrachte Art.

»Und darin liegt meiner Meinung nach der eigentliche Scharfsinn«, sagt Hal Whitehead. »Herauszufinden, wann eine neue Taktik Sinn ergibt. Und wann man besser auf die alte zurückgreift. Ich könnte Ihnen noch viele Beispiele nennen, die zeigen, wie sehr Wale kulturelle Geschöpfe sind. Haben Sie gewusst, dass die Gesänge der Blauwale jedes Jahr tiefer sinken? Kein Mensch weiß, was da los ist.«

Rätselhafte Meeresmusik

Von Blauwalen sind derzeit elf Lieder bekannt, die buchstäblich um die Welt gehen, denn die Tiere legen pro Jahr gewaltige Routen zurück. Sie wandern von den subtropischen Gewässern, wo sie sich paaren, bis in die Polarregionen, wo sie nach Nahrung suchen. Auch ihre Lieder können über Tausende Kilometer hinweg zu hören sein, allerdings nicht für das menschliche Ohr. Die Frequenzen von 15 bis 20 Hertz sind für uns meistens schon zu tief, weshalb wir Geräte brauchen, um Blauwal-Lieder wahrzunehmen.

Jede Population begnügt sich mit nur einem einzigen Song. Und der ist nicht gerade variantenreich, er besteht aus genau einem Thema, das stetig wiederholt wird. Blauwale mögen ein etwas eintöniges Repertoire haben, aber sie sind ungeheuer ausdauernd. Manchmal singen sie tagelang und legen nur kurze Atempausen ein. Wobei man bislang vermutet, dass nur die männlichen Tiere Sänger sind. Und dass sie sich, wenn sie ihr Liedgut pflegen, stets auf Wanderschaft befinden.

Seit 2009 weiß man, dass alle Blauwal-Songs kontinuierlich an Tonhöhe verlieren, egal, ob es sich um Populationen im Atlantik handelt oder um solche im Indischen Ozean oder im östlichen Nordpazifik. Bei Letzteren lag die Tonhöhe ihres Songs noch bei 21,9 Hertz im Jahr 1963. Mittlerweile ist sie auf 15,2 Hertz gefallen. Und noch etwas ist seltsam: Alle Wale halten sich akribisch an die neue Frequenz des Jahres.

»Es geht hier nicht um eine Schwankungsbreite. Sondern um exakt dieselbe Frequenz, in der alle Blauwale in einem bestimmten Areal ihr Lied nun tiefer singen«, sagt Hal Whitehead. »Im Indischen Ozean kann der Song insgesamt etwas höher sein, aber auch er ist im Vergleich zum Vorjahr in der Tonhöhe gesunken und wird nun auf der neuen Frequenz gesungen. Und im nächsten Jahr sinkt das Ganze weiter. Es gibt nicht einen Ausreißer nach oben.«

»Wie erklärt man sich das?«, frage ich.

»Tja«, sagt Whitehead. »Man hat keine zufriedenstellende Erklärung. Zuerst dachte man natürlich an den Schiffslärm, der über die Jahrzehnte zugenommen hat und die Wale beeinträchtigt. Aber das Phänomen tritt auch in Meeresregionen auf, in

50

denen nur wenige Schiffe verkehren. Eine andere Erklärung, die man derzeit diskutiert: Die Blauwal-Populationen wachsen seit dem Ende der Waljagd wieder. Nun haben die Bullen mehr Konkurrenz und müssen sich bei den Kühen stärker ins Zeug legen. Das erreichen sie möglicherweise dadurch, dass sie tiefer singen als zuvor. Einer fängt an, und die anderen machen es dann nach. Ich glaube allerdings mehr an eine Modeerscheinung. Daran, dass die Blauwale einer Art Zeitgeist folgen.«

Es wäre nicht das erste Mal. 2011 beschrieb die australische Wissenschaftlerin Ellen Garland mit ihrem Team, wie bei den Buckelwalen an der Ostküste Australiens regelrechte Hits auftauchten, die sich dann ostwärts ausbreiteten, von Population zu Population. In der Regel singen Buckelwale, die sich einen Lebensraum teilen, wie Blauwale ein gemeinsames Lied. Nur dass ihr Song weit komplexer und variantenreicher ist. Oft übernehmen die Tiere dabei Liedanteile aus dem Vorjahr, mischen sie mit neuen Elementen und kreieren so ihr Lied der Saison. Manchmal aber gibt es einen radikalen Wechsel im Repertoire. Dann taucht ein ganz neues Lied auf, das innerhalb von nur zwei oder drei Monaten ein Hit wird und alle ansteckt. Der alte Song ist Geschichte, weil jeder Wal nur noch den neuen Song singt, der schließlich seinen Siegeszug ostwärts antritt. Warum nach Osten? Noch können die Wissenschaftler um Ellen Garland nur spekulieren: Die Buckelwal-Population vor der australischen Ostküste ist die größte in der Region und hat vielleicht deshalb einen stärkeren Einfluss auf die anderen Gruppen als umgekehrt. Nur einmal hat es sich andersherum verhalten. Das war im Jahr 1996, als ein Lied von der Westküste Australiens im Osten Furore machte und mit einem Schlag das dortige Lied ersetzte. »Als wären die Beatles an die Ostküste gekommen«, sagt Hal Whitehead und grinst. »Na ja, oder Justin Bieber, wie man heute wohl sagen müsste.«

Es wird Zeit für die Frage, was der Forscher zukünftig plant. Was ist sein ehrgeizigstes Projekt? Wieder fährt der Wind aus

Händen durch dickes dunkelblondes Haar. Whitehead spricht sichtlich gern über sein Arbeitsgebiet. Und solange man ihn nicht nach Persönlichem fragt, ist er sehr beredt. Aber jetzt scheint er ein paar Anläufe zu brauchen. Vielleicht weil das, was jetzt kommt, wirklich ambitioniert ist. Wenn nicht sogar tollkühn.

Was bedeuten die Klicklaute der Pottwale?

Er versucht zusammen mit Luke Rendell und Shane Gero die Klicklaute der Pottwale zu entschlüsseln. Bislang hat sich die verschlossene Tür dieser Kommunikation nur einen winzigen Spalt öffnen lassen. Aber immerhin: Es ist ein Anfang.

Im Januar 2016 publizierten die Forscher eine Studie über die Klicklaute von neun Familien des Eastern-Caribbean-Clans, die sie mehrere Jahre lang untersucht hatten. Darunter war übrigens auch die Gruppe der sieben. Doch die ist inzwischen auf drei Tiere geschrumpft. Die legendäre Familie gibt es nicht mehr.

Aus Abertausenden Lautfolgen schälten sich im Lauf der Untersuchungen 21 wiederkehrende Muster heraus. Zwei davon benutzte der Clan Eastern Caribbean besonders oft, rund 65 Prozent aller Codas entfielen auf diese beiden. Auch kamen sie durch die Bank in allen Familien vor. Die erste Lautfolge nannten die Forscher 5R1, weil es sich dabei um fünf Klicks in gleichmäßigem Rhythmus handelte – nicht zu verwechseln mit dem Muster des Regular Clans, das Whitehead vor den Galapagos-Inseln entdeckt hatte. Beide klingen ähnlich, sind aber nicht identisch. Das zweite Schema bekam die Bezeichnung 1+1+3 und hörte sich so an: klick (Pause) klick (Pause) klick-klick-klick. Zwei Hauptmuster, neun Pottwal-Familien. So weit, so gut.

Doch dann zeigte sich etwas Auffälliges. Ein ungeübtes Ohr kann das unmöglich hören. Es gibt diverse Tonbeispiele von Pottwal-Echoklicks im Internet, und ehrlich gesagt, sie klingen zum Verwechseln ähnlich. Um herauszuhören, was Rendell, Whitehead und Gero da entdeckten, braucht es die Ohren einer Fledermaus, ein taugliches Softwareprogramm, sechzig, siebzig gemeinsame Forschungsjahre. Und Glück. Denn während viele Pottwale dem $5R_1$-Muster gern mal eine individuelle Note verliehen, etwa in der Betonung oder im Tempo, geschah dies beim zweiten Muster seltsamerweise niemals. 1+1+3 war für persönliche Spielereien offenbar tabu. Es schien strikt nach einer allgemeingültigen Regel erzeugt zu werden. Und jeder Pottwal hielt sich daran. Das elektrisierte die Forscher. Sie durchstöberten ihre Aufnahmen, die sie in den Jahrzehnten zuvor gemacht hatten, und fanden das 1+1+3-Muster tatsächlich wieder, und zwar vollkommen unverändert seit rund dreißig Jahren. Exklusiv bei diesem einen Clan. Kein anderer, den sie je belauscht hatten, nutzte es.

Wow.

Hal Whitehead lächelt. Aber ja, er ist stolz. »Nun sind 30 Jahre keine so lange Zeit im Leben eines Pottwals«, sagt er und streckt die Beine von sich. »Sie können ja 70 Jahre und älter werden.« Doch die Tatsache, dass 1+1+3 nur bei einem einzigen Clan vorkommt, dass es sein häufigstes Lautmuster ist und von allen Mitgliedern seit Jahrzehnten unverändert erzeugt wird, während die Wale bei anderen Codas weniger Hemmungen haben, ließ den Schluss zu, dass hier vielleicht das Erkennungszeichen eines Clans entdeckt worden war. So etwas wie seine Signatur, sein akustisches Wahrzeichen. Es schien aller Welt im Meer mitzuteilen: »Wir sind die Müllers.«

Das war wie eine Eintrittskarte in die so hermetisch abgeriegelte Welt der Pottwal-Kommunikation. 1+1+3 hatte etwas zu bedeuten, und jetzt wussten sie, was: Der Clan zeigt damit seiner Umwelt, wer er ist.

Dazu passt, dass Kälber das Muster mühsam erlernen müssen. Der Pottwal-Nachwuchs braucht mehr als zwei Jahre, bevor er es kann. »Sie produzieren ziemlich verrückte Laute«, sagt Whitehead, »bis sie es draufhaben.«

Aber mit der Forschung ist es manchmal wie mit einem Netz, das man aus dem Wasser zieht. Es zappeln nicht nur Fische darin, sondern man hat noch etwas anderes eingesammelt, mit dem man nicht gerechnet hat. Denn es gab auch eine Sache, die seltsam war: die Häufigkeit des Erkennungszeichens. 1+1+3 war das mit Abstand meistbenutzte Muster – dabei war doch weit und breit kein anderer Clan in der Gegend, von dem sich die Tiere hätten derart abgrenzen müssen. Es war hier nicht wie vor Galapagos, wo zwei verschiedene Clans dicht nebeneinander lebten und wo vielleicht die Notwendigkeit bestand, sich gegenseitig zu versichern: Wir sind wir, und ihr seid ihr. Oder?

Ein halbes Jahr später bestätigte sich der Verdacht: Der Clan Eastern Caribbean kreuzte nicht allein in den Gewässern vor Dominica. Es gab tatsächlich noch Angehörige eines zweiten Großverbandes. Sie waren nicht oft da, und sie waren nur wenige. Gerade mal zwei Familien konnten die Forscher anhand der Tonaufzeichnungen ausmachen.

Die Neuen lebten wie in einem toten Winkel, im Schatten des großen Clans. Und man fand sie auch nur, weil sie eigene Lautfolgen nutzten, die anders klangen als die der Alteingesessenen – sie dauerten im Schnitt länger und enthielten mehr Klicks. Und damit zeigte sich genau das, was man schon vor Galapagos gesehen hatte: Die Hauptmuster der einen kamen bei den anderen nicht vor. Auch hier existierte eine strikte vokale Abgrenzung, eine Parallelgesellschaft mit eigenen Dialekten.

Allerdings hatten die Forscher auch registriert, dass es zumindest einmal zu einer Kontaktaufnahme zwischen den Clans gekommen war. Ein männliches Tier vom großen Clan, den man nun Eastern Caribbean 1 nannte (und die Neuen entsprechend Eastern Caribbean 2), hatte sich einmal zu den anderen hinübergewagt. Es war ein fast ausgewachsener Bulle. Vielleicht einer, der dabei war, abzuwandern, und auf der Suche nach einer Jungs-Clique war. Mehr als diese eine Begegnung fand nicht statt, die Clans hielten sich sonst voneinander fern. 1+1+3, das Signal der Alteingesessenen, das so oft gesendet worden war, schien seinen Zweck zu erfüllen: Wir sind wir, und ihr seid ihr.

54

Könnten wir selbst mit Pottwalen kommunizieren?

Es gibt noch eine Idee, um herauszufinden, was die Klicks bedeuten. Whitehead, Gero und Rendell wollen mit den Tieren Kontakt aufnehmen. Sie wollen Playbacks von Klicklauten zu Pottwalen ins Meer hinabschicken und abwarten, ob eine Reaktion erfolgt. Werden sie antworten? Normalerweise seien die Tiere nicht so sehr an Menschen interessiert, sagt Hal Whitehead, anders als Delfine. Wenn die Forscher den Tieren nachsegeln, werden sie meistens ignoriert. Hin und wieder spielt mal ein Pottwal-Kalb mit dem Unterwassermikrofon, aber mehr findet kaum statt.

»Außer einmal«, sagt der Walforscher. Er wippt auf dem Stuhl und freut sich über das, was er gleich erzählen wird.

»Wir kreuzten vor Chile«, sagt er, »und sahen ein paar Robben zu, die vor einer Pottwal-Familie im Wasser spielten. Eines der Tiere war sehr lebhaft und drehte immer wieder Pirouetten. Plötzlich hat dies ein Pottwal-Jungtier imitiert. Es begann, sich wie die Robbe um seine eigene Achse zu drehen.« Aber damit nicht genug. Einer der Taucher an Bord ließ sich ins Wasser gleiten. Als er nah genug an den verspielten Pottwal herangeschwommen war, machte er ebenfalls ein paar Drehungen um seine Längsachse. Und glauben Sie's oder glauben Sie's nicht«, sagt Whitehead. »Der Pottwal hat's ihm nachgemacht! Das war ein wundervoller Moment. Der Taucher drehte sich im Wasser und der Wal ebenfalls.«

So etwas Ähnliches ereignete sich auch vor der karibischen Insel Dominica. Auch da gab es Kontaktaufnahmen von Mensch zu Pottwal. Nach Ansicht der Forscher allerdings zu viele. Sie wurden von einem Unternehmer für Walbeobachtungen forciert, dem die Presse den zweifelhaften Ruf des »Walflüsterers« gegeben hatte. Er näherte sich regelmäßig den residenten Pottwalen vor Dominica und zeigte seinen Kunden, wie die Tiere auf seine Bewegungen reagierten. Etwas, das die Wissenschaftler mit Sorge betrachten. Normalerweise achten sie sehr darauf, nicht einzugreifen, um das natürliche Verhalten der Tiere nicht zu stark zu beeinflussen. Macht man sich die Tiere jedoch durch stetigen Kontakt vertraut, passiert genau das.

Inzwischen haben Wind und Regen nachgelassen. Nebel zieht vom Meer auf. In wenigen Stunden wird Halifax unter einer undurchdringlichen Decke liegen.

Ich hatte auch einen Pottwal-Moment, vor einigen Jahren auf den Azoren. Ich befand mich auf einem Whale-Watching-Boot, das einer kleinen Pottwal-Gruppe hinterherschwamm. Es näherte sich behutsam und war stets darauf bedacht, ausreichend Abstand zu den Tieren zu halten. Wir sahen vom Deck aus immer wieder den Blas, das Ausatmen der Wale, das kein gerichteter Strahl ist, sondern eher eine Art Sprühnebel. Schließlich machte der Skipper den Motor aus. Wir trieben schaukelnd im Wasser, blickten auf den Rücken einer Pottwal-Kuh, die in einiger Entfernung mit ihrem Kalb unterwegs war. Und dann, ganz plötzlich, schob sich direkt an der linken Schiffsseite der Kopf eines Jungtiers aus dem Wasser. Es hob den Schädel, bis eines seiner Augen auftauchte und uns anblickte. Das Auge war tellergroß. Gräulich wie das Fleisch einer Auster, schimmernd und nass. Es starrte uns direkt an. An Bord war es totenstill, ich vergaß zu atmen. Dann sank der Kopf langsam in die Tiefe zurück. Der Skipper war fassungslos. Noch nie habe er so etwas erlebt, noch nie, sagte er immer wieder. Dabei fahre er seit Jahrzehnten in diesen Gewässern.

Zurück zu Whiteheads neuestem Projekt, der Kontaktaufnahme per Playback. Ein paar Versuche haben sie bereits unternommen. Shane Gero segelte ein paar Wochen lang vor Dominica herum und schickte das Erkennungszeichen 1+1+3 des karibischen Clans ins Wasser hinab. Bislang ohne Erfolg. Insgesamt waren zu wenige Wale da, um genügend Daten zu sammeln. Einmal gab es sogar tatsächlich ein Feedback aus den Fluten, nur dass niemand bislang sagen kann, ob es wirklich eine Antwort war – oder nur ein zufälliger Laut zum etwa selben Zeitpunkt.

56

Da ist sie wieder, die Sache mit der Versuchsanordnung. Wie stellt man auf der Weite des Ozeans ein Experiment her, das zuverlässig Auskunft gibt? Welchen Abstand zu welchem Wal muss man dabei einhalten? Whitehead, Gero und all die anderen werden eine Fülle an Daten sammeln müssen, nur um herauszufinden, wie sie am sinnvollsten vorgehen.

Auch Luke Rendell arbeitet an einer Variante dieser Idee, bei den Pottwalen im Mittelmeer. Er denkt dabei nicht an die kommunikativen Codas wie das Erkennungszeichen, sondern an die monotonen Klicklaute, die Pottwale aussenden, wenn sie in die Tiefsee hinabtauchen. Diese Orientierungslaute sind einfache Klicks im Sekundentakt. Und möglicherweise ist Rendell, wenn er sie aufnimmt und wieder in die See hinabschickt, näher dran am Original als bei den komplexen Codas. »Denn wir müssen die Wale ja täuschen«, sagt Whitehead. »Wir müssen sie davon überzeugen, dass die Klicks von Artgenossen kommen, nicht von unseren Geräten.«

Eine andere Idee ist, sich an leicht verzerrten Klicks zu versuchen, wie sie ein Wal vielleicht erwarten würde, wenn er einen Artgenossen aus großer Entfernung wahrnimmt. Codas, die einen weiten Weg durch den Ozean zurücklegen, klingen nicht mehr so präzise wie die aus nächster Nähe. So, wie wir jeden Fehler hören, wenn jemand uns direkt anspricht, der unsere Sprache nicht gut kann. Ist derjenige aber weiter weg, überhören wir das ein oder andere.

Doch dafür bedarf es einer entsprechenden Entfernung. Man kann schlecht Pottwal-Klicks direkt neben einem Tier abspielen, das weit und breit keinen Artgenossen sieht, und dann eine natürliche Reaktion erwarten. So wie wir nicht unbefangen auf eine Stimme antworten würden, die körperlos neben uns zu sprechen beginnt. »Möglicherweise haben die Wale bei unseren ersten Versuchen gedacht: Oha, das sind Menschen, die versuchen zu klingen wie wir.«

Als Whitehead grinst, verschwinden seine Augen fast in den

Lachfaltennestern. Er selbst wird im Sommer nicht in tropischen Gewässern unterwegs sein und auch nicht den Pottwalen hinterhersegeln. Für ihn geht es mit ein paar Doktoranden in den Norden zu den Entenwalen, einer stark gefährdeten Spezies.

Apropos gefährdete Spezies. Es gibt Neuigkeiten von den Atlantischen Nordkapern in der Bay of Fundy. Zunächst sind es gute. »Seit zwei Jahren«, sagt Whitehead, »sichtet man einige Tiere außerhalb der Bay, im Sankt-Lorenz-Golf.« Also fernab der engen Bucht, in der es manchmal zu wenig Nahrung gibt. Der Sankt-Lorenz-Golf liegt nördlicher, er ist sehr viel breiter – und weit stärker vom Schiffsverkehr belastet. Das ist die schlechte Nachricht.

Von Juni bis Anfang Dezember 2017 wurden insgesamt 17 tote Atlantische Nordkaper im Golf gefunden. Das sind fast vier Prozent aller lebenden Tiere überhaupt, wenn man von der Zahl 450 für den Restbestand ausgeht. Etliche Kadaver wiesen Verletzungen durch Kollisionen mit Schiffen auf. Von sieben obduzierten Tieren starben sechs keines natürlichen Todes: Sie waren an Fischleinen erstickt oder am Zusammenstoß mit einem Schiff zugrunde gegangen. Nun sieht es zwar so aus, als könnten sich die Atlantischen Nordkaper wieder selbst beibringen, wie man die Jagdgründe wechselt. Aber nicht, wie man überlebt.

Hunde: Primus in Menschenkunde

Von der mühsamen Walforschung zur Wissenschaft vom Hund: Ein größerer Gegensatz ist kaum denkbar. Wo man Wale erst mal finden muss, hat man Hunde direkt vor der Haustür. Aber nicht nur das, auch in der Zusammenarbeit mit Menschen sind Hunde allen Tieren weit voraus. Dennoch hat sich die Wissenschaft lange nicht für sie interessiert. Was für ein Fehler.

Wohl dem, der ein Hundeforscher ist. Er muss sich nicht monatelang auf die Lauer legen und hat auch kein Problem mit einem Mangel an Versuchskandidaten, ganz im Gegenteil: Hunde gibt es überall. Sie lieben die Zusammenarbeit mit Menschen und traben auf ihren eigenen Pfoten bis ins Labor des Wissenschaftlers. Im Experiment machen sie begeistert mit, und genauso gern gehen sie anschließend wieder nach Hause. Die meisten Verhaltensforscher arbeiten mit Tieren von außerhalb. So haben sie das Beste aus zwei Welten zur Verfügung: Ihr Studienobjekt lebt in seiner natürlichen Umgebung, wodurch es das ganze Spektrum seiner Fähigkeiten zeigen kann. Und zugleich lässt es sich unter Laborbedingungen erforschen, freiwillig und freudig. Besser geht's nicht.

Umso merkwürdiger, dass ausgerechnet der Hund so lange von der Wissenschaft ignoriert wurde. Man testete zwar vielfach Medikamente an ihm – es gab und gibt Heerscharen von Beagles in Laboren –, doch er selbst war weitgehend uninteressant bis in die Mitte der Neunzigerjahre. Er galt als degenerierter Wolf, der viele Fähigkeiten seines Ahnvaters eingebüßt hatte, weshalb sich die Forschung an ihm nicht lohnte. Und es stimmt ja auch: Der Hund hört und riecht schlechter, sein Gehirn hat sich über die Jahrtausende verkleinert, die Mimik ist weit gröber als beim wilden Verwandten. Doch im Gegenzug hat er sich ein ganzes Bündel an Fertigkeiten zugelegt, die ihn wie kein anderes Tier mit Menschen zurechtkommen lassen. Nun entdecken Wissenschaftler immer mehr von seiner einzigartigen Fähigkeit, uns zu verstehen.

Die Gemeinschaft mit dem Hund ist die älteste, die wir mit einem Tier haben. Auf mindestens 18.000 Jahre wird ihr Ursprung – die Domestikation des Wolfes – datiert, womöglich ist sie noch weit früher erfolgt. Neueste Forschungsergebnisse gehen von 20.000 bis sogar 40.000 Jahren vor unserer Zeit aus. Dagegen hat sich die Katze erst vor rund 9.500 Jahren an den Menschen gewöhnt, das Pferd vor etwa 5.500 Jahren.

Der Hund ist aber nicht nur unser erstes Haustier, sondern auch unser wichtigstes, wenn man von den Nutztieren absieht. Während es Regionen gibt, in die das Pferd nicht vorgedrungen ist, haben die Wolfsabkömmlinge den Menschen in jeden Winkel der Erde begleitet, bis hinauf in die Arktis, wo in früheren Zeiten ohne sie kein Überleben möglich war. Polarvölker mussten immer wieder in den Süden emigrieren, wenn sie ihre Hunde verloren hatten.

Auch lebt kein anderes Geschöpf unter so unterschiedlichen Bedingungen so eng mit uns zusammen: Der Hund wohnt in den Baumhäusern der Korowai von West-Papua, wird in Handtaschen durch die Metropolen der Welt getragen, lässt sich bei den Inuit in tiefer Nacht einschneien und macht sich bei den kenianischen Turkana als Babysitter und Vertilger von Kleinkind-Exkrementen nützlich. Während er unermüdlich an unserer Seite war, ist etwas in ihm vorgegangen, das es bei keinem anderen Tier gibt: Wir sind ihm wichtiger geworden als seine eigene Art. Einsame Hundewelpen in einem Raum lassen sich von Menschen schneller beruhigen als von Artgenossen und robben auch zuerst auf sie zu. Erwachsene Tierheimhunde binden sich schon nach

60

wenigen Minuten des Kennenlernens enger an einen Zweibeiner als an einen anderen Hund. Für den Hund ist der Mensch der wichtigste Sozialpartner überhaupt. Auch haben seine eindrucksvollen kognitiven Leistungen stets mit dieser Verbindung zu tun und mit seiner Anpassung an uns. Denn der überwiegende Teil des Hundehirns konzentriert sich schlicht auf die Frage: Wie tickt der Mensch?

Größtmögliche Nähe

Merle starrt mich wach. Die Mischlingshündin mit dem rotgoldenen Fell ist unser Neuzugang in der Familie. Seit einer Woche ist sie da. Sie ist kein Welpe mehr, sondern ein ausgewachsener Hund aus dem Tierheim, dessen Vergangenheit im Dunkeln liegt: Wir wissen nur, dass sie auf einem Waldparkplatz ausgesetzt wurde. Doch auch wenn ihr früheres Zuhause nicht das beste gewesen sein mag, den Umgang mit Menschen beherrscht sie meisterhaft.

Ein unerfahrenes Tier winselt, wenn es sich morgens langweilt. Oder es schiebt seinem schlafenden Halter die Schnauze ins Gesicht und riskiert eine Abfuhr. Ein kluger Hund macht das, was Merle da gerade anstellt: lautlos neben dem Bett stehen und intensiv den Menschen anstarren, bis der von selbst aufwacht. Und auf ein Tier blickt, das mit seiner wild wedelnden Rute, den leuchtenden Augen, mit seinem ganzen Wesen auszudrücken scheint: Wie schön, dass du wach bist! Lass uns raus!

Doch jetzt ist es sechs Uhr morgens. Viel zu früh, finde ich. Und das sage ich dem neuen Hund. Ich tue es halb schlafend, ohne nachzudenken. »Leg dich wieder hin, Merle, ich bin noch zu müde«, murmele ich und registriere, wie sie tatsächlich kehrtmacht, als hätte sie mich ganz genau verstanden. Mit einem Grunzen sinkt sie in ihr Körbchen zurück. Seltsam, denke ich, kurz vor dem Wegdämmern. Und dann noch: Kann sie wissen, was ich sage?

61

Die verblüffende Antwort lautet: Ja, in gewisser Weise. Wie Forscher heute wissen, hat sich kein anderes Tier zu einem derartigen Menschenkenner entwickelt wie der Hund. Er ist ein Meister darin, unser Verhalten zu durchschauen und unsere Absichten zu deuten. Und er kommuniziert auf so intensive und vielfältige Art mit uns, dass sich nicht wenige Menschen von ihm verstanden fühlen, mitunter mehr als von ihresgleichen. »Der versteht jedes Wort«, sagen Hundehalter mindestens so oft wie »der tut nix«.

Diese einzigartige Mensch-Tier-Verbindung ist mittlerweile ein wichtiger Forschungszweig. Viele Institute rings um den Globus untersuchen, was sie ausmacht und wie tief sie wirklich reicht. Darunter ist auch die derzeit größte Hundeforschungsabteilung der Welt. Sie heißt Family Dog Lab und gehört zum Fachbereich Biologie der Eötvös-Lórand-Universität in Budapest. Geführt wird sie vom 55-jährigen Zoologen Adam Miklósi, der auch den gesamten Fachbereich leitet. Seit der Gründung 1994 hat das Family Dog Lab weit mehr als 100 Studien veröffentlicht, und jährlich kommen neue dazu. Die meisten Untersuchungen widmen sich der Frage, wie die Kommunikation zwischen Mensch und Hund beschaffen ist. Aber auch, welche neurologischen Prozesse daran beteiligt sind.

So entdeckten die ungarischen Forscher vor Kurzem, dass in den Gehirnen von Menschen und Hunden ganz ähnliche Areale aktiv sind, wenn es darum geht, Stimmen zu verarbeiten. Auch findet die Reaktion auf emotionale Äußerungen, etwa Weinen oder Lachen, bei Hunden in vergleichbaren Hirnregionen statt, wie wir sie haben. Diese Übereinstimmung in der Verarbeitung sozialer Informationen könnte eine Erklärung dafür sein, warum unser Zusammenleben so gut funktioniert. Eine von vielen.

Diese Studie konnte im Übrigen nur durchgeführt werden, weil eine Forscherin die Versuchshunde darauf trainiert hatte, minutenlang reglos im Magnetresonanz-Tomografen zu liegen, bei vollem Bewusstsein. Trotz des Lärmpegels und der Enge darin. Schon allein das mag dem Hundehalter, der die Angst seines Vierbeiners in der Tierklinik kennt, wie ein Wunder vorkommen.

Das Labor des Doktor Miklósi liegt am Ufer der Donau und findet sich kinderleicht, man muss nur den Hunden nachgehen. Sie sitzen am Haupteingang des Uni-Gebäudes, fahren im Aufzug mit nach oben in den sechsten Stock, wo sich das Institut befindet. Treten ein oder kommen heraus, entweder als Kandidaten diverser Studien oder weil sie zu den Mitarbeitern gehören. Studenten wandern über die Flure. Manche sammeln sich in der Teeküche, stehen in Grüppchen zusammen. Der Flur führt um mehrere Ecken. Überall wimmelt es wie im Bienenkorb. Nur weit und breit kein Adam Miklósi. Habe ich ihn übersehen? Ein paar Ecken zurück, steht er da plötzlich. Ein schmaler, mittelgroßer Mann mit einem grau melierten Bärtchen. Mit dem Rücken zu mir an der Tür eines Besprechungsraums. Er unterhält sich mit seiner Kollegen, gestikuliert mit beiden Armen.

Adam Miklósi hat ein lebhaftes Temperament, immer wieder fallen ihm die Haare ins Gesicht. Kaum hat er mir die Hand geschüttelt und mich seinen Mitarbeitern vorgestellt, sitzt er auch schon am Besprechungstisch. Bereit zum Anfangen. Jemand schiebt mir einen Becher Kaffee zu, der Tote aufweckt. Vom Fenster kommen schnorchelnde Geräusche. Der Zoologe sieht meinen fragenden Blick.

»Schildkröte«, sagt er und weist mit dem Kopf auf den Vorhang. Dahinter steht das Bassin des Reptils.

Miklósi war nicht von Beginn an Hundeforscher. Er hat zuerst mit Fischen gearbeitet, doch Anfang der Neunzigerjahre stellte die Universität die Forschung an ihnen ein. Damals war er im Ausland. Als er wiederkam, platzte er mitten hinein in die Umgestaltung seines Fachbereichs und erfuhr von seinem Professor, dass sie ab sofort mit Hunden weitermachen würden.

»Das war der schlimmste Tag in meiner Karriere«, sagt er. Zwar mochte er Hunde, konnte sich jedoch unter diesem

Forschungszweig rein gar nichts vorstellen. Das war totales Neuland, nicht nur für ihn. Noch dazu, weil von Anfang an feststand, dass sie nicht mit Laborhunden arbeiten würden, sondern mit solchen, die Halter hatten und von außerhalb kamen. Aber wie sollten sie so etwas planen? Die Hundehaltung von damals war mit der heutigen überhaupt nicht zu vergleichen. Die Tiere lungerten in den Höfen herum oder in Zwingern, bellten, passten auf. Sie waren noch längst keine Familienmitglieder mit dem Stellenwert, den sie heute haben. Auch gab es weder Hundeschulen noch Trainer noch Hundevereine oder irgendetwas in der Art. Was für die Forscher hieß: Um an Mensch-Hunde-Teams heranzukommen, mussten sie bei der einzigen Institution anfragen, die überhaupt mit den Tieren arbeitete, Ungarns erster Blindenführhundschule. Sonst gab es nichts. 23 Jahre später ist es ausgerechnet dieser Adam Miklósi, der das Studienobjekt Hund als Glücksfall bezeichnet. Mehr noch: Den Hund als Forschungsgebiet zu entdecken, sagt er, sei einer »echten Revolution« gleichgekommen. Woher der Sinneswandel?

Ein Glücksfall für die Wissenschaft

Weil Hunde so leicht zugänglich sind, überall auf der Welt. Ein indischer Wissenschaftler kann auf die Straße gehen und ein Experiment mit zehn Hunden durchführen. Was er herausfindet, kann eine kanadische Expertin ohne viel Aufwand nachprüfen. In der Wissenschaft müssen Studien wiederholbar sein, sonst haben sie keinen großen Wert. Raben gibt es nicht so viele, die der Forschung zur Verfügung stehen. Menschenaffen auch nicht. Aber Hunde? Kein Problem. Das ist ein wesentlicher Grund, warum es so viele Studien mit ihnen gibt und so viele Ergebnisse innerhalb so kurzer Zeit. Ein bisschen macht die Betriebsamkeit jetzt auch wieder wett, was man bis in die Neunzigerjahre verschlafen hatte. Als man noch dachte, der Hund sei ein Wolf, nur in B-Qualität. Und ernstzunehmende Forschung zur tieri-

64

schen Intelligenz könne – wenn überhaupt – nur an Menschenaffen stattfinden.

»Wir haben uns viel zu lange nur auf Primaten und Ratten konzentriert«, sagt Adam Miklósi. Was auch zu Fehlschlüssen führte. Lange Zeit waren die Menschenaffen das Maß aller Dinge. Was sie nicht schafften, traute man anderen Tieren erst recht nicht zu. So ging man bis vor etwa zwanzig Jahren davon aus, dass kein Tier imstande sei, die Zeigegesten eines Menschen zu verstehen. Denn Schimpansen können das nicht. Sie deuten zwar selbst auf Dinge, die sie haben wollen. Doch die menschliche Zeigegeste als Hilfsmittel zu interpretieren, ist ihnen fremd und nur mit viel Training vermittelbar.

Und vor rund zwanzig Jahren dachte man eben noch: Gut, dann kann es halt kein Tier.

Es war ein amerikanischer Anthropologie-Student namens Brian Hare, der dieser Sicht widersprach. Hare ist heute ein renommierter Verhaltensforscher, der mit Affen und Hunden arbeitet. 1995 hatte er an einem Primatenprojekt mitgewirkt, und als es darum ging, dass kein Tier die Gesten des Menschen verstehen könne, sagte Hare in den Kollegenkreis hinein: »Das stimmt nicht. Mein Hund kann das.«

Sein Einspruch führte zu diversen Studien, in denen sich herausstellte, dass Hunde tatsächlich den menschlichen Fingerzeig deuten können. Und zwar auf Anhieb. Auch in Ungarn sind solche Untersuchungen gemacht worden, und inzwischen gilt es als ausgemachte Sache, dass Hunde den Primaten hierin überlegen sind. Aber bis zum besten Menschenkenner im Tierreich war es noch immer ein weiter Weg. Wieso gelang das ausgerechnet einem Wildfang wie dem Wolf?

Die ehrliche Antwort: Man weiß es nicht. Zwar hat die züchterische Auslese, die zu heute rund 400 Hunderassen geführt hat, viele Fertigkeiten bei Hunden herausgemendelt, die dem Menschen wichtig sind. Aber sie ist eine Erscheinung der jüngsten Vergangenheit und erklärt nicht die Bereitschaft eines wilden

Tieres, sich überhaupt erst auf uns einzulassen. Nach wie vor liegt im Dunkeln, warum es zur Domestikation gekommen ist und wie. Es gibt jede Menge Annahmen, etwa dass Wölfe für Menschen zunächst nur Nahrungsmittel waren und im Kochtopf landeten. Oder dass sie uns nachgefolgt sind, um an unsere Abfälle heranzukommen. Vom schwedischen Wolfsforscher Erik Zimen stammt eine ganz eigene Version, nach der Frauen aus grauer Vorzeit sich verwaiste Wolfswelpen an die Brust gelegt und sie so an die Menschen gewöhnt hätten. Zimens Auffassung von der Hundwerdung des Wolfes lässt sich wissenschaftlich nicht belegen, doch immerhin weiß man von einigen Völkern in Südamerika, dass die Frauen dort Hundewelpen stillten. Etwa um einen verwaisten Jagdhund heranzuziehen, den die Jäger dringend brauchten, der aber ohne Muttermilch keine Überlebenschance gehabt hätte.

Während der Ursprung der Domestikation noch immer ein Rätsel ist, kennen wir umso besser das Ergebnis: Am Ende stand ein Tier mit einer legendären Beobachtungsgabe, das bis zum heutigen Tag seine Fähigkeit, uns zu verstehen, immer weiter schult. Der Hund studiert uns hingebungsvoll. Wenn er nicht schläft, liest er uns in jeder Sekunde. Er achtet genau auf die menschliche Gestik und Mimik und versucht herauszufinden, was wir wohl als Nächstes vorhaben und was das wiederum für ihn bedeutet. Blicken wir gedankenverloren zum Kühlschrank, entgeht ihm das nicht, denn es könnte ja heißen: Gleich gibt es Essen.

Am Family Dog Lab, aber auch an vielen anderen Instituten wurde in zahlreichen Studien untersucht, wie sich diese Beobachtungsgabe auswirkt. So fanden die Forscher das Verständnis für Zeigegesten mit einer Art Hütchenspiel heraus. Dabei versteckten sie Futterhappen unter einem von zwei Bechern, ohne dass der Hund Zeuge war. Dann durfte er wählen. Stupste er den falschen Behälter mit Nase oder Pfote an, ging er leer aus. So etwas kam regelmäßig vor, wenn der Mensch ihm keinen Hinweis

66

gab. Ohne Fingerzeig verließ sich der Hund aufs Raten, steuerte irgendeinen Becher an und traf mal ins Schwarze und mal nicht. Offenbar war ihm sein Riechvermögen bei dieser Aufgabe keine Hilfe, das richtige Gefäß ließ sich nicht erschnüffeln.

Ganz anders, wenn die Versuchsperson auf den entsprechenden Becher zeigte. Dann fanden die meisten Hunde den Happen auf Anhieb. Dabei musste es gar nicht der Arm sein. Es reichte schon, wenn der Mensch nur auf den Becher blickte. Oder seinen Tipp mit einer Kopfbewegung gab. Inzwischen weiß man, dass bereits sechs Wochen alte Welpen das Hütchenspiel beherrschen. Was bedeuten könnte, dass das Verstehen menschlicher Zeigegesten ins Erbgut übergegangen ist, erworben durch die lange Gemeinschaft mit uns.

Und das ist auch der Grund, warum ein Hunde- und Primatenforscher wie Brian Hare diese Fähigkeit so spektakulär findet. Nicht nur, weil unsere nächsten Verwandten sie nicht haben. Sondern vor allem, weil sie für Menschen unverzichtbar ist. Mit Zeigegesten wachsen Kinder in ihre soziale Gemeinschaft hinein. »Es ist diese Fähigkeit«, sagt Hare, »die es uns ermöglicht, jede Kultur auf der Welt zu verstehen. Ohne sie erlernen wir keine Sprache.« Wir zeigen auf Dinge und sagen das Wort dazu, das diesen Gegenstand benennt. Und so beginnt die Verknüpfung von Objekt und seinem akustischen Symbol, so entsteht in unserem Kopf das, was uns später sprechen lässt. »Und was zum Teufel«, fragt sich Hare, »macht so eine Gabe in einem Hund – und nicht in einem Schimpansen oder Bonobo?«

Sie hat sich entwickelt durch die unglaubliche Nähe zum Menschen. Der Hund ist ja nicht nur unser ältestes Haustier, sondern auch das mit den vielfältigsten Aufgaben, die wir je einem Tier aufgehalst haben. Zu seinen ursprünglichen Jobs gehört das Treiben von Nutztierherden. Dabei muss der Hund eigenständig vorgehen, aber auch stets ein Auge auf den Hirten haben und dessen kleinste Signale befolgen. Also Zeigegesten, Kopfbewegungen, Blicke. Mit Tieren, die das besonders gut konnten, wurde weitergezüchtet. So hat sich diese Fähigkeit genetisch verankert, vermutet Adam Miklósi. Dafür spricht auch, dass junge Wölfe sich im Vergleich deutlich schwerer damit tun, Zeigegesten zu verstehen. Für manche bleibt es unmöglich.

Nun könnte man argumentieren, dass der Hund vielleicht nur ein besonders guter Befehlsempfänger ist und den Fingerzeig als Anweisung begreift, der er folgen muss. Aber das stimmt nicht, wie eine Kontrollstudie nachgewiesen hat. Dabei wurde den Testhunden absichtlich der falsche Becher gezeigt. Hatten diese zuvor mitangesehen, wo der Happen tatsächlich lag, ignorierten sie die Geste des Menschen. An Fake News waren sie nicht interessiert.

Und noch etwas spricht gegen diese These. Brian Hare berichtet von einem Forschungsprojekt in Sibirien, bei dem Wissenschaftler rund 40 Jahre lang Füchse domestizierten. Füchse gehören zur Kaniden-Familie wie Hunde, Wölfe, Schakale und Kojoten. Die Tiere in Russland wurden auf eine einzige Fähigkeit hin selektiert: freundlich zu Menschen zu sein. Mit solchen, die Angst zeigten oder menschliche Nähe mieden, wurde nicht weitergezüchtet. Nach einigen Generationen wurde offenbar, dass die Tiere anfingen, unsere Zeigegesten zu verstehen.

»Dieses Experiment sagt mir«, sagt Hare, »– und ich muss zugeben, das hat mich geschockt –, will man kluge Füchse züchten, selektiert man nicht auf Klugheit. Man selektiert auf Freundlichkeit.«

Natürlich wollte ich herausfinden, ob meine Hündin Merle das mit den Gesten auch kann. Und wandelte ein Spiel ab, das sie sehr liebt: Leckerchen-Suchen im Garten. Da verstecke ich Käsestückchen zwischen Blumentöpfen und unter Sträuchern, die sie erschnüffeln muss. Weil sie dabei so aufgeregt ist, überrennt sie jedoch manche Happen im ersten Anlauf. Früher habe ich mich nicht eingemischt, denn ihre Nase wies ihr immer irgendwann den Weg. Nun aber deutete ich mit einer Armbewegung in die Richtung des nächsten Leckerchens. Und tatsächlich,

68

Merle verstand die Geste, folgte dem Hinweis und entdeckte ihr Käsestück im Nu.

Inzwischen ist mein Hund ein bisschen faul geworden. Findet sie den Happen nicht sofort, hebt sie den Kopf und blickt mich an. Sie sieht dabei genau so aus, als wolle sie sagen »Gib mir einen Tipp«. Und auch das ist eine Erkenntnis aus der Hundeforschung: Die Vierbeiner können uns nicht nur scharf beobachten, sondern haben auch ihre Mittel, uns zum Handeln zu bewegen. Wie eine Studie zeigt, die ebenfalls am ungarischen Family Dog Lab gemacht wurde. Stehen Hunde vor einem unlösbaren Problem, benutzen sie Menschen buchstäblich als Werkzeug.

Adam Miklósi und seine Kollegen deponierten für neun Hunde Fleischstückchen außerhalb deren Reichweite. Sieben brachen schon nach einer Minute ihre Bemühungen ab, an das Futter zu gelangen, und blickten ihre Halter hilfesuchend an. Von den handaufgezogenen sieben Wölfen, die zum Vergleich getestet wurden, nahmen nur zwei überhaupt Blickkontakt mit ihrem Menschen auf. Doch in keinem Fall so lange und intensiv, wie die Hunde das taten. Was nachvollziehbar ist, denn in der Wolfswelt gilt der frontale Blick als unhöflich. Wer sein Gegenüber anstarrt, ist in der Regel auf Streit aus. Doch mit Menschen ist es unmöglich zu kommunizieren, wenn man sie nicht ansehen will. Könnte hier einer der Gründe liegen, warum Mensch und Wolf einst zusammenkamen? Der Biologe Miklósi hält das für sehr wahrscheinlich. Irgendwann in den frühen Tagen der Domestikation muss es Wölfe gegeben haben, die bereitwilliger als andere auf die Kommunikation nach Menschenart reagierten, sich dadurch besser als Gefährten eigneten und so den Stammbaum unseres ersten Haustiers begründeten.

Heute finden Hunde die Augenbewegungen von Menschen höchst interessant. Sie folgen ihnen exakt, wie Forscher des Family Dog Labs durch ein Verfahren namens Eye-Tracking festgestellt haben, das die Augenbewegungen des Hundes grafisch aufzeichnet. Doch die Selektion auf menschenkompatible Fähigkeiten erklärt nicht zur Gänze, warum Hunde sich so rückhaltlos auf uns eingelassen haben. Auch ein Dilemma trägt daran seinen Anteil. Als Haustiere leben sie in einer Welt, in der sie vollständig von uns abhängig sind. Sie müssen in der Umgebung einer anderen Spezies zurechtkommen, deren Regeln nicht die ihren sind. Je besser sie den Menschen kennen, desto eher gelingt ihnen das.

Wider die eigene Natur: Lächeln und Bellen

In mehrfacher Hinsicht ist der Hund über »den Schatten seiner Art gesprungen«, damit er mit uns zusammenleben kann. Er hat sich einer Kommunikation angepasst, die seiner in manchen Aspekten zuwiderläuft. Besser als der österreichische Verhaltensforscher Kurt Kotrschal kann man es nicht sagen: »Hunde kann man eigentlich gar nicht vermenschlichen. Das haben sie während ihrer lange dauernden evolutionären Anpassung bereits selbst besorgt.«

Das betrifft nicht nur den Augenkontakt, sondern auch das Lächeln, das der Hund von uns gelernt hat, weil wir es immerzu tun. Und sogar das Bellen. Wölfe bellen kaum und nur in ganz bestimmten Situationen. Vom Hund kann man das nicht behaupten, er ist eine sehr geräuschvolle Spezies geworden mit einem höchst variantenreichen Laut-Repertoire. Damit passt er gut zu uns. Menschenart ist es, laut zu sein. Akustisch sind wir dauernd auf Sendung, wir reden, lachen, rufen. Auch der Hund wird fortwährend angesprochen. Im Lauf der Domestikation hat er auf seine Art gelernt zu antworten.

»Bellen ist eine Anpassung an den sprechenden Menschen. Da gibt es kein Vertun.« Das sagt die Zoologin Dorit Feddersen-Petersen aus Kiel. Sie forscht bereits seit den Siebzigerjahren zur Haustierwerdung des Hundes, vergleicht ihn mit Wölfen und Wolfsmischlingen, aber auch mit anderen Kaniden wie Kojoten und Rotfüchsen. Seit ihren Untersuchungen weiß man, wie hochspezialisiert die Belllaute von Hunden sind. Es gibt sogar Misch-

70

Belllaute, die tatsächlich gemischte Gefühle ausdrücken, etwa wenn ein Spiel zu kippen droht und aggressiv wird. »Die neuen Bellformen des Haushundes«, sagt Feddersen-Petersen, »wurden entscheidend wichtig für die Kommunikation zwischen ihm und dem Menschen.«

Für beide Arten entstand so eine Win-Win-Situation, denn der Mensch hat das Gebell dankbar angenommen. Er hat besonders bellfreudige Tiere miteinander verpaart, um einen tauglichen Wachhund zu schaffen. Mit dem Lächeln verhält es sich ähnlich, nur dass hier der Sprung über die Artengrenze noch ein Stückchen weiter war. Lächeln ist im Repertoire des Hundes nicht vorgesehen. Wölfe tun es nicht. Sie kennen nur das sogenannte submissive Grinsen, das eine Demutsgeste ist und das Gegenüber beschwichtigen soll. Außerdem nutzen sie das Zähnefletschen, ein klares Drohsignal. Doch was einige Hunderassen wie zum Beispiel Dalmatiner zeigen, ist dem menschlichen Lächeln sehr ähnlich: Sie entblößen die oberen Schneidezähne, bewegen ihre Oberlippe rasch auf und ab, ziehen zugleich die Mundwinkel nach hinten, wodurch selbst für Nichthundekenner ein deutlich sichtbares Lächeln entsteht, das vor allem in Begrüßungssituationen vorkommt. Wie bei uns, die wir auch am meisten lächeln, wenn wir uns begegnen. Dorit Feddersen-Petersen forscht nun schon seit 17 Jahren zum Lächeln der Hunde und untersucht derzeit die Frage, ob sich dieses Verhalten bereits genetisch verankert hat oder ob Hunde es immer noch erlernen, im Zusammensein mit ihren Menschen. Denn manche zeigen es nach wie vor nicht. Auch untereinander tauschen Hunde kein Lächeln aus. Wenn sie es tun, ist es offenbar nur für uns bestimmt.

Hunde sehen uns an, was wir fühlen

Ein anderes Hundeforschungsinstitut ist das Labor der schlauen Hunde in Österreich. Es heißt Clever Dog Lab und gehört zur Veterinärmedizinischen Universität Wien. Unter der Leitung von Ludwig Huber, Professor für Kognitionsbiologie, und Corsin Müller kam von dort 2015 eine Forschungsarbeit, die man schlicht bahnbrechend nennen muss. Die Wissenschaftler haben den ersten handfesten Nachweis erbracht, dass Hunde verstehen, welche Emotionen sich im Gesicht eines Menschen abbilden. Selbst dann, wenn nur Teile des Gesichts gezeigt werden. Das ist in der Tierwelt bislang einzigartig.

Die Forscher trainierten zwei Hundegruppen darauf, mithilfe eines Touchscreens fröhliche Menschengesichter von ärgerlichen zu unterscheiden. Das funktioniert mit der Methode der positiven Verstärkung, was bedeutet, dass bei richtigen Entscheidungen der Hund mit einem Leckerchen belohnt wird. Auf diese Weise lernt er schnell, was von ihm erwartet wird.

Frühere Studien hatten bereits gezeigt, dass Hunde auf Fotos fremde und vertraute Gesichter auseinanderhalten können. Nun sollte die erste Hundegruppe freundliche Mienen auf Bildern erkennen, die zweite wurde auf ärgerliche trainiert. Zunächst bekamen die Tiere nur ein einziges Gesicht zu sehen, mit einem jeweils heiteren oder missmutigen Ausdruck. Die Person auf dem Foto kannten sie nicht. Um auszuschließen, dass die Hunde sich an willkürlichen Merkmalen orientierten, wie etwa Zähnen, wurde ihnen stets nur ein Teil des Gesichts gezeigt: entweder die Augenpartie oder die untere Hälfte. Auffällig war, dass die Gruppe, die die unfreundlichen Mienen auswählen sollte, dreimal so lange brauchte, um ihre Aufgabe zu erlernen. Offenbar fiel es den Tieren schwerer, sich dem Touchscreen mit der Nase zu nähern, wenn der emotionale Ausdruck unangenehm war. Das ist ein Hinweis darauf, dass sie tatsächlich wussten, was sie da sahen. Und ein Zufallsfund. Mit so einem Ergebnis hatten die Wiener nicht gerechnet. »Wir können es zwar nicht beweisen, weil wir es nicht getestet haben«, sagt Ludwig Huber, »aber es ist das einzig Plausible. Offenbar verspürten die Hunde Hemmungen, ein Gesicht mit negativem Ausdruck zu berühren. Was uns wiederum vermuten lässt, dass sie die Emo-

72

tionen im Gesicht tatsächlich erkennen konnten und sie nicht nur auseinanderhielten.«

Im letzten Schritt wurden den Tieren neue Fotopaare unbekannter Gesichter vorgespielt, wiederum zerlegt in obere und untere Hälften. Auch hier sollten sie per Nasenstups bei jedem Bild entscheiden, ob sie ein fröhliches oder ein ärgerliches Antlitz sahen, je nachdem was sie gelernt hatten. Die große Mehrheit der Hunde meisterte die Aufgabe souverän. »Interessant war, dass die Tiere genauso gut abschnitten, wenn sie nur die Augenpartie zu sehen bekamen«, sagt Huber. »Das ist ja nicht ganz einfach, ein zorniges von einem freundlichen Augenpaar zu unterscheiden. Mit einem Mund hat man es leichter.«

Es ist zu früh zu sagen, dass Hunde in unseren Gesichtern lesen könnten, wie es um uns steht. Aber die Hinweise darauf verdichten sich. Und damit setzen sie sich erneut von den Primaten ab, von denen man derzeit nur weiß, dass sie Menschengesichter wiedererkennen. Aber nicht, ob sie auch die Emotionen darin unterscheiden können – geschweige denn verstehen.

Wissen sie auch, was wir sagen?
Wie aber steht es mit der menschlichen Sprache? Sie ist unser wichtigstes kommunikatives Medium. Seit der Hund bei uns lebt, hört er seine Menschen sprechen, und wenn sie sich ihm zuwenden, geschieht das wiederum über Worte. Kann der Primus in Menschenkunde auch etwas mit unserer Sprache anfangen? Denkt man an den berühmten Border Collie namens Chaser, muss man sagen: ja. Nach jahrelangem Lernen beherrscht die Hündin aus den USA einen Wortschatz von 1022 Begriffen, hauptsächlich Namen von Spielzeugen, die sie alle auseinanderhalten kann. Darüber hinaus versteht sie die Bedeutung von drei verschiedenen Verben – bringen, drauflegen (Pfote), anstupsen (Nase) – und kann diese mit den Spielzeugen verknüpfen. Weiterhin kann sie ihre Spielzeuge in Kategorien einteilen, weiß etwa,

was davon zu den Bällen gehört und was zu den Plüschtieren. Neue Wörter lernt die Hündin dadurch, dass sie sie mit ihrem alten Wortschatz abgleicht, genau wie ein Kleinkind beim Spracherwerb. Legt man ein unbekanntes Spielzeug auf Chasers riesigen Stapel und sagt dazu ein Wort, das sie noch nie gehört hat, muss dies der Name des neuen Objekts sein. Und genau das holt sie dann aus dem Stapel heraus. Solche Meisterleistungen wird ein normaler Familienhund in der Regel nicht zeigen. Aber auch er versteht mehr von dem, was wir sagen, als bislang gedacht.

Die Budapester Wissenschaftler hatten 2016 bereits gezeigt, dass das Hundehirn Stimmen in menschenähnlichen Arealen verarbeitet. Diese Studie hatte der 37-jährige Forscher Attila Andics geleitet. Doch der wollte sich mit dem Ergebnis noch nicht zufriedengeben. Er fragte sich, ob Hunde auch auf Wörter reagieren, die sie kennen. Und wenn ja, auf welche Weise. Im täglichen Strom aus gesprochener Sprache finden sich stets einzelne Begriffe, die eine Bedeutung für sie haben, vor allem Lob wie »fein gemacht«, »super« oder »guter Hund«. Und diese Worte wiederum werden von Menschen im passenden Tonfall ausgesprochen.

Attila Andics sitzt energiegeladen in der Teeküche des Family Dog Lab und erzählt von dieser Studie, bei der die Hunde im Magnetresonanz-Tomografen lagen. »Das war eine unglaubliche Leistung von Márta«, sagt er, »dass sie die Hunde dazu gekriegt hat, fröhlich reinzuhopsen und vollkommen reglos dort drinzuliegen.« Márta Gácsi, ebenfalls Biologin, war an dieser Studie beteiligt und hat die Tiere trainiert. Und in der Tat: Im Video, das Andics mir zeigt, lässt sich gut erkennen, wie einer der Hunde, ein kleiner weißer Mischling, es kaum abwarten kann, bis er an der Reihe ist. Er tänzelt um die Beine der Forscher herum, die gerade einem Labrador die Kopfhörer aufsetzen, bevor er in die Röhre geschoben wird. Immer wieder versucht der weiße Mix, auf die Liegefläche zu springen.

Andics fand bei seiner Untersuchung mit dem Hirn-Scan heraus, dass die Hunde tatsächlich auf bekannte Wörter reagierten.

74

Aber nicht nur. Sie registrierten auch den Tonfall, in dem sie gesprochen wurden – und zwar auf dieselbe Art wie wir. Vertraute Begriffe stimulierten eine Region in ihrer linken Gehirnhälfte, während in der rechten die Sprachmelodie verarbeitet wurde, exakt so, wie es im menschlichen Hirn geschieht. Passten nun Wort und Tonfall zusammen, wurde ein Lob also auch wie ein solches ausgesprochen, zeigte sich im Hirn-Scan eine starke, deutlich sichtbare Aktivität. Und zwar in einem Areal, das die Forscher als Belohnungszentrum ausgemacht hatten. Doch das passierte nur, wenn die Kombination aus Wort und Tonfall auch tatsächlich passte. Bei unbekannten oder bedeutungslosen Worten blieb die Reaktion in diesem Hirnbereich aus, da half auch keine begeisterte Intonation. Nur bei echtem, ernst gemeintem Lob sprang das Belohnungszentrum an.

»Ich will damit nicht sagen, dass Hunde Wörter so verstehen wie wir«, sagt Andics. »Aber wir haben gesehen, dass die Hirnaktivität von Hunden tatsächlich Unterschiede macht: bei Wörtern, die für sie bedeutsam sind, und bei anderen, die es nicht sind.« Und dass sie vielleicht freundlich wedeln mögen, wenn wir juchzend »Tierheim« sagen, aber ihr Belohnungszentrum sich davon nicht täuschen lässt.

Der Hunde-EQ

Bedauerlicherweise ist das Verständnis füreinander, also die Basis der Mensch-Hund-Freundschaft, eine höchst einseitige Sache. So weit, wie sich der Hund vorwärtsbewegt hat, um uns zu verstehen, so wenig hat es der Mensch geschafft, die Ausdrucksweisen seines Gefährten zu erkennen. Erst allmählich sickert etwa ins Bewusstsein, wie vielfältig Hunde ihr Missfallen ausdrücken. Die Irrtümer in der Mensch-Hund-Kommunikation gehen zwar meistens glimpflich aus, weil der Hund seinem Sozialpartner viel verzeiht. Aber den Tieren könnte es besser gehen, wenn der Mensch begabter darin wäre, sie zu lesen. »Jetzt hat er aus heiterem Himmel zugebissen«, hört man immer noch viel zu oft, wenn Alarmsignale unerkannt geblieben sind. Wir müssen noch viel darüber lernen, wie der Hund zu uns spricht. Und zunächst verstehen, dass er kein Wolf mehr ist, sondern ein ganz eigenes Tier mit ganz eigenen Ausdrucksweisen. Und dass er alles in seiner Macht Stehende unternimmt, um mit uns klarzukommen.

Eine im Oktober 2017 erschienene Studie aus England hat nachgewiesen, dass Hunde ihre Gesichtsausdrücke intensivieren, wenn sie unsere Aufmerksamkeit haben. Wenden wir ihnen den Rücken zu, ist ihre Mimik deutlich ausdrucksloser. Auch starke Reize wie Futter beeinflussen die Intensität ihrer Gesichtsregungen nicht. Das vermag allein die menschliche Aufmerksamkeit. Was bedeutet: Hunde drücken mit ihren Gesichtern nicht nur aus, wie es ihnen geht. Sie versuchen auch, auf diesem Weg mit uns zu kommunizieren.

»Der Hund tut, was auch ein guter Partner täte«, sagt Adam Miklósi. »Er ist hochgradig aufmerksam und an seinem Menschen interessiert.« Hat er damit das, was man unter Menschen einen EQ nennt, eine emotionale Intelligenz?

»Das kann man durchaus so nennen«, sagt der Biologe, der sonst beim Wort Intelligenz schnell mal das Gesicht verzieht. Es gibt viele Begriffe, die er nicht mag, wenn von Tieren die Rede ist. Intelligenz gehört dazu. Miklósi ist ein Verfechter wissenschaftlicher Klarheit und wissenschaftlicher Tiefstapelei. Statt Intelligenz spricht er lieber von der »Fähigkeit, Probleme zu lösen«. Und dass bei aller Übereinstimmung mit uns der Hund trotzdem in seiner Welt lebt. »Wir wissen nicht«, sagt der Forscher, »was genau der Besitzer für den Hund ist. Ein Kopf, ein Körper, eine Stimme? Welche Teile braucht der Hund für seine Informationen?«

Ich erinnere mich an einen Urlaub in der Bretagne, als ich eine Tauchermaske im Gesicht trug und damit aus dem Wasser stieg. Mein damaliger Hund, der mich hatte abtauchen sehen, warte-

76

te auf einem Felsen auf mich. Als ich ans Ufer watete, flippte er regelrecht aus. Er verbellte mich wie einen Fremdling, und zugleich schien er irgendetwas an mir genau zu kennen. Seine Verwirrung war grenzenlos und steigerte sich fast zur Hysterie. Da war ich, und zugleich war ich es nicht.

Auch ein Gespräch mit Frank Weißkirchen fällt mir wieder ein, dem hessischen Suchspezialisten für entlaufene Hunde. Was Hundehalter zur Verzweiflung bringt, die ihre ausgebüxten Tiere seit Tagen suchen, ist deren unheimliche Tendenz, in kürzester Zeit zu verwildern. Die Hunde erkennen ihre Menschen nicht mehr. Im Gegenteil, sie laufen vor ihnen davon. Da hilft kein Rufen und Locken und stundenlang durch den Wald streifen, wie Menschen es in ihrer Not tun. Für ihre Hunde sind sie auf einmal Fremde, die gemieden werden. »Wenn ein Hund wegläuft«, sagte Weißkirchen, »verliert er alles, was er kennt. Das Gesamtpaket aus Geräuschen, Gerüchen, Familie und Umfeld. Der Besitzer ist in diesem Puzzle nur ein Teil. Er mag noch so aussehen wie gewohnt, aber schon seine panische Stimme klingt anders als zu Hause.«

Mach's mir nach – das episodische Gedächtnis

Während Adam Miklósi tiefstapelt, betreten seine Mitarbeiter immer wieder Neuland in der Hundeforschung. Zu ihnen gehört Claudia Fugazza. Die Italienerin ist nicht nur Verhaltensforscherin, sondern auch Hundetrainerin. Sie hat im Family Dog Lab mehrere Studien zur Fähigkeit von Hunden gemacht, unsere Handlungen zu imitieren. Ihr Langzeit-Projekt heißt »Do as I do« und lässt sich auch als Trainingsmethode einsetzen. Dabei geht es zunächst darum, einem Hund ein Kommando beizubringen, das »Mach's mir nach« heißt *(do it)*. Hat er das erst einmal gelernt, kann man mit dieser Methode ziemlich viel herausfinden. Etwa: Wie weit reicht sein Erinnerungsvermögen zurück? Kann er Vergangenes wieder abrufen? Kurz: Hat er ein episodisches Gedächtnis?

Claudia Fugazza zeigt mir ein Video, in dem ein Mann zu einem aufgespannten Regenschirm geht. Sein Hund sieht ihm aufmerksam dabei zu. Er berührt das Ding mit der Hand, stellt sich vor sein Tier und sagt: »Do it.« Daraufhin läuft der Hund zum Schirm und platziert seine Pfote genau an die Stelle, die auch sein Mensch berührt hat. Um das Spiel zu beenden, gibt es nach jedem Do-it-Kommando ein Signal zum Hinlegen. »Man muss ihnen einen klaren Schlusspunkt setzen«, sagt Fugazza. »Sie würden sonst jede Bewegung imitieren.«

2015 wollte die Forscherin herausfinden, wie lange den Tieren die nachgeahmte Bewegung im Gedächtnis bleibt. Dazu ließ sie zwölf Hunde verschiedene Aktionen ihres Halters imitieren: Entweder kletterten sie wie er auf eine Kiste, umrundeten einen Motorradhelm oder stießen mit ihrer Pfote ein Objekt an, das an einer Schnur hing. Eine solche Imitationsleistung schafften im Experiment rund 80 Prozent der getesteten Hunde, die mit dem Kommando vertraut waren. Die »Mach's-mir-nach«-Aufforderung wurde durch ein »Leg-dich-hin«-Kommando beendet. Danach war Schluss, die Tiere gingen mit ihren Haltern spazieren oder gleich ganz nach Hause. Die ersten Paare kamen nach einer Stunde zurück, die letzten nach 24 Stunden. Dazwischen lagen jede Menge Alltagsaktivitäten, fressen, schlafen, spielen, spazieren gehen, Kumpel treffen. Nur eines nicht: kein erneutes »Mach's-mir-nach«-Signal. Dieses Kommando sollten die Tiere völlig vergessen.

Zurück im Family Dog Lab hörten die Versuchshunde dann unvermittelt wieder »Do it«. Und waren tatsächlich imstande, die längst vergangene Aktion wieder abzurufen. Sie kletterten auf die Box, liefen um den Motorradhelm herum oder schlugen mit der Pfote gegen das herabbaumelnde Ding, je nachdem, was die Aufgabe Stunden zuvor gewesen war. Sie hatten nicht damit gerechnet, dass das Kommando fallen würde. Doch sie erinnerten sich daran sogar noch 24 Stunden später, auch wenn sie in der Zwischenzeit alles Mögliche erlebt hatten.

»Ich gebe zu«, sagt Miklósi, »das hat mich wirklich überrascht.« Und das kommt selten vor. Denn ein großer Teil seiner Arbeit besteht nicht darin, herauszufinden, was man noch nie an Hunden gesehen hat, sondern zu beweisen, was man schon zu wissen glaubt, nur dass es dafür eben noch keine Belege gibt. Diese Studie war im Übrigen der erste Nachweis bei einer nichtmenschlichen Art, dass sie ein derartig fähiges Langzeitgedächtnis für Imitationshandlungen besitzt.

Ich weiß, dass du was weißt, wovon ein anderer nichts weiß

Je komplizierter die Frage, desto schwieriger die Versuchsanordnung. Die *Theory of Mind* ist eine harte Nuss, und bislang waren die Ergebnisse bei Hunden etwas dürftig. Frühere Experimente hatten gezeigt, dass die Tiere wissen, was Menschen sehen können. Dazu gehört die Fähigkeit, eine andere Perspektive einzunehmen als die eigene. Doch im März 2017 gelang der Master-Studentin Amélie Catala im Team von Ludwig Huber aus dem Clever Dog Lab ein höchst anspruchsvolles Experiment. Die Forscher zeigten, dass Hunde einschätzen können, welcher Mensch etwas weiß und wer nur herumrät. Einen Informanten zu erkennen und ihn von jemandem zu unterscheiden, der nur so tut als ob, ist eine enorme kognitive Leistung. Wie hat das Wiener Team so etwas bei Hunden festgestellt?

Wieder einmal mithilfe von verstecktem Futter. 16 Hunde sollten zeigen, an wen sie sich wenden, um das Versteck ausfindig zu machen. Im Experiment saß ein Hund mit seinem Halter vor einer Sichtbarriere, die für einen Menschen etwa kniehoch war. Dahinter befanden sich vier abgedeckte Futterschüsseln, der Hund konnte sie also nicht sehen. Hinter der Barriere knieten auch zwei Menschen, links und rechts neben den Behältern. Sie blickten in dieselbe Richtung, vom Hund aus gesehen nach rechts, und hielten ihre Köpfe leicht gesenkt. Aufgrund ihrer unterschiedlichen Positionen starrte nun eine Person ins Leere, weg von den Behältern. Bei der anderen Person war das Gegenteil der Fall, sie hatte die Schüsseln durch ihre Blickrichtung genau im Visier. Und das sah auch der Hund. Eine dritte Person versteckte nun einen Belohnungshappen in einer der vier Schüsseln. Und tat auch so, als würde sie die anderen Behälter gleichfalls mit Futter bestücken. Aus Hundesicht konnte also nicht erraten werden, wo sich nun der Happen befand, jede der vier Schüsseln kam dafür infrage. Auch weil die Forscher darauf geachtet hatten, dass alle vier Behälter nach Futter rochen. Doch nun ging es um die beiden Personen rechts und links der Schüsseln. Sie waren der Anhaltspunkt für den Hund, der das Geschehen mit hoher Aufmerksamkeit verfolgte. Die erste Person, die ins Leere starrte, konnte nicht sehen, wohin der Happen verschwand. Die zweite sah es genau. Beide trugen dieselben ausdruckslosen Mienen, um dem Hund keine andere Information zu geben als exakt diese eine: Hier ist ein Mensch, der sehen kann, wo sich der Happen befindet. Und der andere kann es nicht.

Solche Experimente nennen sich »Guesser-Knower-Tasks«, also Aufgaben mit einem Bescheidwisser und einem, der nur raten kann. Um die Sache für die Hunde schwerer zu machen, ließen Catala und ihre Kollegen die Rollen von Wissendem und Unwissendem bei jedem Versuch tauschen. Auch zählten sie nur die ersten Testdurchläufe der Hunde, um keine Lernerfahrungen in die Auswertung mit aufzunehmen. Es ging ja darum, was die Tiere spontan zeigten. Um Kluge-Hans-Effekte auszuschließen, wurde zusätzlich darauf geachtet, dass auch der Hundehalter nicht sehen konnte, in welcher der Schüsseln der Happen landete. Er musste unterdessen wegschauen.

Dann wurde es ernst. Man entfernte die Sichtbarriere. Die beiden Personen zeigten auf je eine Schüssel. Mit großer Entschlossenheit, als wüsste jede Bescheid. Wem glaubten die Hunde? Zu knapp 70 Prozent den echten Informanten. Ich gebe zu, ich habe nach Luft geschnappt, als ich Amélie Catala auf dem »Behaviour«-Kongress aus diesem Experiment vortragen hörte. Dass Hunde so fortgeschritten in ihrem Können sind, den Menschen einzuschätzen, hätte ich nicht erwartet. Doch während ich meinen Gefühlen Raum geben darf, müssen Wissenschaftler nüchtern bleiben. Und so lautet das Fazit von Ludwig Huber, dem Studienleiter: »Das Ergebnis legt nahe, dass die Hunde durch die Übernahme der Perspektive herausfanden, welche Person das Versteck sehen konnte und welcher man daher folgen sollte. Das ist ein basales, aber wichtiges Element von *Theory of Mind*.«

Wie riecht die Zeit?

Die sagenumwobene Hundenase ist immer wieder aufs Neue ein Faszinosum. Dienst- und Servicehunde erschnüffeln unterschiedlichste Geruchsspuren: das Vorhandensein von Krebszellen in einem menschlichen Körper, Trüffeln in der Erde, winzigste Aromen von Sprengstoff in einer Fracht. Gut trainierte Hunde unterscheiden sogar eineiige Zwillinge an ihrem Geruch, wie die amerikanische Hundeforscherin Alexandra Horowitz behauptet. Und mehr noch: Hunde riechen die Zeit.

Duftmoleküle durchziehen die Räume, in denen wir uns aufhalten. Darin enthalten ist unser eigener Geruch und auch das, was wir von draußen hereingetragen haben. Mit der Zeit schwächen sich einige Aromen ab. Es gibt also eine Veränderung von Geruchsspuren in einem Raum, und das ist das, was Hunde wahrnehmen können, in einer zeitlichen Abfolge. Wenn ein Hundehalter morgens zur Arbeit geht und sein Tier zurücklässt, um gegen Mittag wiederzukommen, kann der Hund das Verblassen der menschlichen Duftnote mitverfolgen, die in der Wohnung hängt, und an einem bestimmten Grad der verbliebenen Intensität erkennen, wann es Zeit für die Rückkehr seines Menschen ist. Er riecht buchstäblich das Vergehen der Zeit. Er nimmt wahr, wie die steigende Tagestemperatur einen Raum erwärmt und sich dadurch die Geruchsmoleküle verändern. Ein früher

Morgen riecht anders als ein Nachmittag. Das heißt, er weiß auch, wie lange er auf seinen Menschen wartet. Hunde leben offenbar nicht ausschließlich im »Hier und Jetzt«, wie man so oft liest, weil es dann leichter fällt, sie stundenlang allein zu lassen.

Auch draußen, wenn sie spazieren gehen, riechen sie Vergangenheit und Gegenwart dicht nebeneinander. Eine Duftspur, die der Nachbarshund gerade erst gezogen hat, steigt ihnen weit stärker in die Nase als eine andere, die schon ein paar Stunden alt ist. Alexandra Horowitz beschreibt, wie Bloodhounds, eine Rasse mit fantastischem Riechvermögen, den Geruch verschwundener Menschen noch Tage später verfolgen können und auch herausfinden, wo sich der Weg zweier Personen gegabelt hat. Wie fein diese Nase arbeitet, haben Forscher dadurch getestet, dass sie auf einer von fünf Glasscheiben einen menschlichen Fingerabdruck platziert haben. Diese Glasstücke wurden dann für unterschiedlich lange Zeitspannen weggelegt, die von einigen Stunden bis zu drei Wochen reichten. Dann wurden sie wieder hervorgeholt. Die Bloodhounds mussten die eine Scheibe identifizieren, die den Fingerabdruck enthielt. Einem Hund gelang das von hundert Versuchen 94-mal. Er war es auch, der das Glasstück mit der menschlichen Duftnote selbst dann noch erschnüffelte, als es sieben Tage lang auf einem Dach im Freien lag, Sonne, Wind und Regen ausgesetzt.

Und trotz alledem, sagt Adam Miklósi, würde er gern den verbreiteten Irrglauben ausräumen, dass Hunde sich hauptsächlich auf ihre Nasen verlassen. Denn Schnüffeln ist hochgradig anstrengend. Damit ist nicht das schnelle Aufnehmen eines Geruchs gemeint, der einen buchstäblich anfliegt, so wie es ein Essensduft tut. Sondern das Identifizieren von Lebewesen und Dingen mit der Nase, diese kleinteilige Arbeit, die so viel Energie verbraucht. Wenn ein anderer Sinn schnelle, einfache und unkomplizierte Informationen aus der Menschenwelt liefern kann, verlassen sich Hunde auf diesen. Es ist derselbe wie bei uns: der Sehsinn.

»Etwas mit dem Auge zu erfassen verbraucht keine Energie«,

sagt Miklósi. Warum sich die Mühe des Erschnüffelns machen, wenn ein einziger Blick genügt, um zu wissen, wie der Mensch heute gelaunt ist? Oder wenn einem einfache Strategien weiterhelfen, wie Miklósi mit einer Studie gezeigt hat, die ebenfalls 2015 erschienen ist. Darin wurden Testhunde vor mehrere Aufgaben gestellt, von denen man dachte, dass sie die mit der Nase lösen würden: etwa Futter entdecken oder den eigenen Halter ausfindig machen, der sich versteckt hielt. Aber in vielen Fällen, vor allem, wenn sich die Aufgaben wiederholten, benutzten die Tiere eben nicht ihre Nase. Sie setzten zuerst auf ihren Sehsinn oder auf ihr Erinnerungsvermögen: Hatten sie ihren Halter im ersten Suchspiel in der Nähe der Tür entdeckt, versuchten sie es im zweiten Durchlauf zunächst dort. Hunde gehen ökonomisch vor. Erst bei komplizierten Fragen wird das sensible Besteck ausgepackt. Wenn die Fähigkeiten eines Spezialisten gefragt sind.

Geschäfte auf der Nord-Süd-Achse

Und dann wäre da noch die Sache mit dem Magnetsinn. Um Miklósis Lippen zuckt es. Er blickt zum Fenster hinaus und murmelt etwas in der Art, dass er unmöglich so viel Zeit habe, alle Studien zu lesen, die es über Hunde gibt. Dann blickt er mich wieder an und muss lachen: »Wie kommt man nur auf die Idee«, sagt er, »so ein Experiment zu machen?« Also kennt er die Geschichte. Sie dreht sich um das große und kleine Geschäft, das Hunde in freier Natur verrichten. Sie platzieren es offenbar vorwiegend auf einer Nord-Süd-Achse, was auch endlich mal erklären würde, warum sie mitunter so lange brauchen, bis sie dafür eine geeignete Stelle gefunden haben. Erst im Frühjahr 2016 hatten Wissenschaftler des Frankfurter Max-Planck-Instituts für Hirnforschung zusammen mit anderen Kollegen herausgefunden, dass Hunde ein lichtempfindliches Molekül in ihren Augen tragen, das sie womöglich das Magnetfeld der Erde sehen lässt. Von 90 untersuchten Säugetierarten fand sich das Molekül Chryptochrom 1 unter

83

anderem bei Hunden, Füchsen und Wölfen. Aber dies ist nicht das Experiment, das Miklósi meint. Jenes wurde bereits 2013 veröffentlicht und hat im Jahr darauf den sogenannten ig-Nobelpreis erhalten. Das ist eine Art Anti-Nobelpreis für Kuriositäten aus der Forschung. Was nicht heißen soll, dass an der Entdeckung nichts dran ist.

Worum geht es? Die Zoologin Sabine Begall von der Universität Duisburg-Essen hatte 70 Hunde über einen Zeitraum von zwei Jahren dabei beobachten lassen, wie und wo sie sich erleichtern, wenn sie leinenlos unterwegs sind. Da die Tiere ihre Hinterlassenschaften auch als Markierungen benutzen, wollte Begall herausfinden, ob diese zu einer inneren hundlichen Landkarte gehören, also auch als geografische Bezugspunkte genutzt werden. Tatsächlich konnte nach rund 7000 eingetragenen Beobachtungen festgestellt werden, dass acht von zehn Hunden ihre Geschäfte in Nord-Süd-Richtung erledigten – aber immer nur dann, wenn das Magnetfeld der Erde ruhig war und nicht verzerrt wurde. War es instabil, und das ist es wohl recht häufig, zeigte sich bei den Hunden keine Auffälligkeit in der Platzwahl. Dann verrichteten sie ihre Bedürfnisse einfach irgendwo.

»Ich warte darauf«, sagt Miklósi und macht eine kleine Pause, »dass jemand das Experiment wiederholt.«

84

Vögel: Grips mit einem gänzlich anderen Gehirn?

Denkleistungen miteinander zu vergleichen ist heikel. Innerhalb der Säugetierklasse steht man noch halbwegs auf der sicheren Seite. Da hat man es mit ähnlich strukturierten Gehirnen zu tun und findet vergleichbare Areale vor, in denen sich etwas tut. So, wie es der ungarische Forscher Attila Andics bei den Hunden gezeigt hat. Vor allem aber gibt es bei Säugetieren die Großhirnrinde, Cortex genannt, die als Sitz der Intelligenz gilt. Hier ist unsere Schaltzentrale untergebracht. Doch wie steht es um Denkorgane, die einen solchen Cortex nicht haben? Können sie ebenfalls schlau sein? Nie und nimmer, sagte die Wissenschaft und leistete sich einen Jahrhundertirrtum.

Wenn sogar Lehrbücher geändert werden müssen, ist in der Welt der Wissenschaft richtig was los. Dann lässt sich nicht mehr abstreiten, dass man sich in eine Sackgasse hineinmanövriert hat und das Ruder herumwerfen muss. Im Jahr 2002 war es so weit. Da kam ein Expertenteam an der amerikanischen Duke University in North Carolina zusammen, um neue Sprachregelungen für das Kapitel »Vogelhirn« festzulegen. Die Gruppe nannte sich »Avian Brain Nomenclature Forum« und wollte die bislang verwendeten Fachbegriffe, die aufgrund falscher Erkenntnisse kreiert worden waren, durch neue ersetzen, die dem aktuellen Wissensstand besser entsprachen. Einer der Experten, der Bochumer Biopsychologe Onur Güntürkün, formulierte das Ansinnen der Gruppe so: »Wir glauben, dass die Terminologie, die wir benutzen, sich direkt auf die Experimente auswirkt, die wir vornehmen. Dass die Art, wie wir sprechen, unser Denken beeinflusst.« Er und seine Kollegen waren also der Meinung, dass fehlerbehaftetes Wissen mit einer ebensolchen Sprache einhergeht. Und dass es deshalb höchste Zeit war, neue Begriffe festzulegen, um nicht immer die alten Fehler fortzuschreiben.

In den Jahren zuvor hatten sich die Hinweise zunehmend verdichtet, dass man in der Erforschung der Vögel und ihrer Gehirne Irrtümern aufgesessen war. Der gravierendste bestand darin zu glauben, dass nur eine Großhirnrinde komplexes Denken erlaubt und dass dort, wo sie fehlt, nichts als Ödnis herrschen muss. Bei Vögeln ist diese Hirnrinde nicht vorhanden. Stattdessen spannt sich bei ihnen ein glatter Mantel über ein darunterliegendes Areal. Nun kann bei Vögeln, vor allem bei bestimmten Arten, von Ödnis im Hirn keine Rede sein. Und das ließ sich auch nicht länger kleinreden. Längst hatte der Graupapagei Alex alles auf den Kopf gestellt, was man über Vögel zu wissen glaubte, und mit seinen Fähigkeiten Furore gemacht, nicht nur in der wissenschaftlichen Welt. Längst hatte die Britin Nicola Clayton mit ihren Buschhäher-Experimenten gezeigt, dass Papageien keine Ausnahmeerscheinungen in der Vogelwelt waren. Onur Güntürkün aus Bochum war ebenfalls schon geraume Zeit mit seinen Tauben zugange, die unermüdlich Bilder in Kategorien einordneten, und Rabenforscher wie Bernd Heinrich oder Thomas Bugnyar hatten nachgewiesen, dass es im Hirn ihrer Tiere etwas gab, das sie denken ließ. Nur was?

Die Suche nach dem Unterschied

Um das diffizile Geflecht von Vogel- und Säugerhirn zu entwirren, muss man ein klein wenig ausholen. Denn die früheren Forscher waren ja keine Wirrköpfe. Nur hatten sich manche von ihnen etwas zu sehr von ihrer Überzeugung leiten lassen, der Mensch als Krone der Schöpfung müsse auch sichtbare Unterschiede in seinem Denkorgan aufweisen. Man müsse seinem Hirn also sofort ansehen, warum es so viel schlauer sei als das der anderen. Die Größe allein konnte es ja ganz offensichtlich nicht sein. Es gibt einige Tiere, deren Hirn sehr viel größer und schwerer ist als das unsere. Das des Pottwals wiegt um die neun Kilo, das menschliche ist mit seinen rund 1,4 Kilo viel leichter. Auch in der Relation Hirn zu Körpermasse kam man nicht vorwärts. Da führte plötzlich die Spitzmaus die Liste an. Man versuchte es weiter, mit eher komplizierten Messmodellen. Darunter ein Verfahren, bei dem das tatsächlich gemessene Gehirngewicht ins Verhältnis gesetzt wurde zu jenem, das für eine bestimmte Art bei vergleichbarem Körpergewicht zu erwarten wäre. Bei der nicht ganz einfachen Berechnung kam der sogenannte Enzephalisationsquotient heraus, und der wies nun dem Menschen tatsächlich den Spitzenplatz zu. Er war nur leider teuer erkauft, denn man musste darüber hinwegsehen, dass bei anderen Arten das Modell nicht so recht aufging. So schnitten die Schimpansen etwa bedeutend schlechter ab als einige Kleinaffen, obwohl sie bis dahin die überragendsten Fähigkeiten aller Tiere gezeigt hatten. Gorillas gelten als ähnlich schlau, aber deren Quotient fiel noch um einiges magerer aus. Während Delfine wiederum direkt nach dem Menschen auf Platz zwei standen und die Schimpansen um Längen schlugen. Irgendwie haute das alles nicht so richtig hin.

Das rückte den Cortex ins Blickfeld, die Großhirnrinde. Zu Beginn des 20. Jahrhunderts wurde ein Gedankenmodell populär, das sich die Entwicklung des Gehirns als eine Art Leiter vorstellte: angefangen von sehr simplen Konstruktionen bis zu überaus anspruchsvollen wie dem unseren. Etwas Ähnliches hatte schon der griechische Naturforscher Aristoteles im Kopf gehabt, als er die Natur in einer hierarchischen Ordnung beschrieb, seiner »Scala naturae«: Im Fall der Wirbeltiere befanden sich am unteren Ende der Skala die Fische und Amphibien, dann kamen die Reptilien, gefolgt von den Vögeln, schließlich die Säugetiere und zuletzt der Mensch. Und genau so, dachte man, war das auch mit dem Gehirn. Im Lauf der Jahrmillionen musste es sich von »niedrig« zu »hoch« entwickelt und dabei alles bewahrt haben, was bei den Vorgängern schon vorhanden war. So kam es schließlich in den 1960er-Jahren zur Idee eines sogenannten dreieinigen Gehirns: Ein uraltes Reptiliengehirn, tief im Hirnstamm verborgen, sollte zuständig sein für alle instinktiven Regungen, die im Menschen aktiv sind. Darüber sollte sich ein sogenanntes »Altsäugerhirn« legen, der Teil des Hirns, der vermeintlich für unsere Gefühle verantwortlich war, und abschließend, als jüngstes der Dreieinigkeit, ein »Neusäugerhirn«: Sitz des logischen Denkens.

Diese Vorstellung hält sich bis heute hartnäckig. Dabei ist sie Unsinn, wie Onur Güntürkün sagt. Aktuellen Erkenntnissen zufolge haben sich die Gehirne von Reptilien und Säugetieren unabhängig voneinander entwickelt. Zwar hatte es vor rund 320 Millionen Jahren einen gemeinsamen Urahnen gegeben und auch ein Urmodell des Denkorgans, doch dann gabelte sich der evolutionäre Weg. Reptilienvorfahren und Säugetierahnen schlugen unterschiedliche Wege in ihrer Entwicklung ein, und damit veränderten sich auch ihre Gehirne. Der Grundaufbau jedoch ist nachweislich noch der Gleiche, sodass sich die als »Neusäugergehirn« bezeichneten Areale selbst bei den uralten Reptilien wiederfinden, nur in anderer Gestalt. Es ist also nicht so, dass sich die Säugetiere das alte Reptilienhirn bewahrt hätten und neue Bausteine hinzugekommen wären. »Doch bis heute«, sagt Güntürkün, »stehen solche grundfalschen Bilder in erschreckend vielen Lehrbüchern.«

Irren ist menschlich

Dieser Irrtum im Denkmuster betraf auch den Cortex. Man ging davon aus, dass die Großhirnrinde von allen Bestandteilen des Gehirns das jüngste Element war und damit auch das komplexes-

88

te – was ebenfalls nicht stimmt, wie wir heute wissen. Denn cortexähnliche Hirnrinden lassen sich bei manchen Reptilienarten finden, die sich seit grauer Vorzeit kaum verändert haben. Aber auf den ersten Blick war diese Vorstellung plausibel: Bei den Vögeln, die auf der imaginären Leitersprosse direkt unterhalb der Säugertierklasse hockten, fehlt diese Struktur ja, während sie bei den darüber platzierten Säugern existiert.

Doch dann machte man eine Entdeckung, die das Leitermodell bedenklich wackeln ließ. Es stellte sich heraus, dass die Vögel lange nach den Säugetieren entstanden waren, also keinesfalls älter waren als diese. Der Vogelast zweigte sich rund 50 bis 80 Millionen Jahre später vom evolutionären Stammbaum ab. Heute weiß man, dass Vögel sogar die jüngste aller Wirbeltierklassen bilden. Das passte nun gar nicht mehr zur aufsteigenden evolutionären Entwicklung von simpel zu schlau. Und als sich schließlich zeigte, dass auch im Vogelhirn etwas existiert, das sich mit dem Cortex der Säuger vergleichen lässt, kippte die Leiter vollends um.

Die Experten, die sich 2002 in North Carolina beim »Avian Brain Nomenclature Forum« trafen, hatten sich durch Datenberge aus jahrzehntelanger Forschung gewühlt. Und waren zu der Überzeugung gelangt, dass sich der glatte Mantel, der sich unter dem Schädeldach der Vögel befindet, nur in einem Merkmal von der Großhirnrinde der Säugetiere unterscheidet, in einem banalen noch dazu: Er sieht anders aus. Ihm fehlen die typischen Schichten einer Großhirnrinde. Man war sozusagen einer optischen Täuschung aufgesessen. Denn dieser Mantel der Vögel ist sehr wohl ein Großhirn, sogar ein ziemlich umfangreiches, trotz der fehlenden Schichtstruktur. Abgesehen vom Äußeren sind sich der Hirnmantel der Vögel und der Cortex der Säugetiere sonst erstaunlich ähnlich: »Nahezu identisch«, sagt Onur Güntürkün. Was bedeutet: Die Funktionen, die neuronalen Verschaltungen, die chemischen Prozesse laufen bei den Vögeln nicht viel anders ab als bei den Säugetieren. »Die Ähnlichkeiten

89

reichen bis hin zum Aufbau der Systeme für die Sinnesverarbeitung, also deren Untergliederung, Arbeitsweise und Zusammenspiel«, so der Experte, der sein Erstaunen über diese Entdeckung in deutliche Worte fasste, 2011 in einem Interview mit dem Magazin *Geo Kompakt*. Dort sagte er: »Die ganze Zeit hat neben uns eine Gruppe von Tieren gelebt, die all jene mentalen Fähigkeiten entwickelt haben, die auch für den Menschen wichtig sind. Und niemand hat es bemerkt.«

Endlich ließen sich die Denkleistungen der Tiere erklären. Inzwischen werden die kognitiven Fähigkeiten von Papageien und Rabenvögeln als vergleichbar mit denen von Menschenaffen eingeschätzt, weshalb man sie auch »gefiederte Affen« nennt. Und das will etwas heißen. Denn ein Vogelhirn wiegt höchstens 20 Gramm, das der Primaten wird bis zu 500 Gramm schwer. Doch um die Form geht es nicht, wesentlich ist der Inhalt: die Nervenzellen, Neuronen genannt. Sie lassen uns denken, mit ihrer Hilfe verarbeiten wir unsere Sinneseindrücke, und hier zeigt sich auch das geistige Potenzial des Menschen. In seiner Großhirnrinde tummeln sich rund 12 bis 15 Milliarden Neuronen, so viel wie bei keiner anderen Art. Und dabei sind die anderen Hirnareale noch gar nicht berücksichtigt.

Aber die Menge ist es nicht allein, schließlich kommen Wale mit ihren riesigen Gehirnen auf nicht wesentlich weniger Nervenzellen im Cortex, etwa 11 Milliarden. Entscheidend ist vor allem die Qualität der Netzwerke: die Packungsdichte der Neuronen und die Leitungsgeschwindigkeit der Informationsverarbeitung. Von Walen weiß man, dass ihre Nervenzellen aufgrund der Größe ihrer Denkapparate weiter auseinanderliegen, sie haben also eine buchstäblich längere Leitung – trotz hoher Neuronenzahl. Bei Vögeln ist es umgekehrt. In ihren kleinen Gehirnen ist die Packungsdichte ungeheuer hoch, und die Verarbeitungsprozesse laufen in enormer Geschwindigkeit ab.

Bis vor Kurzem wurde die Anzahl der Neuronen im Vogelhirn auf rund 200 Millionen geschätzt, das ist in etwa so viel, wie

Ratten haben. Doch eine Studie aus Prag vom Sommer 2016 ermittelte neue Zahlen, und die sind wirklich nahezu unglaublich: Bei Rabenvögeln fanden die Forscher bis zu zwei Milliarden Nervenzellen und bei Papageien bis zu drei Milliarden. Wie viel das ist, zeigt ein Blick auf die Anzahl der Neuronen bei Gorillas: Sie haben etwa 4,3 Milliarden, also etwa anderthalb- bis zweimal so viel. Aber schon andere Primaten, etwa die Rhesusaffen, kommen auf eine deutlich geringere Anzahl. Gerade mal 480 Millionen Nervenzellen finden sich in ihrer Säugetier-Großhirnrinde. Dabei sind die Tiere ziemlich klug, sie haben eine Vorstellung von der Vergangenheit und wissen ansatzweise auch, was sie wissen und was nicht. Eine Fähigkeit, die man *metacognition* nennt.

Vier- bis sechsmal mehr Nervenzellen als bei Rhesusaffen lassen daher alles Mögliche erwarten, nur kein Spatzenhirn. Diesen Ausdruck sollten wir streichen wie die falschen Fachbegriffe von früher.

Eine neue Familienaufstellung

All das wirft nun ein ganz neues Licht auf die Evolution der Gehirne. Die Hierarchie der Leiter hat sich als Irrtum erwiesen, an ihre Stelle trat so etwas wie Unabhängigkeit. Denn offenbar gibt es mehrere Lösungen auf dem evolutionären Weg zur Intelligenz, wie sich später auch noch einmal bei den Bienen und den Kraken zeigen wird. Diese wirbellosen Tiere haben tatsächlich keinen Cortex und dennoch jede Menge auf dem Kasten. Geradlinigkeit scheint es im Lauf der Jahrmillionen also nicht gegeben zu haben, im Gegenteil. Es hat den Anschein, als sei Mutter Natur, während die Welt sich entfaltete, immer mal wieder durch ihre Schöpfungen gewandert und habe links und rechts Grips verteilt, ganz ohne einen Gedanken an hierarchische Ordnung zu verschwenden. Im Fall der Vögel und Säugetiere, die sich schon vor mehr als 300 Millionen Jahren getrennt voneinander weiterentwickelten, ist dabei eine sogenannte parallele Evolution entstanden. Was bedeutet, es gab eine Abstammung von einem gemeinsamen Urahnen, doch nach der Trennung keine weiteren Berührungspunkte.

Betritt man das große aufgeräumte Büro von Onur Güntürkün an der Ruhruniversität Bochum, fällt einem als Erstes so ein prähistorisches Tier ins Auge. Von der Decke hängt, quasi als Lampenschmuck, das Kunststoffskelett einer Flugechse. Es ist ein Pteranodon. Kein Urvogel, sondern ein alter Vertreter der Reptilienklasse, der hier in Bochum einen Platz gefunden hat, an dem es ausnehmend hell ist. Wie viel Licht in seinem Gehirn am Werk war, lässt sich leider nicht mehr feststellen.

Tauben – geflügelter Beamtenfleiß

Diese Vögel haben einen Absturz sondergleichen hingelegt: von geliebten Postboten früherer Zeiten zur heutigen Stadtplage, die mancher gern vergiftet sähe. Dabei können Tauben nicht nur Menschengesichter unterscheiden, sondern haben auch ein außerordentliches Lernvermögen. Höchste Zeit für eine Ehrenrettung.

Es klang geradezu surreal, was da im September 2016 auf der Presseseite der Ruhruniversität Bochum, Abteilung Biopsychologie, stand: »Tauben können Englisch lernen.« Dabei handelte es sich jedoch nicht um Science-Fiction, sondern nur um eine mehr oder weniger launige Pressemitteilung, die Appetit machen sollte auf das, worum es wirklich ging. Darunter stand dann auch, etwas zahmer: »Nicht nur Menschen können sich orthografische Regeln aneignen, sondern auch Vögel.«

Manchmal schießen nicht nur Pressemitteilungen übers Ziel hinaus. Manchmal übertreiben auch Journalisten, wenn sie aus der Forschung berichten, und manchmal sind es die Wissenschaftler selbst, die sich zu weit aus dem Fenster lehnen. Onur

Güntürkün kann man einen solchen Vorwurf nicht machen, im Gegenteil. Der 59-jährige Biopsychologe und Neurowissenschaftler weiß sehr genau um die Wirkung von Worten. Er hat 2014 den Communicator-Preis der Deutschen Forschungsgemeinschaft und des Stifterverbands für die deutsche Wissenschaft erhalten, eben weil er es so gut versteht, seine Forschungsinhalte anderen verständlich zu machen. Pressemitteilungen wie die obige hält er deshalb für ziemlich problematisch. Umso mehr, da es sich dabei um seine eigene Studie handelt. Denn nein, seine Tauben haben nicht Englisch gelernt. Auch nicht lesen, wie es andernorts stand. Sie haben begriffen, wie Rechtschreibregeln funktionieren. Das ist spektakulär genug.

Onur Güntürkün untersucht vor allem die kognitiven Leistungen von Tauben, aber nicht nur. Er hat auch mit Elstern gearbeitet, mit Delfinen und mit Menschen. Weil er im Grunde ein wissenschaftlicher Vielfraß ist, der alles spannend findet, was sich in einem Gehirn abspielt. So hat er das Küssen erforscht, da ihn interessierte, warum die Mehrheit der Menschen ihren Kopf dabei nach rechts dreht – es liegt an der Asymmetrie unserer Gehirnhälften, der sogenannten Lateralisation, die eine von Güntürküns Forschungsschwerpunkten ist. Er hat aber auch die türkische Pfeifsprache untersucht oder Geschlechtsunterschiede im menschlichen Verhalten. Der Professor ist in seiner Neugier nicht wählerisch. Was ihm diverse Auszeichnungen eingebracht hat, unter anderem den Gottfried-Wilhelm-Leibniz-Preis, den Verdienstorden des Landes Nordrhein-Westfalen und zwei Ehrendoktorhüte türkischer Universitäten.

Doch nun zu den Tauben. Güntürkün hält sie nicht für allzu schlau, die geistige Höhe von Rabenvögeln und Papageien erreichen sie nicht, weshalb sie auch nicht zu den gefiederten Affen zählen. Mit einer Einschränkung.

Das gilt nur, wenn man Intelligenz danach bemisst, was sich spontan und ohne Training zeigt. Wie Güntürkün selbst nachgewiesen hat, kann Trainingsfleiß einiges wieder rausholen. In einer

Publikation von Anfang 2017 verglich der Professor aus Bochum die kognitiven Leistungen von Tauben mit denen von Papageien und Rabenvögeln. Und kam zu dem Ergebnis: Manchmal stellen Wissenschaftler die falschen Fragen. Und ziehen dann die falschen Schlüsse. Wovon später noch die Rede sein wird.

Warum also Tauben? Weil sie ihren Anfangsnachteil wettmachen, wenn man ihre sonstigen Eigenschaften betrachtet. Zunächst einmal sind es friedfertige Tiere. Man kann Hunderte von ihnen in Gemeinschaft halten, ohne dass es zu Konflikten kommt, ganz anders als bei Krähen, die ihr Revier verteidigen und auch sonst eher schwierige Zeitgenossen sind. »Die nehmen locker mal Ihre Versuchsanlage auseinander«, sagt Güntürkün, »wenn ihnen irgendetwas nicht passt.« So was erlebt der Forscher mit seinen Tauben nicht. Derzeit hält er rund 160 Vögel in den Volieren der Universität.

Zum anderen sind die Tiere unermüdlich, sie arbeiten gern. Wenn es sein muss, auch stundenlang. Sie haben eine hohe Frustrationstoleranz, man muss sie also nicht ständig bei Laune halten, wenn es um Aufgaben geht, die eher langweilig sind. Güntürkün erzählt von den Versuchen des amerikanischen Verhaltensforschers Burrhus Frederic Skinner in den Dreißigerjahren des vergangenen Jahrhunderts, der einzelne Tauben sage und schreibe 35.000-mal einen Schalter per Schnabelpick betätigen ließ. Die Tiere machten das klaglos mit, dabei fiel ihre Belohnung für das Ganze eher mau aus. Doch ihr enormer Fleiß hat ihnen zu einem ebensolchen Lernvermögen verholfen. Deshalb lassen sich Fragen zum Lernen, und wie es funktioniert, sehr gut an Tauben untersuchen.

Und genau das ist es, was Güntürkün an den Tieren so beeindruckt. Ihre unglaubliche Lernfähigkeit und auch die »beamtenhafte Natur«, wie er es nennt, weil die Vögel anscheinend so pflichtbewusst ihre Aufgaben erfüllen. Dabei war er anfangs kein großer Tauben-Fan. Das bekannte er 2015 in einem Gespräch mit dem *ZEIT-Magazin*. Im Lauf der Jahre muss sich je-

94

doch ein Gefühl der Nähe eingestellt haben, etwas Vertrautes, jedenfalls erzählt er in dem Interview: »In der Tiefe meines Herzens tickt ein sehr preußisches, taubenähnliches, frustrationsresistentes Etwas.«

Das will man einfach nicht glauben, wenn man dem Biopsychologen gegenübersitzt. Gespräche mit ihm sind derart kurzweilig, dass man nicht merkt, wie die Zeit dahinjagt. Ich besuche ihn im April 2017 an einem frostigen Tag und werde Stunden am Besprechungstisch zubringen, während über mir das Kunststoffgerippe des Pteranodon schaukelt. Bis Güntürküns milde Vorwarnungen wie »Allzu viel Zeit habe ich leider nicht mehr« oder »So langsam müssten wir zum Ende kommen« irgendwann nicht mehr zu überhören sind. Aber in diesem weitläufigen Bochumer Büro ist es ein bisschen wie am Lagerfeuer. Da dampft der Kaffee in den Tassen, man darf in einem Körbchen nach Süßigkeiten kramen, und Onur Güntürkün wird zum Opfer seines Erzähltalents.

Sein Büro ist deshalb so groß, weil er im Rollstuhl sitzt, seit einer Polioerkrankung in früher Kindheit. Immer wieder fährt der schmale Mann vom Besprechungstisch zu seinem Computer, druckt Unterlagen für mich aus oder sucht nach Forschungsarbeiten von Kollegen. Wenn das Telefon klingelt, geht er nicht ran. An der Tür zu seinem Büro hängt die Illustration zweier Krokodile, die sich umarmen. Daneben zwei Elefanten, die dasselbe tun. Das haben ihm seine Mitarbeiter gezeichnet, als er sich im Winter 2016 nach Südafrika verabschiedete, auf Einladung der Universität Stellenbosch. »Drei Monate lang nur denken, reden, schreiben und mittagessen«, sagt Güntürkün, »also genau das, was Wissenschaft ausmacht.«

Rechtschreibregeln für Tauben

Wie war das nun mit den Tauben, die vermeintlich Englisch gelernt haben? Die Studie wurde im Oktober 2016 als neuseeländisch-deutsche Gemeinschaftsarbeit publiziert. Der Bochumer Professor hatte zwei seiner Studentinnen mit der Forschungsaufgabe betraut und sie zu seinem Kollegen Michael Colombo nach Neuseeland geschickt. Denn dort bot sich die Gelegenheit, eine Studie »nachzukochen«, wie Güntürkün sich ausdrückt, die ihn vier Jahre zuvor stark beeindruckt hatte. Es war eine Arbeit mit Pavianen. Französische Forscher hatten im Jahr 2012 gezeigt, dass die Affen englische Begriffe von Nonsense-Wörtern unterscheiden konnten, also von solchen, die zwar wie Wörter aussahen, aber keinen Sinn ergaben. So lässt sich zum Beispiel das englische Wort »DOTS« (Punkte) in das Nichtwort »SDTO« verwandeln. Nach einer Trainingsphase waren die Paviane imstande, »SDTO« tatsächlich als Nonsense-Wort zu erkennen und auszusortieren, während sie »DOTS« das Prädikat »sinnvoll« verliehen. Auch wenn sie von Sprache gar nichts verstanden.

Doch offenbar erkannten sie ein orthografisches Regelwerk, das dem Ganzen zugrunde lag. Was die Forscher zum einen schlussfolgern ließ, es müsse sich in der Evolution der Arten bereits vor dem menschlichen Spracherwerb eine Art linguistisches Verständnis entwickelt haben. So etwas wie eine Voreinstellung im Gehirn, die den späteren Menschen dann dabei geholfen habe, sprechen zu lernen. »Diesen Schluss«, sagt Güntürkün, »würde ich nicht ziehen. Ich kann mir nicht vorstellen, dass die Evolution so etwas wie Vorkehrungen für einen späteren Spracherwerb getroffen haben sollte.« Das zweite Fazit der Untersuchung hingegen überzeugte ihn. Und ließ ihn daran denken, die Studie mit Tauben zu wiederholen. Es war der Nachweis, dass die Paviane statistisches Lernen beherrschten.

Was bedeutet das?

96

Der Schlüssel zu unserem Alltag

Was sich kompliziert anhört, ist eine ganz einfache Sache. Wenn wir aufwachsen, lernen wir bestimmte Gesetzmäßigkeiten, die in unserer Welt existieren: Wo eine Tür ist, da ist auch irgendwo eine Klinke oder ein Knauf, womit man die Tür öffnen kann. Ein Auto hat ein Lenkrad, ein Fahrrad einen Sattel. Es gibt Objekte, die gemeinsam auftreten, und das begreifen wir. Nichts anderes ist statistisches Lernen. Solche Gesetzmäßigkeiten machen den größten Teil unseres Wissensfundus aus. Dabei sind uns die allermeisten überhaupt nicht bewusst. »Unser Gehirn ist voll mit Millionen von solchen Assoziationen, die wir ein ganzes Leben lang sammeln«, sagt Güntürkün. »Sie verleihen uns Sicherheit. Die Selbstverständlichkeit, mit der wir uns durch den Alltag bewegen, gibt es nur, weil wir unglaublich viel statistisches Wissen über diese Welt gesammelt haben.« Und weil wir uns darauf verlassen können, dass eine Fußgängerampel nach Rot auf Grün springt und nicht vom Erdboden abhebt.

Dieses statistische Wissen erstreckt sich auch auf Wörter. Wenn wir lesen lernen, begreifen wir nach und nach Wörter als Objekte, die ein bestimmtes Aussehen haben. Es gibt in unserer Sprache Buchstabenkombinationen, die sehr häufig vorkommen, etwa »CK« wie in Zucker oder in Dackel. Andere gibt es seltener. Und wieder andere kommen gar nicht vor. Da stutzen wir dann und sagen, das kann kein Wort aus unserer Sprache sein. Im Polnischen etwa finden sich Buchstabenkombinationen, die aus deutscher Sicht extrem ungewöhnlich sind, wie »CZ«. Unser statistisches Wissen, das gelernt hat, Wörter in »fremd« und »bekannt« zu unterscheiden, sagt hier: Stopp. Das ist kein deutsches Wort.

Und exakt das hatte man 2012 den Pavianen beigebracht. Nur eben mit englischen Begriffen. Onur Güntürkün wiederum hatte den Ehrgeiz zu zeigen, dass nicht nur die schlauen Primaten-Vertreter dazu in der Lage waren, sondern auch seine nicht ganz so schlauen Tauben. Und dass das dahinterliegende Regelwerk ein universelles ist, das alle Arten lernen können, die über ein komplexes Gehirn verfügen.

Also fuhren die beiden Bochumer Studentinnen ins neuseeländische Dunedin und unterzogen mit den Wissenschaftlern der dortigen Universität 18 Tauben einem monatelangen Vortraining. Bald zeigten sich Unterschiede in der geistigen Kapazität der Tiere. Mit vieren lohnte es sich, weiterzuarbeiten. Das ist nun wiederum das Problem mit Tauben. Sie können zwar große Datenmengen bewältigen – so wurde 2006 in einem Versuch gezeigt, dass die Vögel sich mehrere Jahre lang an 800 bis 1200 Bilder erinnern können –, aber sie lernen langsam und brauchen viele, viele Trainingsdurchgänge. Deshalb muss man Tiere auswählen, mit denen man auch in einer adäquaten Zeitspanne vorankommt.

Insgesamt hat die Orthografie-Studie inklusive Vor- und Nachbereitung drei Jahre Zeit verschlungen. Zuerst musste den Tauben beigebracht werden, innerhalb ihrer Versuchsbox – einer Kiste mit einem Monitor und einem Futtertrichter – Weizenkörner aus dem Trichter zu picken. Also zunächst einmal ihre Belohnung kennenzulernen und zu begreifen, dass es Futter für sie gab, wenn sie auf den Bildschirm pickten. Danach wurden sie mit den ersten Wörtern auf dem Monitor konfrontiert und lernten, welche davon »englisch« aussahen und welche nicht. Das geschah über sogenannte Bigramme. Das sind Zweierkombinationen von Buchstaben, die in einer Sprache vorkommen. Unsere häufigsten Bigramme sind beispielsweise »ER«, »EN« und »CH«. Im Englischen ist »TH« die Zweierkombination, die am meisten auftaucht, gefolgt von »HE«.

Wie es schon in der Arbeit mit den Pavianen gemacht wurde, präsentierten die Forscher in Neuseeland ihren Tauben ausschließlich Wörter oder Nichtwörter, die aus vier Buchstaben bestanden, also einer Folge von Zweierkombinationen, wie sie etwa das Wort »DONE« mit den Bigrammen »DO«, »ON« und »NE« darstellt. Anfangs verwendeten sie nur einen kleinen Pool aus sinnvollen Wörtern, die sie die Tauben lernen ließen. Das sorgte für die nötigen Erfolgserlebnisse, weil die Tiere ja langsame Lerner sind. Tauchte also das Wort »DONE« bei jedem dritten oder vierten Versuch auf und gab es für das Erkennen eine Belohnung, blieben sie am Ball. Denn in diesem Punkt ist es mit der Frustrationstoleranz von Tauben nicht so weit her. Sie brauchen Anfangserfolge, sonst steigen sie aus. Und das war es dann mit dem Versuch. Ein Tier lässt sich nicht zur Mitarbeit zwingen.

Die Nonsense-Wörter wie etwa »UPSR« stammten im Gegensatz zu den echten Wörtern aus einem unerschöpflichen Pool. Jedes sollte nur einmal auftauchen, um das enorme Gedächtnis der Tauben auszutricksen. Die neuseeländischen und deutschen Wissenschaftler mussten vermeiden, dass die Vögel einfach alle Wörter und Nichtwörter auswendig lernten. Dann hätten sie nicht mehr zeigen können, dass die Tiere das Regelwerk begriffen. Sie hätten nur einen erneuten Nachweis ihrer Merkfähigkeit erbracht.

Nun lernten die Tauben also, ein echtes Wort dadurch zu kennzeichnen, dass sie es auf dem Bildschirm anpickten. Mit den Nonsense-Wörtern sollten sie anders verfahren. Zu jedem Wort, ob sinnvoll oder nicht, erschien auf dem Monitor gleichzeitig das Symbol eines Sterns. Stammte nun ein Wort aus dem Nonsense-Pool, sollten die Tauben auf den Stern picken statt auf das Buchstabengebilde. So ließ sich klar erkennen, ob sie den Unterschied zwischen Wort und Nichtwort begriffen hatten. Anfangs hatten die Tiere es nur mit einer begrenzten Anzahl an Wörtern zu tun. Sie lernten zwischen 26 und 58 sinnvolle Wörter und unterschieden sie von rund 8000 Nonsense-Begriffen.

Dann kam die eigentliche Testphase, auf die alle beteiligten Forscher hüben wie drüben schon gespannt gewartet hatten: Wie würden sich die Tauben verhalten, wenn sie neue sinnvolle Wörter gezeigt bekamen? Solche, die sie noch nie zu Gesicht bekommen hatten? Würden sie die auch unterscheiden können?

99

Verfolgt man eines der Videos, mit denen das Experiment dokumentiert wurde, staunt man nicht nur über die Treffsicherheit, mit der eine trainierte Taube auf Stern oder Wort pickt, sondern auch über die Geschwindigkeit, mit der sie das tut. Sie entscheidet sich innerhalb von ein, zwei Sekunden. Dabei hatten die Wissenschaftler noch die Schwierigkeit eingebaut, dass das Sternsymbol stets woanders auftauchte. Mal über dem Nonsense-Begriff, mal darunter oder nebendran. Das hatte mit dem Studien-Design zu tun und mit der Kritik, die sie im Anschluss an ihre Veröffentlichung erwarteten. »Wir sind bei so etwas am Anfang unglaublich bürokratisch«, sagt Güntürkün, »weil wir alle Gegenargumente vorwegnehmen müssen, die in drei, vier Jahren kommen könnten. Es kann zum Beispiel sein, dass irgendein Lerntheoretiker sagt: ›Hm, da gibt es aber eine Arbeit von 1967, die mal gezeigt hat, dass es zu einem So-und-so-Gedächtnismechanismus kommt, wenn ein Symbol immer an der gleichen Stelle auftaucht.‹ Und schon löst sich Ihr Experiment und all die jahrelange Arbeit in Wohlgefallen auf.«

Das ist den Forschern der Orthografie-Studie nicht passiert. Die Kritik beschränkt sich bislang auf die geringe Anzahl der Tauben. Und darauf, dass es eben die erste Studie mit Vögeln war, der noch weitere folgen müssten, um die Ergebnisse zu erhärten. Denn die zeigen, dass sich die Tauben überdurchschnittlich oft richtig entschieden haben, mit einer Treffsicherheit von rund 70 Prozent. Aber sie zeigen noch etwas anderes. Etwas, das Güntürkün zu Recht stolz macht. Denn die Tauben begriffen nicht nur wie lesenlernende Erstklässler, was ein Wort von einem Nichtwort unterscheidet. Sie machten in ihrem Lernprozess auch exakt denselben Fehler. So erkannten sie manchmal einen Buchstabendreher einfach nicht. Das ist der sogenannte Transposed-Letter Effect, ein gefürchteter Fehlerteufel unter Korrektoren, bei dem das Gehirn einen Rechtschreibfehler unsichtbar macht. Blicken wir beispielsweise auf das Nichtwort »Zukcer«, kann es uns passieren, dass wir den Buchstabendreher überlesen, weil unser Hirn daraus das echte Wort »Zucker« formt. Obwohl das gar nicht dasteht.

Tauben unterläuft dieser Fauxpas ebenfalls, wenn ihnen gezielt Wörter vorgespielt werden, die so einen Buchstabendreher aufweisen. Bemerkenswerterweise kommt der Transposed-Letter Effect nur bei Menschen vor, die zumindest rudimentäre Lesekenntnisse haben, wie etwa Kinder, die gerade Lesen lernen. Analphabeten, die sich an solchen Studien beteiligten, tappten nicht in diese Falle. Pavianen passiert der Transposed-Letter Effect auch, wenn sie zwischen Wort und Nichtwort unterscheiden sollen, aber nicht in derselben Häufigkeit wie lesekundigen Menschen – und Tauben. Was den Professor das Fazit ziehen lässt: »Tauben und Menschen haben extrem unterschiedliche Gehirne und lernen trotzdem auf äußerst ähnliche Art und Weise orthografische Regeln.«

In dieser Versuchsanordnung ziehen Tauben mit Primaten also gleich. Aber nicht zu vergessen, das können sie nur dank eines lang anhaltenden Trainings. Diese Betonung ist Onur Güntürkün wichtig: »Wir vergleichen hier die Endleistung der Tiere. Was wir selten miteinander vergleichen, ist, wie lange sie brauchen, um dorthin zu kommen.«

Die Paviane in der Studie von 2012 lernten die Unterscheidung von Nichtwort und Wort binnen anderthalb Monaten. Mit einer Treffsicherheit von fast 75 Prozent sortierte das langsamste Tier 81 Wörter aus einem Pool von knapp 8000 Nonsense-Wörtern, das schnellste und hellste schaffte 308 Wörter. Dem steht die Taubenleistung gegenüber: Das Vortraining, das von 18 Tauben 14 aussortierte, denn es wurde ja nur mit vier Tieren überhaupt weitergearbeitet, nahm schon acht Monate in Anspruch. In dieser Zeit schafften die Vögel, die in die Endrunde kamen, im Schnitt die Unterscheidung von 8 bis 23 Wörtern. Dann erst begann der eigentliche Test.

Doch bemerkenswert ist – ganz unabhängig von der Tauben-Lernleistung – die tiefere Aussage hinter all dem. Sie betrifft die

Bewältigung des Alltags. Offenbar greifen viele Arten zur selben Strategie, um mit der gigantischen Informationsflut umzugehen, die täglich auf sie einströmt. Sie erschließen sich ihre Welt wie wir mithilfe von statistischem Lernen. Diese Fähigkeit gehört den Menschen also nicht allein.

Andersherum fehlt unserem Repertoire eine sensorische Hilfe, über die Tauben ganz sicher verfügen. Allerdings stellen neueste Untersuchungen inzwischen schon infrage, ob wir sie tatsächlich nicht auch haben. Die Rede ist vom rätselhaften, noch wenig erforschten Magnetsinn.

Sitzt der Magnetsinn im Schnabel?

Seit Tausenden von Jahren teilen Tauben ihr Leben mit uns. Sie haben die legendäre Fähigkeit, immer nach Hause zurückzufinden, auch über Hunderte Kilometer hinweg. Das hat sie in früheren Zeiten zu Briefträgern gemacht, ja sogar zu militärischen Gehilfen, die in beiden Weltkriegen zum Einsatz kamen und Nachrichten übermittelten. So eine Helferin war etwa die Taube Cher Ami. Sie gehörte zu einer Division der amerikanischen Armee, die während des Ersten Weltkriegs bei Verdun stationiert war. Von dort aus transportierte die Brieftaube insgesamt zwölf Nachrichten durch den Gefechtshagel, wurde zuletzt schwer verwundet und kam dennoch ans Ziel. Mit ihrem Einsatz rettete Cher Ami zahlreichen Soldaten das Leben und erhielt danach das französische Kriegskreuz als Auszeichnung, das »Croix de guerre«.

Heute sind Tauben arbeitslos und werden vor allem als Stadtplage wahrgenommen, auch wenn die Vögel uns als Individuen erkennen und auseinanderhalten können, wie eine Forschungsarbeit aus dem Güntürkün-Team von 2009 gezeigt hat. Dabei schauen Tauben einem Menschen vor allem ins Gesicht. Sie achten nicht so sehr auf Größe oder Gang, sondern unterscheiden uns anhand unserer Gesichtszüge. Was umso erstaunlicher ist, da es selbst uns schwerfällt, menschliche Gesichter auseinander-zuhalten, wenn Personen aus verschiedenen Erdteilen stammen. Viele Europäer können asiatische Gesichter nur mit Mühe iden-tifizieren, und andersherum gilt dasselbe. Tauben jedoch unter-scheiden die Gesichter einer vollkommen anderen Art. Vielleicht hätte Georg Kreisler anno 1955 nichts vom »Taubenvergiften im Park« geschrieben, hätte er das gewusst.

Doch wie gelingt es den Tieren, nach Hause zu finden, egal wo man sie aussetzt? Hilft ihnen ihr Magnetsinn? Oder verwenden sie einen Sonnen- beziehungsweise Sternenkompass? Navigieren sie mithilfe von Landmarken? Eine Studie von 2013 untersuch-te noch einen weiteren Aspekt: dass Tauben sich vor allem an-hand von Gerüchen orientieren könnten. Möglicherweise liegt des Rätsels Lösung in einer Kombination aus all dem. Schließ-lich hatten die Studien des Ehepaares Roswitha und Wolfgang Wiltschko bereits in den Sechzigerjahren nachgewiesen, dass Zugvögel das Erdmagnetfeld zu ihrer Orientierung nutzen – da-mals eine wissenschaftliche Sensation. Das Forscherpaar hatte Rotkehlchen einem Magnetfeld ausgesetzt und gezeigt, dass die Vögel dorthin drängten, sobald die Zeit des Vogelzugs gekom-men war. Inzwischen weiß man bei vielen Arten von der Existenz eines Magnetsinns. Dazu gehören Bienen und Hummeln genau-so wie Wölfe und Hunde, Füchse, Bären, Dachse, Salamander, Frösche und Schildkröten.

Spätere Forschungsarbeiten drehten sich vor allem um die Fra-ge, wo bei Vögeln ein entsprechendes Magnetsinn-Organ sitzen könnte. Das rückte zunächst den Schnabel ins Blickfeld. Ein wei-teres Forscher-Ehepaar, die Neurobiologen Berta und Günther Fleissner aus Frankfurt, hatte 2007 in der Haut oberhalb von Taubenschnäbeln winzige Magnetit-Partikel entdeckt, die mit Magnetfeldrezeptoren in Verbindung stehen sollen. Aber eine Wiener Studie von 2012 verwarf diese Annahme und erklär-te, zwar ebenfalls eisenhaltige Zellen im Vogelschnabel gefun-den zu haben, doch bei denen handele es sich nicht um Nerven-, sondern um Fresszellen. Was wiederum die Frankfurter Forscher auf den Plan rief, die den Wiener Kollegen methodische Mängel vorwarfen.

Derzeit wechseln sich die Thesen in wilder Folge ab. Sitzt des Rätsels Lösung womöglich im Auge, in Gestalt lichtempfindlicher Rezeptoren? Oder im Innenohr der Tiere, denn vielleicht hängen ja Kompass und Gleichgewichtssinn zusammen? Einen anderen Ansatz verfolgte Onur Güntürkün zusammen mit dem Ehepaar Wiltschko und weiteren Frankfurter Forschern im Jahr 2010. Es ging um die Frage: Könnte der Magnetsinn der Taube etwas mit ihren asymmetrischen Hirnfunktionen zu tun haben?

Die Asymmetrie

Die Asymmetrie der Hirnfunktionen wird als Lateralisation bezeichnet und meint die Tatsache, dass die beiden Hälften des Gehirns unterschiedliche Funktionen ausüben. Am sichtbarsten wird das bei der Rechtshändigkeit. Rund 90 Prozent aller Menschen ziehen die rechte Hand der linken vor. Lateralisation hielt man lange Zeit für ein einzigartiges Merkmal des Menschen – ein Irrtum, wie man heute weiß. Sie ist unter Tieren weit verbreitet, wobei vor allem Vögel ausgeprägte Links-Rechts-Unterschiede zeigen. Selbst Rechts- oder Links»händigkeit« kommt in der Tierwelt häufig vor. Kröten entfernen störende Partikel mit dem rechten Vorderbein vom Maul. Wild lebende Schimpansen scheinen die linke Hand zu bevorzugen, während Walrösser wiederum zu fast 90 Prozent mit ihrer rechten Flosse den Meeresboden aufwühlen, wenn sie auf Nahrungssuche gehen. Mein Hund Merle pfötelt konsequent mit rechts. Ihr etwas beizubringen, das die linke Pfote tun soll, dauert etwa dreimal so lang, als wenn wir mit ihrer bevorzugten rechten Seite üben.

Hirnasymmetrien sind, so vermutet Onur Güntürkün, sehr früh in der Evolution entstanden. Sie sind ein Trick, der die Chance auf Überleben erhöht. Trainiert man nur eine Seite, sei es Hand, Pfote oder Kralle, wird man damit sehr schnell motorische Fortschritte machen. Schult man aber beide Seiten gleichermaßen, wird keine besonders gut sein. »Dadurch halbiert sich der Trainingseffekt«, sagt Onur Güntürkün. Wir müssen mit unseren Händen jedoch derart komplizierte Bewegungen machen, dass wir den raschen Trainingseffekt brauchen. Was der Grund ist, warum es unter Menschen kaum echte »Beidhänder« gibt, also Individuen, denen die bevorzugt ausgebildete Seite fehlt. Ihr Anteil liegt geschätzt bei höchstens einem Prozent der Bevölkerung.

Für Tiere gelten die Vorteile der Lateralisation genauso. Vogelembryonen drehen vor dem Ausschlüpfen ihren Kopf so, dass ihr rechtes Auge nach außen zur Schale zeigt und das linke zum Körper. Das einfallende Sonnenlicht wird dadurch nur noch von den Nervenzellen des rechten Auges wahrgenommen, was die Links-Rechts-Asymmetrie im Vogelhirn ausbildet. Bei frei lebenden Pferden halten sich die Fohlen immer rechts von der Mutterstute auf. Offenbar wollen sie ihre Mutter mit dem linken Auge betrachten. Während Tauben, wenn sie einen Menschen von einem anderen unterscheiden wollen, sich diesem in der Regel mit dem rechten Auge zuwenden. Das linke Auge benutzen sie dagegen, wenn sie etwas potenziell Furchteinflößendes betrachten. Oder etwas, das sie nicht einschätzen können.

In der Studie von 2010 untersuchten nun die Forscher um die Wiltschkos und Onur Güntürkün, wie Tauben sich orientieren, wenn sie nur einäugig in die Welt blicken können, weil das andere Auge eine Kappe verdeckt. Tauben haben einen Beinahe-Rundumblick. Sie können mit jedem Auge sowohl nach vorn als auch zur Seite blicken, und zwar gleichzeitig. Von Rotkehlchen, pazifischen Brillenvögeln und Haushühnern wussten die Forscher bereits, dass sie große Schwierigkeiten haben, sich zurechtzufinden, wenn sie nur mit dem linken Auge sehen können. Offenbar brauchen sie das rechte notwendig für ihre Orientierung. Bei den Tauben zeigte der Versuch etwas anderes. Sie erwiesen sich als immun gegen die Beeinträchtigungen durch die Augenkappe. Sie konnten sich mit dem linken Auge so gut orientieren wie mit dem rechten. Nur hinsichtlich der Zielrichtung gab es einen Unterschied. Hier schien das rechte Auge dem linken leicht überlegen zu sein. Zu wissen, in welcher Richtung ihr Heimatort liegt, gelingt Tauben zuverlässiger, wenn sie rechtsäugig unterwegs sind. Doch für das Funktionieren ihres Magnetsinns sind die asymmetrischen Hirnfunktionen offenbar nicht zuständig.

Für großen Wirbel hat nun die Studie einer chinesischen Arbeitsgruppe gesorgt. Sie soll das Geheimnis des Magnetsinns gelüftet haben. Das Team um den Biophysiker Can Xie von der Universität Peking veröffentlichte Ende 2015 eine Untersuchung, die bei Tauben, aber auch bei Monarchfaltern und Taufliegen ein aus zwei Proteinen zusammengesetztes Molekül vermutet, das sowohl Eisenatome enthält, als auch eine Verbindung mit Lichtrezeptoren eingeht. Das wäre die glückliche Synthese zweier bislang konkurrierender Annahmen: Die eine These machte eisenbindende Moleküle für den Magnetsinn verantwortlich, die andere sah die Ursache in lichtempfindlichen Proteinen. »Jeder hat gedacht, das wären zwei unterschiedliche Systeme«, sagt der Neurobiologe Steven Reppert von der Universität Massachusetts in der Onlineausgabe des Fachblatts *New Scientist*.

Nun also die Kombination. Eigentlich naheliegend, immer mal wieder hatte es Hinweise auf einen Zusammenhang gegeben zwischen dem Magnetsinn vieler Tierarten und ihrer Lichtempfindlichkeit. So hängt etwa das Orientierungsvermögen von Monarchfaltern direkt damit zusammen, wie ihre Antennen Licht empfangen. Doch naheliegend ist nicht gleich nachgewiesen, bislang fehlt ein Beleg für diese Vermutung. Diesen wollen nun die Forscher um Can Xie bei den Tauben gefunden haben. Mithilfe eines Proteins, das zur Kombinationsthese passt. Es soll eisenhaltig sein und sich gleichzeitig stabil mit einem Lichtrezeptorprotein verbinden, einem Chryptochrom, sodass ein Doppelmolekül

106

entsteht: aus einem magnetsensiblen und einem lichtempfindlichen Protein.

Der Magnetsinn von Tauben könnte nun folgendermaßen erklärt werden, meint Xie, ebenfalls im *New Scientist*: »Wenn ein Tier die Richtung ändert, drehen sich diese Proteine womöglich in Richtung Norden, genau wie eine Kompassnadel.« Und eine solche Bewegung könnte wiederum Signale ans Nervensystem übermitteln.

Doch das ist Spekulation, denn am lebenden Tier hat Xie nicht getestet. Was auch der Grund für teilweise massive Kritik ist. Die chinesische Arbeit hat enorme Wellen geschlagen. Einige Kollegen reagierten darauf enthusiastisch, andere, und das war die Mehrheit, ließen an ihr kein gutes Haar. Etwa der Neurowissenschaftler David Keays von der Universität Wien. Sollte das von Xie gefundene Protein tatsächlich der lang gesuchte Magnetrezeptor sein, sagt er im *New Scientist,* »dann fresse ich meinen Hut«. Und Michael Winklhofer, Professor für Sensorische Biologie von Tieren an der Universität Oldenburg, fragt sich, ob Xies Ergebnisse nicht einfach nur durch eine Verunreinigung im Labor verursacht wurden. Denn nach seiner Analyse der Daten ist der Proteinkomplex viel zu wenig magnetisch.

Wenn auch weiterhin offenbleiben muss, wie Tauben sich de facto orientieren, eines kann Onur Güntürkün mit Sicherheit sagen: Ihr Lernvermögen ist so groß, dass es sie immer wieder in die Nähe der gefiederten Affen rückt, trotz ihrer eigentlich geringeren geistigen Kapazitäten.

Der Bochumer Biopsychologe hat nun 2017 ein Resümee zu den kognitiven Leistungen von Tauben, Rabenvögeln und Papageien verfasst. Und dabei gezeigt, dass Tauben in drei von fünf Experimenten mit Primaten gleichzogen: beim Erkennen von Rechtschreibregeln, aber auch, wenn es um ihr Kurzzeitgedächtnis und ihr Zahlenverständnis ging. Manchmal, so Güntürküns Fazit, stellten Wissenschaftler die falschen Fragen, wenn sie die Fähigkeiten von Tieren miteinander verglichen. Sie ignorierten, dass sich Denkleistungen unterschiedlich äußern und vieles sich erlernen lässt. Gerade Tauben können sich dank ihrer Lernfähigkeit hochkomplexe Dinge aneignen. Es dauert nur eben sehr lange.

Bevor ich endgültig das Bochumer Büro verlasse, bekomme ich noch eine Geschichte mit auf den Weg, quasi als Wegzehrung.

»Mein Kollege Ludwig Huber in Wien«, sagt Güntürkün und lacht mit seinen großen blau-grünen Augen, »hat in seinem Institut eine Taubenrutsche installiert.« Ludwig Huber ist jener Wiener Professor von der Veterinärmedizinischen Universität, der auch das Clever Dog Lab leitet. Der österreichische Tausendsassa forscht zu vielen Tieren, darunter Schweinen, Keas, Reptilien und Tauben. Sein Labor ist allerdings anders aufgebaut als das der Bochumer. Statt die Tauben zu den Trainingseinheiten aus den Volieren zu holen und in die sogenannten Skinner-Boxen zu stecken, wie es hier geschieht, können die Tiere arbeiten, wann sie wollen. In der Wiener Voliere steht eine große Kiste mit Türen, die sich elektronisch öffnen. Die Vögel tragen Chips an ihrem Fußring. Wenn nun eine Taube in die Box will, stellt sie sich vor die Tür, wartet, bis ihr Chip ausgelesen ist und die Tür aufklappt. Und dann geht sie hinein zur Arbeit. »Sie machen das gern, sie arbeiten ungeheuer viel da drin«, sagt Güntürkün, »es gibt was zu tun, und eine Belohnung bekommen sie auch.« Und weil die Tauben da so gern hineingehen und sich manchmal sogar weigern, wieder herauszukommen, haben die Wiener also eine Taubenrutsche eingebaut. »Die hatten da so ein ranghohes Tier, das kam nicht mehr heraus. Es hat auch nicht mehr gearbeitet, sondern hielt einfach nur den Kasten besetzt. Weil es nicht wollte, dass da ein anderer reingeht.« Deshalb senkt sich nun eine Bodenklappe ab, wenn mehr als zwanzig Minuten lang nicht mehr gearbeitet, sondern nur noch herumgelungert wird. So rutscht das Tier hinaus. Und da es an seinem Chip erkannt wird, bleibt ihm auch die Tür für weitere Besetzungsversuche verschlossen.

108

»Müssten wir eigentlich auch haben«, sagt Güntürkün. Und dann klopft es. Die Bürotür öffnet sich, die Assistentin streckt ihren Kopf herein. Mein Glück, dass es in Bochum noch keine Bodenklappe gibt.

Rabenvögel – die gefiederten Affen, Teil eins

Ein Rabenpaar symbolisiert die Weisheit in der nordischen Mythologie: Es sind die Vögel Odins, Hugin und Munin. Ihre Namen gehen auf die altnordischen Verben für »denken« (huga) und »sich erinnern« (muna) zurück. Damit ist die skandinavische Sagenwelt näher dran an der Wirklichkeit als unser europäisches Mittelalter, das in Rabenvögeln Unglücksboten erblickte. Und sie unbarmherzig verfolgte.

In den vergangenen Jahren konnte man praktisch blind eine Wette eingehen und hätte seinen Einsatz nur selten verloren: Wann immer eine Meldung über außergewöhnliche tierische Denkleistungen erschien, ging es um einen Rabenvogel. Diese Tierfamilie hat mittlerweile Furore gemacht. Weil sie eine Vielzahl an Fähigkeiten zeigt, die man früher allenfalls einem Säugetier zugetraut hätte, aber niemals einem Vogel.

Die Corvidae, wie ihr lateinischer Name heißt, sind eine große Familie mit mehr als 120 Arten, darunter Raben und Krähen, die eine eigene Gattung bilden. Aber auch Häher gehören dazu, wie die Buschblauhäher und Westlichen Buschhäher von Nicola Clayton, sowie Elstern und Dohlen. Corviden zählen trotz ihrer unmelodiösen Stimme zu den Singvögeln. Sie haben ausdrucksstarke und variantenreiche Ruflaute, können Artgenossen imitieren, andere Tierarten, sogar menschliche Stimmen und Klingeltöne von Handys.

Rabenvögel sind hochsoziale Tiere, wobei der Grad der Nähe von Art zu Art schwankt. Kolkraben und viele andere leben zunächst in Cliquen von Jungtieren, bis sie geschlechtsreif werden und einen Partner finden, mit dem sie eine lebenslange Zweisamkeit eingehen. Saatkrähen und Dohlen brüten hingegen in Kolonien. Das Leben in einer sozialen Gruppe wird mit höheren Denkleistungen in Verbindung gebracht. Denn es verlangt mehr Flexibilität und Anpassungsvermögen als das Leben von Einzelgängern. Allerdings ist diese These nicht die einzige Erklärung für die Entwicklung von Intelligenz. Wie noch die Kraken zeigen werden. Denn die leben allein und sind trotzdem blitzgescheit.

Von Raben ist bekannt, dass sie auch ungewöhnliche Bindungen eingehen. Und damit sind nicht die Freundschaften gemeint, die die Vögel untereinander schließen, wobei sie in »mag ich« und »mag ich sehr« unterscheiden. Der große Rabenforscher Bernd Heinrich, inzwischen emeritierter Professor an der Universität von Vermont, hat schon früh vom Hang der Tiere berichtet, sich Großwildjägern anzuschließen, zum Beispiel Bären, Kojoten und Wölfen, aber auch Menschen. Vor allem mit Wölfen scheinen sie engere Kontakte zu pflegen, als man dies von anderen Kooperationen kennt, etwa wenn Putzerlippfische die Mäuler von Raubfischen säubern. Oder wenn Brandgänse und Füchse einen gemeinsamen Bau bewohnen und sich darin gegenseitig dulden, was man Burgfrieden nennt. Warum das so ist, weiß man noch nicht. Vermutet wird, dass Füchse in unmittelbarer Umgebung ihres Baus keine Beute machen. Diesen Burgfrieden halten auch Dachse und Füchse ein, die eine Behausung miteinander teilen.

Wirklich beste Freunde?

Wo es Wölfe gibt, nisten Rabenpaare oft in unmittelbarer Nähe zu einem Bau und verfolgen das Aufwachsen der Welpen. Kommt der Nachwuchs zum ersten Mal aus seiner Höhle, nehmen die Raben Kontakt zu ihm auf. Sie foppen die Jungtiere und zwicken sie in die Ruten, was sie auch bei erwachsenen Wölfen tun. Was so spielerisch aussieht, ist nichts als ein Test für den Ernstfall, um frühzeitig zu lernen, wie schnell und wendig der Wolf ist oder mal werden wird. Sprich: wie bedrohlich. Denn Raben brauchen Wölfe oder andere Beutegreifer. Sie ernähren sich vorwiegend von Aas, können aber nicht die Felldecke von toten Tieren aufreißen. Das müssen Raubtiere für sie erledigen. Der Wolfsforscher David L. Mech hat in den Siebzigerjahren in seinem Heimatstaat Minnesota beobachtet, dass die Ernährung einiger Rabentrupps vollständig von Wölfen abhängig war, sobald der Winter anbrach.

Die Anhänglichkeit der Raben hat aber noch einen anderen Grund, den wiederum Bernd Heinrich beschrieben hat: ihre Angst vor etwas Neuem. In Gemeinschaft von Wölfen nähern sich Raben einem großen Kadaver ohne Scheu, sie stürzen sich förmlich auf die Beute. Sind sie jedoch allein, brauchen sie mitunter zwei Tage, bevor sie sich ans Fressen machen, auch bei einem bereits aufgerissenen Tier. Da wird der Kadaver immer wieder angeflogen, angeschlichen, bepickt, bevor sich die Vögel mit wildem Flügelschlagen davonmachen. »Sie hampeln herum«, sagt Heinrich. Erst wenn ein ganz mutiger Rabe sich nach endlosen Annäherungsversuchen auf der Beute niederlässt, folgen ihm die anderen. Dieses Verhalten nennt sich Neophobie, die Furcht vor Neuem, und die ist bei Raben sehr ausgeprägt. Was sich anhört wie eine immense Verschwendung von Energie – besonders im Winter und bei Nahrungsknappheit –, hat durchaus einen evolutionären Sinn. Die Kooperation mit Wölfen ist die mit einem gefährlichen Tier. Raben und Wölfe konkurrieren um die Beute, wenn sie Seite an Seite fressen, und dabei müssen sich die Vögel gehörig in Acht nehmen. Wölfe teilen nicht gern, Raben übrigens auch nicht. Sie tun es nur mit ausgesuchten Artgenossen und manchmal noch nicht einmal das. Dennoch gibt es Geschichten romantischer Art, wie Raben einander herbeirufen, wenn sie ein totes Tier gefunden haben. Es stimmt zwar, diese Futterschreie gibt es. Aber sie werden nicht aus altruistischen Motiven abgesetzt. Bernd Heinrich hat – entweder in einem Baum hockend oder verborgen im Gebüsch – die Tiere in vielen Wintern beobachtet. Und festgestellt, dass das Rufen dann erfolgt, wenn ein Kadaver schon einen Besitzer hat, sprich ein Rabenpaar, das über ihn wacht. Treffen nun andere Raben ein, rufen sie sich zusammen, um sich in Überzahl auf die Beute stürzen zu können. Es sind Jungtier-Cliquen, zu denen sich heranwachsende Vögel zusammenschließen, die noch keinen Partner gefunden haben. Mindestens neun, sagt Heinrich, müssten sich an einem bewachten Kadaver einfinden, um eine Chance gegen das aufgebrachte Paar zu haben, das sich seine Beute nicht streitig machen lassen will.

Doch vor Aas, das niemand bewacht, schrecken sie zurück. Denn vielleicht lebt das Tier ja noch. Manchmal stellen sich Füchse tot, um einen Raben zu packen, der sich ihnen nähert. Das ist möglicherweise der Grund, warum die Vögel in einen Hampelmann-Modus verfallen, wie Heinrich es beschreibt. Sie flattern auf, setzen sich wieder, schlagen wild mit den Flügeln und sind jederzeit bereit zur Flucht. Mit Wölfen als Vorhut leben Raben entspannter. Die Beutegreifer sind da wie große wehrhafte Brüder, die die Sache für die Kleinen regeln.

Aber reicht das schon aus, um von einer Freundschaft zwischen den Arten zu sprechen? Immer mal wieder gibt es Berichte von Wolfsforschern über die geradezu familiäre Beziehung zwischen Rabe und Wolf. Da ist die Rede von gemeinsamen Jagdausflügen, bei denen die Vögel Beutetiere anzeigen oder einen frischen Kadaver. Was zu dem blumigen Ausdruck »Augen der Wölfe« geführt hat. Auch soll es eine Art Stillhalteabkommen geben, wonach kein Wolf einen Raben tötet. Was ist dran an solchen Berichten?

Der Rabenforscher Thomas Bugnyar aus Wien kann eine familiäre Beziehung zwischen Rabe und Wolf definitiv nicht bestätigen. Derartige Interpretationen gehen ihm deutlich zu weit. Er untersucht an der Konrad-Lorenz-Forschungsstelle in Grünau unter anderem frei lebende Raben, die sich zur Futterzeit bei den Wölfen im Gehege niederlassen – was für die Vögel manchmal nicht gut ausgeht. »Die beiden Arten können gut aufeinander eingespielt sein«, sagt Bugnyar, »das heißt aber nicht, dass sie auch zwischenartliche Beziehungen aufbauen.« Und was das Stillhalteabkommen betrifft, »habe ich bis zu fünf tote Raben pro Jahr im Wolfsgehege«.

Der Kognitionsbiologe Bugnyar gehört mittlerweile, obwohl er erst 46 Jahre alt ist, zu den Koryphäen in der Erforschung der Rabenvögel. Er ist Professor an der Universität Wien und leitet dort das Department der Kognitionsbiologie. Abgesehen von Grünau führt er mit zwei Kollegen noch eine weitere Forschungsstation in Bad Vöslau, vierzig Kilometer südlich von Wien. Dort stehen riesige Volieren, die er selbst entworfen hat, um Raben, Krähen und Keas so artgerecht zu halten, wie es in Gefangenschaft möglich ist. Hier hat er auch seine Experimente gemacht, von denen eines als bahnbrechend bezeichnet werden muss. Denn Bugnyar ist gelungen, was bei Vögeln bislang noch ausstand: der eindeutige Nachweis eines Schlüsselelements zur *Theory of Mind*. Also der Fähigkeit zu wissen, was ein anderer weiß. Raben können sich, so viel ist heute klar, in einen Artgenossen hineinversetzen und ihr eigenes Verhalten darauf abstimmen.

»Beweis' es, dass die Viecher so g'scheit sind«

Mit dem Corviden-Pionier Bernd Heinrich verbindet den Biologen eine mehr als zwanzigjährige Freundschaft. 1996 war Bugnyar ein junger Doktorand, der gerade sein Fachgebiet gewechselt hatte: weg von den Seidenäffchen, hin zu den Raben. Das lag nicht zuletzt an einer Beobachtung, die er gemacht hatte und die ihm seine Uni-Kollegen nicht glauben wollten. Bugnyar war bei einem Experiment zu sozialem Lernen aufgefallen, wie Raben Beute vor ihren Artgenossen versteckten. Und dabei Täuschungsmanöver vollzogen. »Wenn ein untergeordnetes

Männchen herausgefunden hatte, wo sich eine Futterbelohnung befand, führte es seinen ranghöheren Bruder zu einem falschen Ort«, sagt der Biologe. »Er trickste ihn aus.« Bugnyar war überzeugt davon, dass sich so etwas auch bei frei lebenden Raben beobachten ließ, dass dies ein Teil ihres natürlichen Verhaltens ist. Doch an der Uni schüttelten alle die Köpfe. Eine solche Ausgefuchstheit traute man den Vögeln nicht zu. Schließlich sagte Bugnyars Mentor: »Wenn die Viecher so g'scheit sind, wie du meinst, dann beweis' es.« Das muss den Ehrgeiz des jungen Forschers ungemein angestachelt haben, denn heute sagt er: »Das war der Startschuss.«

Nach einiger Zeit wandte er sich per Brief an Bernd Heinrich, den Altmeister der Rabenforschung. Der antwortete rasch. Die beiden tauschten sich über ihre Beobachtungen aus, diskutierten intensiv über die Futterrufe. Und als sie sich dann endlich persönlich trafen, 1998 auf einem Kongress in Europa, erkannten sie sich gleich. Steuerten aufeinander zu und begrüßten sich über die Köpfe der umstehenden Kollegen hinweg mit einem herzhaften: Haa!, dem Futterschrei der Raben. Drei Jahre später verbrachte Bugnyar zwei Forschungsjahre bei Heinrich in Vermont. Und danach ging es Schlag auf Schlag. Der Österreicher bekam Stipendien und Preise für seine Forschung, eine eigene Arbeitsgruppe, einen Ruf nach Tübingen, dann wieder nach Wien, alles innerhalb weniger Jahre.

Seit 2013 hat er nun also den Lehrstuhl für kognitive Ethologie an der Wiener Universität inne. Doch am liebsten fährt er hinaus zu seinen beiden Forschungsstationen, weil er bei den Tieren sein will und im Freien. Die Konrad-Lorenz-Forschungsstelle liegt in einem dünn besiedelten Tal in den Nordalpen, wo Bugnyar wilde Raben beobachten kann. Oder er fährt zum Haidlhof in Bad Vöslau, vierzig Kilometer südlich von Wien. Dort lebt ein Großteil seiner Vögel in den Volieren. Und dort sind wir verabredet.

An einem prallsonnigen Tag im Frühsommer 2017 treffe ich

auf dem Haidlhof ein. Die Forschungsstation ist in einem großen Bauerngehöft untergebracht, inmitten hügeliger Felder. Sie ist das Gemeinschaftsprojekt zweier Wiener Hochschulen: der Veterinärmedizinischen Universität und der Universität Wien. Im Innenhof fressen Kühe ihr Heu gemächlich aus den Raufen, Schwalben sirren durch die Luft. Obwohl erst Vormittag ist, steht die Hitze schon ringsum. Still ist es hier draußen. Bis Thomas Bugnyar abgehetzt aus Wien kommt und mit quietschenden Reifen um die Ecke biegt. Er sieht aus wie einer seiner Studenten, mit angegrautem Zopf, einem Bart und einer Nickelbrille. Ich erkenne ihn nur, weil er mit ausgestreckter Hand auf mich zusteuert.

Er ist ein freundlicher, fröhlicher Mensch mit zwei verschiedenen Arten zu sprechen. Geht es um die graue Theorie, ist er leise. Dann sucht er manchmal nach Worten, weil ihm zuerst die englischen Begriffe einfallen. Die Sprache der Wissenschaft liegt ihm fast mehr auf der Zunge als seine eigene. Geht es aber um die Vögel selbst, wie sie rufen, wie sie ihre Beute verstecken und wie sie sich beim Experiment zur *Theory of Mind* verhalten haben, schlägt die bedächtige Sprechweise um und wird hitzig. Da erzählt der ganze Mann mit ausholenden Armbewegungen und pantomimischen Einlagen, etwa wenn er vorführt, wie ein Vogel seine Beute immer wieder umplatziert. Und mit österreichischen Einsprengseln wie: »Der Rufus hat Sponpanadeln g'macht! Offensichtlich hat er sich einmal g'schreckt.«

Rufus ist einer der Raben, der für Bugnyars *Theory-of-Mind*-Experiment vorgesehen war. Er ist ein schlauer und umgänglicher Vogel. Doch irgendetwas muss ihm kurz vor Beginn des Versuchs in die Quere gekommen sein. Jedenfalls fürchtete er sich plötzlich in der Versuchsvoliere vor dem Guckloch. Er machte Sponpanadeln, also Faxen, und wollte nicht mitmachen. So fiel er aus der Stichprobe heraus. Der Forscher musste sein Experiment mit neun Raben weiterführen – statt mit zehn, wie ursprünglich geplant.

Wie Raben Zuneigung zeigen

Es geht hinüber zu den Volieren. Zu den 30 Raben, zehn Krähen und 25 Keas. Ihnen begegnen wir zuerst, ihre Volieren stehen ganz vorn. Es sind große Papageienvögel, deren grün-bronzefarbenes Gefieder in der Sonne glänzt. Nirgendwo außerhalb von Neuseeland gebe es so viele Keas in einer sozialen Gruppe wie hier, sagt Thomas Bugnyar, als wir vor ihren Käfigen stehen. Ein Schwimmbassin steht darin. Die Vögel lieben Wasser.

Sie sind viel größer, als ich sie in Erinnerung habe. Einer der Vögel hopst über den Volierenboden direkt auf uns zu, ohne jede Scheu. Klettert mit seinen kräftigen Füßen den Gitterdraht hoch, bis er auf Augenhöhe angelangt ist. Er legt den Kopf zur Seite, blickt mich aus einem gelb umringten Auge an und steckt seinen Schnabel durch den Draht. Ich muss mich zurückhalten, um ihm nicht meinen Finger entgegenzustrecken. Ich weiß, wie viel Kraft da drinsteckt. Vor Jahren haben uns in Neuseeland Keas geweckt, eines frühen Morgens mit donnernden Schnabelschlägen gegen das Dach des Wohnmobils, in dem mein Mann und ich schliefen. Ein anderer versuchte währenddessen, die Fenstergummierung abzureißen. Und ein Dritter machte sich an der Antenne zu schaffen. Keas sind in alles verliebt, was an einem Auto nicht niet- und nagelfest ist, viele Neuseeländer halten sie für eine Plage. Doch ich fand sie schon damals wunderschön, und jetzt, da ich sie wiedersehe, geht es mir nicht anders. Der Wiener Kognitionsbiologie Ludwig Huber arbeitet hier mit den Keas. Er hat ihre Vorliebe für technische Dinge untersucht und dabei Erstaunliches herausgefunden. Die Papageien lernen sehr leicht, wie man Verschlüsse öffnet. Sie können Schrauben aufdrehen, Sicherungsstifte lösen oder Bolzen in Deckel hineindrücken. Und offenbar sind sie tatsächlich daran interessiert, wie die Mechanik der Dinge funktioniert. Artgenossen, die andere Keas dabei beobachten, wie sie eine Box mit verschiedenen Verschlüssen aufmachen, begreifen schon allein durchs Zusehen, wie es geht. Und genau das hatte ich damals auch in Neuseeland wahrgenommen. Was zuerst aussah wie blinde Zerstörungswut, entpuppte sich als intensives, robustes und schonungsloses Untersuchen von Gegenständen, wie es ein Kleinkind tut. Das einfach wissen will, was zum Teufel ist da drin, und wie geht das auf.

Hinter den Papageienvögeln liegen die Volieren der Raben. Wir hören sie längst. Es ist ein Krahen in der Luft, ein Tock-Tock-Tock, das immer lauter wird. Es sind diese Rufe, die einem Schauer über den Rücken jagen, auch wenn man es besser weiß. Jahrhundertelang hat man sich die Mär von den Unglücksvögeln erzählt. Dass in Raben die Seelen von Toten lebten, die keine Ruhe finden können. Hat tote Krähen und Elstern an Stallwände genagelt, um sich vor Heimsuchung zu schützen. Manchmal ist es nicht leicht, an die menschliche Überlegenheit zu glauben.

Es sind riesige Vögel. Jedes Mal, wenn ich einen Raben sehe, bin ich beeindruckt von seiner schieren Größe. Wer an Krähen gewöhnt ist, kann nicht anders, als nach Luft zu schnappen, wenn er einen Raben sieht. Die meisten der schwarzgefiederten Vögel hocken hoch oben auf einem der Äste unter den Netzen. Sie sperren die Schnäbel auf wegen der Hitze. Ein Weibchen jedoch sitzt ganz nah am Gitter auf einer Sitzstange. »Das ist Astrid«, sagt Bugnyar.

Das Rabenweibchen hat an diversen Intelligenztests mitgewirkt, auch am Experiment zur *Theory of Mind*. Astrid und Bugnyar sind sehr vertraut miteinander. Er ruft sie bei ihrem Namen, sie springt zu Boden und kommt dicht ans Gitter heran. Und dann sehe ich etwas Sonderbares. Der Vogel reicht mit seinem Schnabel einen Stein durch den Käfig, lässt ihn in die Hand des Forschers fallen. Der gibt ein Stöckchen zurück. Astrid nimmt es entgegen. Legt es zur Seite. Sucht nach einem neuen Steinchen, reicht es wieder durchs Gitter. Bugnyar hält die Hand auf, und ihr Geschenk fällt hinein. So geht das ein paar Mal hin und her. Unter Raben, erklärt mir der Zoologe, ist der Austausch von Dingen ein Zeichen der Zuneigung. Inzwischen trainieren die Wissenschaftler dieses Verhalten, damit sie es einsetzen können, zum Beispiel für Speichelproben. So kann man einem Raben ein Baumwoll-Pad zustecken, der nimmt es in seinen Schnabel, und wenn er es zurückgibt, bekommt er eine Belohnung. »Klappt schon fast einwandfrei«, sagt Bugnyar.

Astrid hat bis vor Kurzem mit ihrem Partner Horst fünf Junge aufgezogen. Sie sind schon fast flügge, weshalb unser Kommen auch keine Probleme macht. Ganz anders als bei dem jungen Brutpaar in der hintersten, abgeschieden gelegenen Voliere. Wenn wir uns nähern, bricht dort ein Höllenradau los. Das Paar ist zum ersten Mal mit der Aufzucht beschäftigt und noch sehr in Aufruhr, sobald sich Fremde zeigen. Während der Brutzeit müssen Raben gesondert gehalten werden. Denn dann verhalten sie sich äußerst territorial und bewohnen eigene Volieren, die durch Türen von den übrigen Käfigen getrennt sind. Im frühen Herbst, wenn die Aufzucht vorbei ist, können die Volieren wieder geöffnet werden, sodass den Raben ihre gesamte Fläche zur Verfügung steht.

»Wer befindet sich wo?« ist im Rabenleben eine entscheidende Frage.

Nicht nur wegen ihres territorialen Verhaltens zur Brutzeit, sondern weil sie plündern und stehlen, um an Nahrung heranzukommen. Die Beute des einen ist schnell die des anderen, weshalb es unter Raben einen ständigen Konkurrenzkampf um Täuschen, Tricksen und Erbeuten gibt. An einem Kadaver fressen sie sich nicht rund, wie es viele Beutegreifer tun. Sie reißen Stücke ab und tragen sie in ihre Verstecke. Das Beobachten, wer wo hinfliegt und wo was versteckt, ist ihnen angeboren. Nicht aber das Wie. Wer ein Meister im Diebeshandwerk werden will, muss es erst einmal lernen. Bei Jungvögeln vollzieht sich das innerhalb weniger Wochen. »Ihre Lernkurven schießen regelrecht in die Höhe«, sagt Bugnyar, »je besser sie sich merken können, was ein anderer macht.«

Das ist Lernen auf unterschiedlichem Niveau, zum einen durch schlichtes Herumprobieren: Wie muss ich vorgehen, damit ein anderer meine Beute nicht kriegt? Zum anderen fordern sie aktiv das Verhalten anderer heraus, um Reaktionen zu testen. Etwa die der Wissenschaftler. Thomas Bugnyar erzählt, dass manchmal ein Jungtier auf ihn zufliegt mit einem Objekt im Schnabel. Es schaut ihm direkt in die Augen und versteckt den Gegenstand danach in unmittelbarer Nähe. »Einmal sogar unter meinem Schuh«, sagt Bugnyar. Ganz nach dem Motto: Was machst du jetzt? So lernen sie, ihr Gegenüber einzuschätzen. Sie finden heraus, wer ein guter Dieb ist und wer nicht. Und sie begreifen, dass sie besser werden müssen, wenn ihre Tarnungen allzu offensichtlich sind.

All diese Übungen stellen sie in der Regel mit Gegenständen an, nicht mit Futter. Futter ist der Ernstfall. Das heißt, sie trainieren kaum mit Fressbarem, sondern hauptsächlich mit Objekten, bei denen es nicht so schlimm ist, wenn sie abhandenkommen. Sie üben sozusagen mit Dummys. »Dieses Einschätzen dessen, was der andere kann und was nicht, basiert auf assoziativem Lernen«, sagt Bugnyar. Also das Lernen nach dem altbekannten Muster, die Verknüpfung eines Reizes mit einer Reaktion: Wenn ich dieses tue, geschieht das. »Die kognitive Leistung beim Einsatz dieses Wissens geht aber meiner Meinung nach darüber hinaus. Die Jungvögel scheinen zu kombinieren und Schlüsse zu ziehen. So etwas lässt sich mit assoziativem Lernen nicht mehr erklären.«

»Beweis' es, dass die Viecher so g'scheit sind«, hatte sein Mentor an der Uni vor zwanzig Jahren grinsend gesagt. Im Februar 2016 war es so weit: Bugnyar lieferte. Da erschien im Fachblatt *Nature Communications* seine vorerst letzte Studie zur *Theory of Mind*. Eine sechsseitige eng bedruckte Arbeit. Sie war das Destillat aus jahrelangen Überlegungen, Plänen, vorangegangenen Tests, Verwerfungen und wieder neuen Ansätzen. Denn es gab ein Problem, an dem alle Bemühungen bislang stets zerschellt waren.

Eine Theory of Mind bei Vögeln – der Nachweis

Nicht nur Raben verstecken ihre Beute, die meisten Corviden tun es. Daher hatten auch schon andere Arbeitsgruppen Versuche angestellt, um zu zeigen, dass Rabenvögel wissen, was in Artgenossen vorgeht, wenn sie ihr Futter verstecken. Aber immer wieder kam Kritik auf. Ein Zweifel ließ sich einfach nicht ausräumen: Hatten die Vögel wirklich eine Vorstellung von der inneren Welt der anderen? Oder ließen sie sich lediglich von den Blicken ihrer Artgenossen leiten? Denn bei jedem Versuch war ein Konkurrent anwesend, anders ging es ja gar nicht. Nur ein Futterrivale konnte in einem Tier überhaupt erst die Dringlichkeit erzeugen, seine Beute gut verstecken zu müssen.

Doch es ist ein entscheidender Unterschied, ob sich ein Tier durch die Blicke eines anderen davon beeinflussen lässt, wo es sein Futter versteckt. Oder ob es tatsächlich von sich auf andere schließt, ganz egal, wohin die Konkurrenz blickt. Wenn es also wahrhaftig eine Vorstellung davon hat, was ein anderer von dessen Position aus sehen könnte. Dann geht es nicht mehr nur um Kombinieren und Schlussfolgern – was an sich ja auch schon höhere Kognition ist –, sondern tatsächlich um eine innere Welt. Um ein Vorwegnehmen der Perspektive eines anderen, weil man sich selbst in Gedanken an dessen Stelle setzt. Kurz: um jene ominöse *Theory of Mind,* die bislang nur den Menschenaffen zugestanden worden war.

Die Sache mit den Blicken war das ungelöste Problem, auf dem Bugnyar, und nicht nur er, seit Jahren herumkaute. Zu Hilfe kam ihm schließlich sein amerikanischer Kollege Cameron Buckner, ein Philosoph. Der hatte die entscheidende Idee, wie sich das Problem umgehen ließ: indem einfach kein anderer Rabe da war – wo kein Konkurrent, da auch keine verräterischen Blicke. Dem futterversteckenden Tier musste aber gleichzeitig klar gemacht werden: Nebenan ist ein Rivale, und der hat dich genau auf dem Schirm. Wie brachte Bugnyar beides zusammen? Zum einen mithilfe eines Playbacks, das die charakteristischen

Rufe eines Futterkonkurrenten in der Nachbarsvoliere abspielte. Alle Raben des Experiments stammten aus derselben Gruppe, sie kannten sich und ihre Laute also seit Langem. Die Information »da ist ein anderer« wurde ihnen akustisch vermittelt, nicht visuell. Damit war das Problem mit den Blicksignalen vom Tisch. Zum anderen mithilfe eines Gucklochs, das man auf- und zuschieben konnte. Es sollte dem Raben, der sein Futter versteckte, den Eindruck vermitteln, dass er unter Beobachtung stand, sobald das Guckloch offen war. Und andersherum galt dasselbe: dass er sich ungestört fühlen konnte, wenn es verschlossen war. Dazu musste Bugnyar zunächst ein Guckloch in seine Versuchsvolieren einbauen. Sie sind nicht durch Gitter voneinander getrennt wie die anderen Käfige, sondern durch eine hölzerne Wand. Darin sind zwei Fenster eingelassen, die mit einer Schiebevorrichtung blickdicht gemacht werden können. Stehen die Fenster offen, kann ein Rabe nach nebenan schauen. Im blickdicht gemachten Zustand nicht. Da können die Vögel einander nur hören, aber nicht mehr sehen. Nun bohrte Bugnyar in diese Schiebevorrichtung ein verschließbares Guckloch: Ließ er es offen, konnte ein Vogel trotz der Sichtabdeckung in den anderen Raum hinüberspähen. Es gab nun sozusagen ein Loch zum Spicken, eine Art Türspion.

Die Raben lernten schnell, was es damit auf sich hatte. In den Trainingseinheiten vor dem Experiment öffnete Bugnyar das Guckloch und ging in die benachbarte Voliere. Dort versteckte er Futter, einen Käsehappen oder Hundekekse. Der Rabe in der Versuchsvoliere konnte ihm nur durch die Öffnung dabei zuschauen. Dass er das auch tatsächlich getan hatte, erkannte Bugnyar daran, dass der Vogel den versteckten Happen sofort fand, als man ihn nach nebenan ließ. Auf eines jedoch musste der Forscher strikt achten: dass er das Guckloch jedes Mal wieder verschloss, bevor er den zuschauenden Raben in die Nachbarsvoliere hineinfliegen ließ.

Warum war das wichtig? »Weil Raben so ein gutes Gedächtnis

haben«, sagt Bugnyar. »Hätten sie die Gelegenheit gehabt, von drüben in die Versuchsvoliere zu schauen, dann hätten sie sich später beim Test daran erinnern können. Sie hätten sich ins Gedächtnis rufen können, was sie selbst gesehen hatten. Ich wollte aber herausfinden, ob sie sich vorstellen können, was ein anderer sieht.« Ohne dass sie diese Perspektive kannten. Und deshalb musste er sicherstellen, dass sie keinen Blick durchs Guckloch von der anderen Seite aus werfen konnten.

So war nun alles bereit für das Experiment: Es gab zwei Volieren. Eine, in der das Versuchstier saß mit seinem Futter. Die andere nebenan, in der das Playback abgespielt wurde. Dazwischen stand die hölzerne Wand mit den Fenstern. Sie wurden nun blickdicht gemacht, sodass nur noch das Guckloch offen stand. Ob sich ein Rabe beim Futterverbergen beobachtet fühlt, lässt sich leicht feststellen. Dann macht er viel weniger Verstecke und beeilt sich sehr dabei. Und er vermeidet es, die Tarnung noch einmal nachzubessern, indem er etwa noch mehr Erde darüber scharrt. Er lässt seine Beute weitgehend in Ruhe, damit der Zuschauer keinen Verdacht schöpft. Ist er aber allein, kann er sich lange und intensiv damit beschäftigen, sein Futterversteck noch perfekter zu machen. Dann geht er immer wieder hin und bessert aus, legt noch ein Stöckchen darauf. Nimmt es wieder weg. Trägt das Futter woanders hin, bis er zufrieden ist.

Der eigentliche Versuch lief von Mai bis Oktober 2013. Neun Raben waren daran beteiligt, alle zweijährig, bis auf Astrid, die damals schon fast vier war. Das Vortraining mit dem Guckloch hatten sie alle gemeistert – abgesehen von Rufus, der aufgrund seiner Furchtsamkeit direkt vor dem Start noch ausgeschlossen werden musste. Als das eigentliche Experiment anlief, fiel Bugnyar gleich zu Beginn fast vom Stuhl. Denn der erste Vogel namens George zeigte ein Verhalten, mit dem nun wirklich keiner gerechnet hatte.

Zunächst lief alles wie erhofft: George reagierte auf die vorgespielte Anwesenheit seines Gruppenmitglieds, als er das Playback hörte. Er zeigte klar, dass er sich durch die Öffnung im Holz beobachtet fühlte, trotz der verschlossenen Fenster. Dann aber wählte er für sein Versteck einen eigenartigen Platz: direkt unterhalb des Gucklochs. Er nutzte die Holzwand seines Käfigs als Sichtbarriere und versteckte sein Futter genau da, wo es der Nachbar, von welcher Position auch immer, auf gar keinen Fall sehen konnte: im toten Winkel der Öffnung. »Wow«, sagte Bugnyar. Das ging ja gut los.

So ging es allerdings nicht weiter. Nur noch ein anderer Vogel, das Rabenweibchen Louise, arbeitete mit dem toten Winkel als Versteck. Für eine statistische Relevanz war das insgesamt zu wenig, es taugte nur als Anekdote.

Doch alle Raben zeigten ausnahmslos in den jeweils vier Minuten dauernden Versuchen, dass sie sich beobachtet fühlten, wenn das Guckloch offen stand, und verhielten sich entsprechend. Sie versteckten ihr Futter rasch und ließen es danach in Ruhe. Zuverlässig zeigten sie das umgekehrte Verhalten, wenn das Guckloch verschlossen war. Dann ließ das drüben abgespielte Playback sie kalt. Sie widmeten sich ausgiebig ihren Verstecken, verschönerten und verlagerten sie, auch wenn nebenan gerufen, getockt und geschrien wurde. Das spielte für sie keine Rolle, denn das Guckloch war zu. Der andere konnte sie nicht sehen.

Der Versuch selbst trieb dem Forscher Schweißperlen auf die Stirn. Raben sind so gewitzt, dass sie rasch merken, wenn sie getäuscht werden. Hatte der Vogel sein Versteck vollendet, musste der echte Rabe sich zeigen. Also just der, dessen Stimme vom Band kam. »Da musste ich also innerhalb einer Minute den Vogel reinholen«, sagt Bugnyar. Und ihm die Tür zur Versuchsvoliere aufmachen. Damit das Tier, das eben noch sein Futter versteckt hatte, beim nächsten Durchlauf auch wusste: Die Sache hier ist echt. Der Kerl von nebenan wird gleich reinkommen und meine Beute suchen.

»Man kann sie nicht lang reinlegen«, sagt der Forscher. Des-

123

halb ließ er die Vögel nur je zwei Durchläufe machen. Ab da wurden sie stutzig. Schließlich verhielt sich der Futterkonkurrent, der nach Ablauf des Versuchs in die Voliere geflogen kam, nicht wie erwartet. Er suchte gar nicht richtig. Er blickte auf Bugnyar, weil er eine Belohnung fürs rasche Kommen erhoffte. Im Sand scharrte er auch nur kurz. Solche Feinheiten im Verhalten registrieren Raben sofort. Und so bestand die Gefahr, dass das Versuchstier allzu rasch dahinterkam, dass irgendetwas nicht stimmte.

Tricks zu durchschauen ist eine der Fähigkeiten, die Raben im Alltag ständig brauchen. Die Vögel stehen unter einem hohen sozialen Druck, der intelligentes Verhalten fördert. »Sie leben sehr lange«, sagt Bugnyar – 30 Jahre kann ein Rabe alt werden –, »und haben dauernd mit Artgenossen zu tun, die selbst verflucht schlau sind und sich immer wieder anders verhalten.« Um nicht zu verhungern in einer Welt voller Meisterdiebe, muss man einen Schritt weiterdenken als die anderen. Raben sind dazu imstande, wie Bugnyars Experiment gezeigt hat.

Die anschließende Kritik war ziemlich leise. Ein Einwand lautete: Die Arbeit habe nicht sicherstellen können, dass die getesteten Vögel auch wirklich so auf das Playback reagiert hatten, als wenn nebenan ein echter Rabe gesessen hätte. »Aber das war mir wurscht«, sagt Bugnyar. »Mir war wichtig, dass sie zeigten: Hoppala, da drüben ist wer.« Dass die Tiere also damit rechneten, unter Beobachtung zu stehen, und dies durch ihr Verhalten deutlich machten.

That's what friends are for

Der Alltag von Raben besteht zur einen Hälfte aus List und Tücke, weshalb der Forscher den Vögeln auch Fähigkeiten »im Stil von Macchiavelli« bescheinigt hat. Der italienische Machtpolitiker des 15. Jahrhunderts steht bis heute für ein strategisches Denken des Eigennutzes, dem jeder Winkelzug willkommen ist, und sei er auch noch so skrupellos.

Doch es gibt noch eine andere Hälfte, die praktisch das Gegenteil der ersten ist und in all ihrer Widersprüchlichkeit das Rabenleben erst komplett macht. Die Vögel wissen, was eine Freundschaft wert ist. Sie verbünden sich und bilden Allianzen mit weitreichender gegenseitiger Unterstützung. Wird ein Freund bedroht, sind sie zur Stelle. Sie trösten sich nach feindlichen Attacken, kraulen den Unterlegenen mit ihrem Schnabel, sie teilen sogar Futter mit den engsten Vertrauten – auch wenn es manchmal schwerfällt. Was bedeutet, dass ihre hohe soziale Intelligenz auf (mindestens) zwei Säulen ruht: einer trickreichen und einer kooperativen.

Raben gehen Freundschaften ein, die zunächst nichts mit Fortpflanzung zu tun haben. In Freiheit kommen zwar die Männchen-Weibchen-Paarungen am häufigsten vor, doch in den Volieren zeigen sich vielfach auch Geschwisterbeziehungen, Männerbünde oder Frauenfreundschaften. Die sich auch wieder wandeln können, sobald die Gruppen neu gemischt werden. Aktuell versucht Thomas Bugnyar, ein junges Geschwisterpärchen, das eine enge Beziehung eingegangen ist, für andere Partner zu interessieren. Aber das ist nicht einfach. Beide Vögel verteidigen einander, sobald ein drittes Tier sich nähern möchte.

Raben binden sich nicht an viele. In der Regel haben sie eine intensive Beziehung mit einem anderen Tier, manchmal kommen noch ein paar wenige Freunde dazu. Allerdings kennen und schätzen sie ihre Artgenossen aus den Jugend-Cliquen, mit denen sie ihre ersten Jahre verbracht haben. Bugnyars Studien haben gezeigt, dass sie sich noch mindestens drei Jahre später an ihre Bekannten von damals erinnern. Dass sie deren Rufe von fremden unterscheiden. »Sie antworten viel häufiger auf die Rufe ihrer Bekannten«, sagt Bugnyar, »während sie die Laute von Unbekannten fast ignorieren.« Aber die Unterschiede sind nicht nur quantitativer Natur. Der Forscher hat auch herausgefunden, dass sich die Betonung der Rufe ändert, je nach Grad der Nähe. Begrüßen Raben enge Freunde, modulieren sie ihre Laute deutlich anders, auch wenn die Rufe selbst identisch sind. Das ist wie bei uns: Wir sagen »Hallo« zu Bekannten und zu unseren Allernächsten, doch dieses Hallo klingt bei unseren Vertrauten vollkommen anders. Und so ist es auch bei Raben: »Hallooooo!!«, macht Thomas Bugnyar und breitet die Arme aus. So in etwa.

Neben dem Haidlhof fährt der Österreicher regelmäßig zum Konrad-Lorenz-Forschungszentrum in Grünau, dem Tal am Alpennordrand. Dort leben Raben im Freiland, die sich sommers wie winters bei den Wildtierfütterungen im nahe gelegenen Tierpark einfinden. Etwa 200 von ihnen sind markiert. Das bringt Bugnyar in die glückliche Lage, die Vögel sowohl in der Gefangenschaft als auch wild lebend erforschen zu können.

In einem seiner Projekte geht er derzeit der Frage nach, warum Raben so unterschiedlich große Einzugsgebiete haben. Manche Tiere durchstreifen einen Bereich vom oberösterreichischen Grünau bis nach Norditalien oder nach Slowenien und wieder zurück. Andere bewegen sich kaum aus Grünau heraus, kennen allenfalls noch die Nachbargemeinde.

Dabei sind alle diese Vögel Nichtbrüter. Es liegt also nicht daran, dass sie nisten und sich aus diesem Grund auf ein kleines Revier beschränken würden. Eine Sache hat Bugnyar schon entdeckt: Raben streifen nicht willkürlich umher, egal, wie weit sie ziehen. Sie haben klare Vorlieben für ganz bestimmte Orte. Die lokal Lebenden haben sich eben für diesen einen Ort entschieden und fliegen andere nicht an. Aber auch die Nomaden, die über die Alpen ziehen, nutzen den weiten Raum nicht gleichmäßig, sondern halten sich gezielt an ihren bevorzugten Stationen auf.

An den frei lebenden Vögeln untersucht Thomas Bugnyar auch das, was er »Rabenpolitik« nennt, seinen derzeitigen Forschungsschwerpunkt. Seine jüngste Studie, vorgestellt auf dem »Behaviour«-Kongress im August 2017, dreht sich um die Hilferufe, die Raben ausstoßen, wenn sie attackiert werden. Und um die Frage: Werden diese Rufe davon beeinflusst, wer bei der Attacke dabei ist? Spielt die Anwesenheit bestimmter Artgenossen eine Rolle? Die Antwort ist Ja.

Aggressionen unter Raben kommen häufig vor, dabei machen die Kämpfe um Futter erstaunlicherweise nur etwa 20 Prozent aller Attacken aus. Weit häufiger streiten sich die Tiere um ihre Position und darum, wer sich mit wem zusammentut. Der Rang von Raben wird stark von ihren sozialen Beziehungen beeinflusst. Kommen sich zwei näher, gefällt das manchmal einem Dritten nicht. Mächtige Tiere haben gut eingespielte Seilschaften, können sich auf »ihre Leute« verlassen. Und offenbar haben sie ein scharfes Auge darauf, wer sich mit wem verbündet. Damit neue Allianzen nicht eines Tages die eigene Position bedrohen. Da wird gezielt interveniert, um allzu enge Verbindungen schon im Keim zu ersticken.

Gerät nun ein Tier in den Fokus eines Stärkeren und wird angegriffen, ruft es um Hilfe. Und zwar umso vehementer, je eher seine Freunde oder Verwandten unter den Zuschauern der Attacke sind. Sind jedoch Vertraute des Angreifers anwesend, setzt das Opfer nur noch wenige Hilferufe ab. Offenbar will es vermeiden, dass der Aggressor auch noch Beistand von seinesgleichen bekommt. Raben stimmen ihr Verhalten also darauf ab, in wessen Nähe sie sich aufhalten. Und wer noch keine Allianzen gebildet hat, zettelt deutlich weniger Streit an, egal, wie groß oder stark er selbst sein mag.

Ein Rabe verlässt sich im Konfliktfall offenbar mehr auf seine sozialen Bindungen als auf die eigene körperliche Fitness. Was dazu führt, dass die Tiere viel in ihre Partnerschaften investieren. Sie sitzen eng beieinander, betreiben gegenseitige Gefiederpflege, und manchmal teilen sie sogar ihr Futter. Und sie werten sich gegenseitig auf. Ein Rabe allein hat weniger zu melden als einer, der einen Gefährten an seiner Seite weiß.

Bugnyars Team hat die Freundschaftsanbahnungen unter den frei lebenden Raben zwei Jahre lang beobachtet, an insgesamt

392 Tagen. Und dabei festgestellt, dass die Vögel entweder ungebunden sind oder sich eng zusammenschließen. Nur selten gibt es Zweier-Teams, die einen losen Umgang pflegen. Allerdings durchmischen sich die Paarungen häufig. Während des Beobachtungszeitraums wechselten die Allianzen im Durchschnitt zwei- bis dreimal. Wobei sich hauptsächlich Männchen mit Weibchen zusammentaten und nur etwa acht Prozent der Vögel gleichgeschlechtliche Bindungen eingingen. Was den Zoologen nun vermuten lässt, dass Raben sich offenbar gegenseitig testen, bevor sie sich auf eine lebenslange Partnerschaft einlassen, nach dem Motto: Drum prüfe, wer sich ewig bindet. Doch selbst wenn man sich irgendwann wieder trennt: Bis dahin war die Allianz zu beiderseitigem Nutzen, im Rabenleben ist man zu zweit stets erfolgreicher als allein.

Macchiavelli braucht Freunde.

Intelligenzbestien – die anderen fliegenden Affen

Noch einmal zum Kongress der Verhaltensforscher in Estoril. Nicola Clayton, die zweite Grande Dame der Vogelwelt neben Irene Pepperberg, hat soeben dem Auditorium im großen Saal vorgeführt, wie ihre Buschhäher sich die Zukunft vorstellen. Wie sie nach drei Tagen ohne Frühstück ihren ungastlichen Fastenraum gegen erneute Hungerperioden absichern – mit einem respektablen Futtervorrat. Doch bevor die Britin die Bühne verlässt, zeigt sie, dass ihre Vögel auch noch etwas von Physik verstehen. Sie tut es wortlos, denn das Video, das sie abspielt, spricht für sich: Wir sehen einen Eichelhäher. Er sitzt vor einem hohen schlanken Plexiglas-Zylinder, der zu etwa einem Drittel mit Wasser gefüllt ist. Darin schwimmen ein paar Mehlwürmer. Unerreichbar für den Vogel, der immer wieder in den Zylinder hineinlinst. Doch zwischen seinem Schnabel und den fleischigen Happen ist mehr als eine Handbreit leerer Raum. Unüberbrückbar. Was tun?

Eine Pottwal-Familie besteht aus vier bis zwölf Tieren

»Spy-Hopping«: Orcas orten ihre Jagdbeute über Wasser

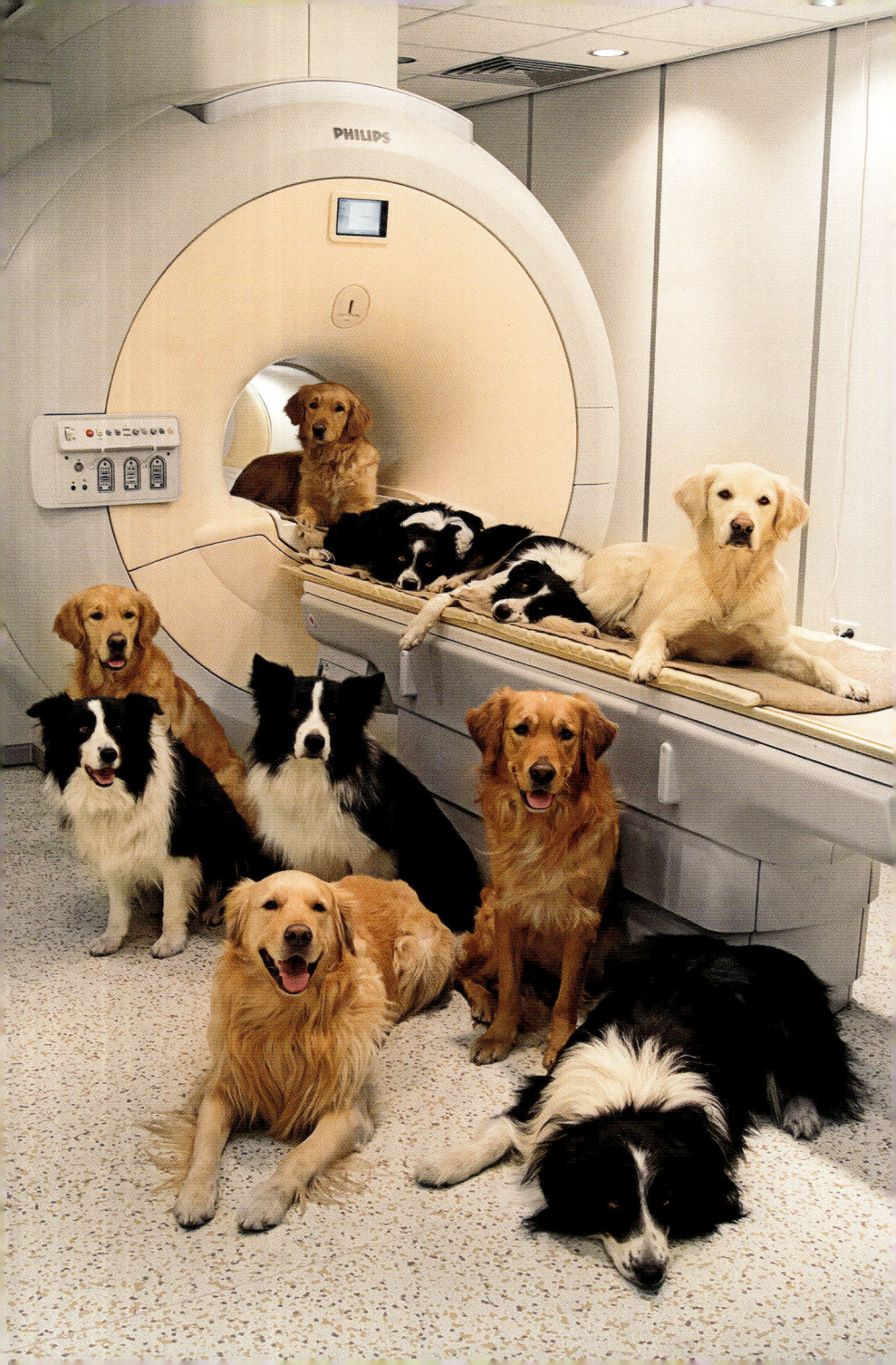

Oben: Tauben sind Meister in der Unterscheidung von Bildern

Links· Bereit zum Hirn-Scan – die Testhunde aus dem Family
Dog Lab

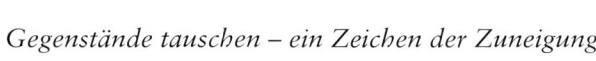

Raben gehen überaus enge Partnerschaften ein

Gegenstände tauschen – ein Zeichen der Zuneigung

Biene mit einem Transponder auf dem Rücken

Griffin, der Nachfolger von Alex im Pepperberg-Labor

Oben: 500 Millionen Nervenzellen finden sich in Gehirn und Armen eines Kraken

Rechts: So sieht der Jump-Yip eines Präriehundes aus

*Akeebu, ein Westlicher Flachlandgorilla
im Leipziger Zoo, geboren 1999*

Wenn man ein Eichelhäher ist und plötzlich ein paar Kieselsteine neben dem Zylinder vorfindet, ist die Antwort nicht mehr allzu schwer. Denn alles, was schwimmt, treibt nach oben, sofern sich der Wasserspiegel hebt. Und dieses Gesetz aus der Physik hat der Vogel mit den blauen Flanken offenbar durchschaut. Er nimmt einen der Kieselsteine in den Schnabel und lässt ihn in den Plexiglas-Zylinder plumpsen. Dann noch einen und noch einen. Allmählich steigt der Wasserspiegel und mit ihm die Beute. Man kann zusehen, wie sich der Abstand zwischen Vogel und Wurm verringert. Als alle Steine ins Wasser gefallen sind, fischt sich der Häher die Würmer aus dem Glas.

Das Licht im Saal geht an, Beifall brandet auf. Nicola Clayton lächelt verschmitzt ins Publikum. Und ich sehe meine Notizen durch: Keas, die einen Sinn für Mechanik haben, Raben, die sich in Artgenossen hineindenken können, Eichelhäher mit einem Verständnis für physikalische Gesetze: Was kommt da noch?

Neukaledonienkrähen – das ist eine Corviden-Art, die auf pazifischen Inseln vorkommt – haben vielfach gezeigt, dass sie Werkzeuge herstellen können. In freier Natur bauen sie sich eine Art Waffe: Sie spitzen die Blätter der Schraubenpflanze so zu, dass sie damit in Baumlöchern nach Larven angeln können. Aber sie wissen auch mit Material etwas anzufangen, das sie noch niemals gesehen haben. Vor rund 15 Jahren überraschte das Krähenweibchen Betty die Fachwelt. Sie formte während eines Experiments einen geraden Draht zu einem Haken, indem sie ihren Fuß auf das lange Ende stellte und mit dem Schnabel das kurze Ende umbog. Mit diesem selbst gebastelten Instrument angelte sie in einer Röhre erfolgreich nach einem Eimerchen, das Fleischstücke enthielt.

Doch die Vögel beherrschen auch etwas, das man *metatool use* nennt: die Fähigkeit, Werkzeuge sinnvoll zu kombinieren. 2007 hatten neuseeländische Forscher sieben Neukaledonienkrähen vor die Aufgabe gestellt, ein Stück Fleisch aus einem transparenten Behälter herauszuholen, der wie ein Schuhkarton auf dem

Boden stand. Er war so lang und schmal, dass die Vögel nur den Schnabel, nicht aber den Kopf von der Seite hineinstecken konnten. Das Fleisch lag weit hinten an der Rückwand des Behälters, außerhalb ihrer Reichweite. Die Forscher hatten den Krähen drei Werkzeuge zur Verfügung gestellt: einen Stock, der lang genug war, um an das Fleisch heranzukommen. Den hätten die Tiere als Angel oder Hebel einsetzen können, wenn, ja wenn er nicht in einer Kiste hinter Gitterstäben gelegen hätte. Und es gab keine Chance, ihn mit dem Schnabel zu erreichen. Ein zweites Werkzeug, ein Stein, war hingegen ohne jeglichen Nutzen. Beim dritten Werkzeug handelte es sich wiederum um einen Stock. Der lag in unmittelbarer Nähe. Doch leider war er viel zu kurz, um sich damit das Fleischstück zu holen.

Alle sieben Krähen lösten die Aufgabe. Drei davon schafften es sogar auf Anhieb. Sie probierten nicht lang hin und her, sie lernten nicht durch Versuch und Irrtum. Icarus, Luigi und Gypsy, wie die drei Masterminds hießen, blickten sich die Sache einen Moment lang an und zogen dann jeweils den richtigen Schluss: Sie nahmen den kurzen Stock in den Schnabel, angelten damit den langen aus der Kiste, hopsten ohne Umschweife zum transparenten Behälter und bugsierten mit ihrem Werkzeug das Fleischstück langsam, aber akkurat zu sich heran. Dann mit dem Schnabel einmal zugeschnappt, und das war's. Den nutzlosen Stein beachtete kein Vogel, noch nicht mal für eine Sekunde.

Offenbar wissen manche Krähen aber auch, wann sie etwas nicht wissen. 2012, in einer Studie der Japaner Kazuhiro Goto und Shigeru Watanabe, verhielten sich drei Dickschnabelkrähen so wie mancher Kandidat in einer Fernsehspiel-Show. Sie drückten den Exit-Knopf. Das hieß, sie schätzten ihre Chancen, eine Aufgabe zu lösen, als zu gering ein und wählten den Ausstieg, um wenigstens noch eine kleine Belohnung zu erhalten. So wie der Gameshow-Kandidat lieber mit dem Erreichten nach Hause geht und nicht auf den Jackpot setzt, weil er ahnt, dass er der nächsten Stufe nicht gewachsen ist.

Die drei Vögel wurden einem Gedächtnis-Test ausgesetzt und bekamen bei jeder Aufgabe zu den Antwortmöglichkeiten, die sie anklicken sollten, noch einen Weiß-nicht-Knopf dazu. Das war die Ausstiegs-Option. Kannten sie die richtige Antwort, bekamen sie ihre Belohnung. Entschieden sie sich falsch, gab es nichts. Der Exit-Knopf war die Notlösung, mit dem eine nicht besonders attraktive Belohnung verbunden war. Aber das war halt besser als gar nichts, und das dachten sich offenbar auch die Dickschnabelkrähen. Bevor sie riskierten, leer auszugehen, drückten sie den Weiß-nicht-Knopf, damit wenigstens der Trostpreis abfiel. Diese Fähigkeit, das eigene Wissen oder Nichtwissen einzuschätzen, nennt sich *metamemory*. Und das ist etwas, das sonst nur noch Primaten zeigen. Abgesehen von drei Dickschnabelkrähen in einem japanischen Labor.

Es ist nicht einfach, sich auf wenige Beispiele zu beschränken, sobald es um die kognitiven Leistungen von Rabenvögeln geht. Diese Tierfamilie ist groß, ihr gehören jede Menge cleverer Mitglieder an, die im Fokus der Forschung stehen. Was bedeutet: Derzeit gibt es zahlreiche aufregende Studien. Spannend wird es vor allem dann, wenn Corviden etwas zeigen, das bislang bei Vögeln noch nicht wissenschaftlich nachgewiesen werden konnte. Oder wenn man ein Verhalten beobachtet, das eigentlich nur Menschen zugeschrieben wird. Im Idealfall kommt beides zusammen. Wie bei den Blauelstern der Wiener Zoologin Lisa Horn aus dem Team um Thomas Bugnyar.

Im Herbst 2016 publizierte die Wissenschaftlerin eine Studie, die ein neues Licht auf das Verhalten von Rabenvögeln warf. Jenseits aller Allianzen, Verbrüderungen und Gegnerschaften gibt es mit den Blauelstern mindestens eine Corviden-Art, die tatsächlich uneigennützig zu handeln vermag. Dabei war die Selbstlosigkeit lange Zeit eine der Bastionen, die den hochsozialen Menschen vom Tierreich vermeintlich trennte. Handeln gegen die eigenen Interessen, damit ein anderer profitiert, und zwar jenseits von angeborenem Verhalten – wie etwa bei Spinnen, die sich von ihrem Nachwuchs fressen lassen –, so etwas war nur Menschen zuzutrauen.

Doch genau wie bei den kognitiven Leistungen von Vögeln, die irgendwann nicht mehr kleingeredet werden konnten, gab es im Lauf der Zeit zu viele Studien oder Berichte, in denen Altruismus von Tieren eine Rolle spielte. Da kamen Delfine Menschen zu Hilfe, Bonobos schanzten fremden Affen Futter zu, und Ratten befreiten ihre Artgenossen, auch wenn sie dafür auf eine Belohnung verzichten mussten. Im Januar 2017 erschien im Fachblatt *Marine Mammal Science* die Arbeit des Meeresökologen Robert Pitman und seines Teams. Die Forscher hatten mögliche Akte von Selbstlosigkeit bei Buckelwalen untersucht. Und zwar solche, die anderen Arten zugutekamen, nicht ihrer eigenen. So hatten zwei Buckelwale in den Gewässern der Westantarktis einer Weddell-Robbe das Leben gerettet. Sie war von einer Gruppe Orcas attackiert und dabei von ihrer Eisscholle gespült worden. Als sich die beiden Buckelwale der Szenerie näherten, schwamm die Robbe auf sie zu. Kaum war das Tier bei den Meeressäugern angelangt, rollte sich einer der Wale auf den Rücken und schleuderte sich die Robbe mithilfe seiner Flosse auf den Bauch. Dort lag sie in Sicherheit. Was die Forscher konstatieren ließ, dass es sich hierbei wohl tatsächlich um einen altruistischen Akt handeln musste.

Doch bei Vögeln hatte es bislang noch keinen Nachweis von Uneigennützigkeit gegeben. Lisa Horn änderte das. In ihrem Versuchsaufbau sollten Blauelstern entscheiden, ob sie selbst an Futter gelangen wollten oder ob sie darauf verzichteten, zugunsten ihrer Artgenossen. Dazu sollten sie eine Sitzstange anfliegen, die einen Wipp-Mechanismus auslöste. Setzte sich eine der neun Blauelstern auf die Stange, klappte eine Futterraufe für die anderen Vögel auf. Sie selbst hatte nichts davon. Wollte sie ebenfalls fressen, musste sie die Stange verlassen, wodurch die Raufe zuklappte und ihre Artgenossen wieder leer ausgingen. Die Elstern, die alle Namen aus der Filmreihe *Star Wars* trugen wie

Obi-Wan, Padme oder Yoda, versorgten die anderen Vögel fast durchweg mit Futter, zu fast hundert Prozent und gegen ihre eigenen Interessen. Dass die Sternenkrieger wussten, was sie da taten, zeigte sich in den Kontrollrunden, in denen die Futterraufen verschlossen blieben, auch wenn sich eine Elster auf die Stange setzte. Fünf der Tiere flogen daraufhin die Sitzstange deutlich seltener an. »Dies ist proaktives, prosoziales Verhalten«, lautet das nüchterne Fazit der Studie. Weniger nüchtern ausgedrückt, ist nun auch die Selbstlosigkeit nicht mehr exklusiv dem Menschen vorbehalten.

Die Königsdisziplin: der Spiegeltest

Hat ein Tier ein Ich?

Diese Frage ist schlicht nicht zu beantworten. Wir können zwar zum Mond fliegen, Gen-Scheren in den menschlichen Körper einschleusen und Herztransplantationen durchführen, aber vor einer Antwort auf diese Frage müssen wir kapitulieren. Weil wir noch nicht einmal bei unserer eigenen Spezies genau sagen können, wovon wir da eigentlich sprechen, wenn wir »Ich« sagen. Es gibt nicht wenige Psychologen und Hirnforscher, die der Ansicht sind: Das Ich ist nur eine Täuschung. Etwa der britische Psychologe Bruce Hood, der das Buch *The Self Illusion* (»Die Illusion des Selbst«) schrieb, weil er der Meinung ist, dass unser Ich nichts anderes ist als eine Konstruktion des Gehirns. Eine Erzählung, die uns unsere Handlungen plausibel macht. Oder der amerikanische Hirnforscher Michael Gazzaniga, der nicht an den freien Willen des Menschen glaubt, sondern an neurologische Prozesse im Gehirn, die eine Handlung schon eingeleitet haben, bevor sie das Bewusstsein überhaupt registriert. Also können wir die Frage, ob ein Tier ein Ich hat, gleich wieder beiseitelegen. Nicht aber die Frage, was passiert, wenn ein Tier sich im Spiegel betrachtet. Sieht es da einen fremden Artgenossen? Oder nimmt es sich selbst wahr?

Im Jahr 1970 entwarf der amerikanische Biopsychologe Gordon G. Gallup den sogenannten Spiegel- oder Mark-Test, der prüfen sollte, ob Tiere sich im Spiegel erkennen können. Wenn sie das konnten, wurde ihnen die Fähigkeit zur Selbstwahrnehmung zugestanden. Wenn nicht, dann nicht. Und das macht die Sache heikel. Nicht zuletzt, weil der Test eine scharfe Grenze zieht: in die Arten jenseits davon, die es geschafft haben. Und in die anderen, die diesseits bleiben müssen. Wo es doch so scharfe Trennlinien gar nicht gibt, wie die Evolution ein ums andere Mal hinlänglich bewiesen hat.

Der Bochumer Biopsychologe Onur Güntürkün gehört zu den ganz wenigen Forschern, die nachgewiesen haben, dass auch ein Vogel den Spiegeltest bestehen kann. Er hat das nicht mit seinen Tauben geschafft, sondern mit zwei Elstern. Doch trotz des Erfolgs betrachtet Güntürkün den Test mit Sorge, weil ihm so viel Wichtigkeit verliehen wird. Dabei ist gar nicht recht klar, was er da eigentlich misst.

Was geschieht im Test? Den Tieren wird eine Farbmarkierung verpasst, meist auf dem Kopf oder an der Brust, ohne dass sie dabei zusehen können. Dann setzt man sie vor einen Spiegel und beobachtet ihre Reaktionen. Inzwischen gibt es eine Reihe von Tieren, die den Spiegel-Test »bestanden« haben. Bestanden meint: Sie haben so reagiert, wie Menschen sich vorstellen, dass jemand reagiert, der über Selbstwahrnehmung verfügt. Da sagt ein Blick in den Spiegel dem Tier erstens: »Hallo, das bin ja ich.« Und zweitens: »Ich hab da was auf der Brust, das da nicht hingehört.« Und dann versucht das Tier, den Fleck zu entfernen. Und zwar an sich selbst, nicht am Spiegelbild.

Einige Tiere haben sich tatsächlich so verhalten, Menschenaffen vor allem: Bonobos, Orang-Utans und Schimpansen. Aber auch Orcas und Delfine sowie ein einzelner Asiatischer Elefant. Und zwei Elstern in Bochum namens Gerti und Goldie. Schließlich ein weiterer Vogel, ein Kiefernhäher.

Aber nicht das Genie, der Graupapagei Alex. Und auch kein

Gorilla. Von zwei Manta-Rochen in Florida heißt es derzeit, sie seien nah dran. Laut der Beobachtungsstudie der Amerikanerin Csilla Ari von der Universität South Florida interessieren sich die Fische für ihr Spiegelbild. Sie betrachten ihre Unterseiten, bewegen ihre Flossen, wobei sie offenbar das, was sie da im Spiegel sehen, nicht mit einem Artgenossen verwechseln. Zumindest gibt es keine Anzeichen einer versuchten Interaktion. Doch ob sie sich tatsächlich selbst erkennen? Das kann Aris Beobachtung nicht beantworten. Vor allem nicht, da die Mantas mit keinerlei Farbmarkierungen versehen worden waren. Die Fische wurden lediglich mit einem Spiegel konfrontiert, vor dem sie dann ein verändertes Verhalten zeigten. Die anderen Individuen diverser Spezies, die »durchgefallen« sind, haben entweder versucht, mit dem Spiegelbild Kontakt aufzunehmen, oder sie ignorierten es. Manche blickten auch hinter den Spiegel, um nachzusehen, wer sich da verbarg. Aber sie reagierten nicht auf den Fleck, den sie an sich trugen.

Allerdings bereitet der Test nicht nur Onur Güntürkün Kopfzerbrechen. Viele Forscher kritisieren ihn, weil er zum einen nicht unterscheidet zwischen Fähigkeit und Motivation – vielleicht interessiert sich ein Tier überhaupt nicht für sein Abbild, kann sich aber durchaus selbst wahrnehmen. Und zum anderen fällt dabei unter den Tisch, dass viele Tiere nicht so stark visuell geprägt sind wie wir. Dass ihr Hauptsinn ein anderer ist. Hunde finden vielleicht ihren Anblick nicht spannend, dafür umso mehr ihren Geruch.

Dem ist die amerikanische Hundeforscherin Alexandra Horowitz 2017 mit einem eigens entworfenen Test nachgegangen, einer olfaktorischen Nachahmung des Spiegeltests. Sie bot 36 Hunden drei verschiedene Urin-Geruchsproben an: vom eigenen Urin, von dem anderer Hunde und wieder vom eigenen Urin, der allerdings durchmischt war mit einem zusätzlichen Aroma. Er war also künstlich verfremdet. Dann ließ sie die Hunde an den Proben riechen. Horowitz stellte fest: Es gab deutliche Unterschiede im Schnüffelverhalten. Für den eigenen Urin interessierten sich die Hunde nicht so sehr. Für den anderer Hunde schon eher. Am längsten jedoch verharrten sie bei der Geruchsprobe, die von ihnen selbst stammte, aber mit einem fremden Duftstoff durchsetzt war, als grübelten sie, warum ihr eigener Duft plötzlich so anders roch. Doch das ist bereits weit im Bereich der Spekulation.

Der Erfinder des Spiegeltests, Gordon G. Gallup, kritisiert genau das: zu viel Raum für Spekulationen. Er ist sich sicher, dass ein Hund auf die gleiche Weise reagieren würde, wenn man den Geruch seines Halters verfremdete. Was hieße: Der Hund registriert zwar die Veränderung eines Geruchs, den er gut kennt, aber er muss ihn nicht zwingend auf sich selbst beziehen.

Da war die Sache mit Goldie und Gerti schon klarer. Die Studienleiter Helmut Prior aus Frankfurt sowie Ariane Schwarz und Onur Güntürkün aus Bochum markierten fünf Elstern mit selbstklebenden Punkten an der Kehle. Dafür verwendeten sie rote und gelbe Markierungen, die aus dem Gefieder herausleuchteten, aber auch schwarze, die auf den gleichfarbigen Halsfedern nicht mehr auszumachen waren. Die Vögel konnten sie höchstens noch fühlen. Zunächst setzten die Forscher die noch unmarkierten Tiere vor einen Spiegel und testeten, wie sie mit der reflektierenden Scheibe umgingen. Zwei der fünf Elstern verhielten sich, als sähen sie einen fremden Artgenossen. Sie sprangen auf ihr Spiegelbild zu und zeigten sich in aggressiver Stimmung. Gerti und Goldie benahmen sich anfangs genauso, aber im Gegensatz zu den anderen ebbte dieses Verhalten rasch wieder ab. Als sie ihre bunten Markierungen trugen und vor den Spiegel gesetzt wurden, begannen sie, ihr Gefieder mit dem Schnabel zu bearbeiten, während sie auf ihr Spiegelbild blickten. Sie versuchten es auch mit dem Fuß, kratzten sich an der Kehle, ganz so, als störe sie die Markierung – die sie ohne den Spiegel in keiner Weise beachteten. Auf den schwarzen Punkt im Gefieder reagierten sie nur sehr selten. Daher vermuten die Forscher, dass die Elstern die

136

schwarze Markierung doch zumindest schwach gesehen haben müssen. Ohne Spiegel wurden die Klebepunkte nicht angerührt, egal, ob schwarz oder bunt.

Gerti und Goldie bestanden den Test des Gordon G. Gallup, eine weitere Elster ließ Anzeichen von Selbstwahrnehmung aufblitzen, zwei andere fielen durch. Das deckt sich im Übrigen mit den Ergebnissen aus dem Spiegeltest mit Menschenaffen, die ebenfalls reihenweise den Test nicht »bestehen« – immer mit dem Wissen im Hinterkopf, das manche ihn vielleicht auch nicht bestehen wollen, weil sie schlicht keine Lust auf solche Experimente haben. Weshalb der Primatenforscher Frans de Waal von der Emory University in Atlanta, Georgia, auch zu dem Schluss kommt: Der Spiegeltest wird überschätzt. Zumindest wenn man ihn als alleinige Informationsquelle heranzieht. »Ich glaube«, sagt er, »dass alle Tiere unterschiedliche Grade von Selbstwahrnehmung besitzen. Sie sind darauf angewiesen.« Aber offenbar ist der Spiegeltest ein unzureichendes Instrument und nicht imstande, allen Arten gleichermaßen gerecht zu werden.

Doch eines zeigt sich auch hier, wie in vielen anderen Experimenten: Es gibt innerhalb der Arten einzelne Individuen, die schlauer sind als die anderen. Sie haben einfach noch ein bisschen mehr drauf. Wie etwa George und Louise, die beiden Raben, die den toten Winkel ihres Käfigs als Versteck nutzten, oder Chaser, die Hündin, die über einen Wortschatz von mehr als 1000 Begriffen verfügt.

Oder Alex, der Superstar.

Papageien – die gefiederten Affen, Teil zwei

Wie die Tauben haben Papageien eine lange Tradition als Haustiere. Schon die alten Ägypter schätzten ihre Gesellschaft. Doch anders als Tauben sind Papageien hochgradig anspruchsvoll, kein Wunder bei bis zu drei Milliarden Neuronen im Gehirn.

Wer wissen will, wozu sie imstande sind, besucht sie am besten gleich in Harvard.

»Wuuuuul.« Es ist ein kleines dünnes Stimmchen, das da antwortet. Es klingt seltsam fremd. Die Kehle, aus der es hervordringt, ist nicht für die menschliche Sprache geschaffen. Trotzdem ist das Wort klar zu verstehen, das artikuliert wird. Auch wenn das »u« in »wool« sehr lang gezogen klingt. Wool wie Wolle.

Das dünne Stimmchen gehört einem Graupapagei namens Griffin. Er sitzt auf der Hand von Irene Maxine Pepperberg. Die 68-jährige Zoologin an der Universität Harvard trainiert gerade ihren Graupapagei und will von ihm wissen: »Welches Material ist das?« Sie hält einen kleinen grünen Wollpuschel hoch, der aussieht wie einer dieser Cheerleader-Pompons, nur in Barbiepuppen-Größe.

Pepperberg ist eine Pionierin in der Intelligenzforschung bei Vögeln. Seit den Siebzigerjahren betreibt sie ihr Forschungsprojekt mit der Bezeichnung »Avian Learning Experiment«, abgekürzt »Alex«. Mit diesem Projekt und mit dem Graupapagei gleichen Namens hat Pepperberg Wissenschaftsgeschichte geschrieben. Mehr als drei Jahrzehnte lang zeigte der legendäre Vogel, zu welchen kognitiven Leistungen Papageien in der Lage sind. Am 6. September 2007 starb Alex im Alter von 31 Jahren, doch die Studien gehen unvermindert weiter. Nun mit dem 21-jährigen Griffin und der jungen Athena, einem Papageienweibchen von vier Jahren.

Es ist Anfang April 2017, ein kalter Tag in Boston. Irene Pepperberg hat ihr Büro und ihr Labor im sogenannten Elfenbeinturm von Harvard, einem vielstöckigen weißen Gebäude. Vor wenigen Minuten sind sie und ich ins Kellergeschoss hinabgestiegen, wo sich ihr Labor befindet. Es ist ein kleiner Raum, an dessen rückwärtiger Wand zwei riesige Käfige nebeneinanderstehen. Die Gittertüren sind weit geöffnet. Auf einer sitzt Athena, ein großes, schlankes und hoch aufgerichtetes Graupapageienweibchen. Der andere Papagei, Griffin, hockt auf einem Tisch vor einer Studentin. Die junge Frau ist an diesem Tag für die Pflege der Vögel eingeteilt. Mit einem Teelöffel streicht sie Griffin über Brustfedern, Hals und Flanken. Gefiederpflege ist ein wesentlicher Bestandteil im Sozialverhalten von Papageien, und das Streicheln mit einem Löffel soll ein ähnliches Wohlgefühl erzeugen wie der Schnabel eines Artgenossen.

Die Luftfeuchtigkeit im Raum ist hoch, ein Befeuchter stößt unablässig Dampf aus. Als wir das Labor betreten, müssen wir die Schuhe ausziehen und unsere Hände desinfizieren. Danach geht Pepperberg zu den beiden Vögeln, lässt Griffin auf ihre Hand steigen und reicht mir Athena. Nun sitzt das Papageienweibchen auf meinem linken Handrücken. Sie blickt mir mit dem rechten Auge ins Gesicht und hält den Kopf schief. Ich sehe in ihre weißgraue Iris und kann den Ausdruck darin nicht deuten. Spüre ihr Gewicht und ihre Krallen auf meinem Handrücken. Athena kommt mir reichlich schwer vor mit ihren vielleicht 400 Gramm. Ihre kurzen Schwanzfedern sind von einem leuchtenden Hellrot und bilden einen geradezu eleganten Kontrast zu den grauen Schwingen. Sie ist etwas kleiner als eine Ringeltaube, schlanker und stromlinienförmiger. Ich streichle sacht mit dem Finger ihr perlgraues Brustgefieder. Das Papageienweibchen sperrt den Schnabel auf und zeigt mir seine schwarze Zunge. Der Kehle entfährt ein knackender Laut. Ich verstehe kein Wort von dieser Körpersprache. Nur dass Athena die Kopffedern leicht aufstellt, wirkt ein bisschen alarmierend. Doch dann scheint sie sich auf meiner Hand zu entspannen. Sie streckt ein Bein vor, spreizt einen Flügel ab, schüttelt sich. Beginnt, sich zu putzen. Zieht die Federn ihrer Schwinge einzeln nacheinander durch den Schnabel. Das Papageienweibchen steht noch am Anfang seiner Ausbildung. Im Gegensatz zu Griffin ist es bislang noch nicht in den Genuss eines Einzeltrainings gekommen, weil es nur diesen einen Raum gibt und man mit den Vögeln nicht getrennt arbeiten kann. Allerdings kümmere sich jetzt ein Student intensiv um

Athena, sagt Pepperberg, sodass sie vermutlich bald schnellere Fortschritte machen wird als bisher.

Neben mir sitzt die Forscherin und balanciert Griffin auf ihrer Hand. Nach der Frage »Welches Material?«, die der Vogel richtig beantwortet hat – »wuuuuul« –, wird er gelobt und gekrault: »Guter Junge.«

Doch irgendetwas ist nicht so, wie es sein soll. Der Graupapagei ist unkonzentriert. »Er ist heute nicht gut drauf«, sagt Pepperberg. Schon am Vormittag habe er keine Lust auf Training gehabt. Ich kann sehen, dass Griffin nur zögernd auf die nächsten Fragen antwortet, die die Zoologin ihm stellt.

»Welche Farbe?«

Keine Antwort.

»Welche Farbe, Griffin?«, sagt Pepperberg noch einmal.

Der graue Vogel trippelt von einem Bein aufs andere, krallt sich in den Rücken der menschlichen Hand. »Griieen«, sagt er schließlich krächzend. Green wie grün. Auch das stimmt. Als Nächstes zeigt ihm seine Trainerin einen Zahnstocher und fragt, woraus er gemacht ist. Griffin schweigt wieder. Dann, nach einer Pause und abermaligem Nachfragen, öffnet sich schließlich der anthrazitgraue Schnabel. Wir hören: »Wuuud.« Erstaunlicherweise, trotz der so fremden Betonung durch eine Vogelstimme, ist der Unterschied zwischen »wood« für Holz und »wool« genau zu verstehen.

»Wir müssen aufhören«, sagt Pepperberg. »Er mag einfach nicht.« Zum Abschluss hält sie ihm einen orangefarbenen Plastikbecher vors Gesicht. »Welche Farbe?«, fragt sie. Der Papagei antwortet diesmal ohne zu zögern: »Wuuuuuul.«

»Nein, Griffin«, sagt sie. »Welche Farbe?«

Der Vogel bleibt jetzt stumm. Seine Trainerin hakt noch einmal nach: »Farbe, Griffin?«

Wie ein Kind, das seine Hausaufgaben sturzöde findet, antwortet der Papagei, lang gezogen und kläglich: »Oooreeeinsch!«

Wäre Alex noch am Leben, würde er jetzt vermutlich Anweisungen aus dem Hintergrund geben, wie er das früher so oft getan hat. Um den anderen Papagei zu triezen, den er zeit seines Lebens dominierte. Zum Beispiel mit »Sag es besser« bei Griffins Fehler. Oder er hätte ihm »You're wrong!« um die Ohren gehauen, »falsch gemacht!«. Manchmal hätte er sich auch gleich ins Training eingemischt. Wollte Pepperberg von Griffin wissen: welche Farbe?, konnte es sein, dass Alex aus seinem Käfig krächzte: »Nein, sag mir: Welche Form?« (»No, you tell me what shape.«)

»Good birdie«, sagt Pepperberg nun zu Griffin, »gut gemacht«, und streichelt ihm mit dem Finger das Gefieder am Hals. Die beiden schmusen ein bisschen, Nase an Schnabel. Dann reicht sie den Vogel zurück an die Studentin. Er futtert ein paar Nüsse vom Tisch und lässt sich wieder mit dem Teelöffel streicheln.

Die Bedeutung der Dinge

Was der Graupapagei da eben gezeigt hat, ob unwillig oder nicht, ist das Kerntraining, auf dem Pepperbergs »Alex«-Projekt seit nunmehr vier Jahrzehnten basiert. Ihre Vögel lernen das Erkennen und Benennen von Objekten mithilfe unserer Sprache. Pepperberg nennt diesen Vorgang »Labeln«: Ein Ding und sein Name verschmelzen im Papageienhirn zu einer Einheit. Es werden also nicht nur Worte erlernt, sondern auch, was sie bedeuten. Beim Training benutzt die Zoologin eine Methode, die sich Model/Rival-Technik nennt und bei der statt eines Trainers zwei zum Einsatz kommen. Das Tier selbst ist anfangs nur mittelbar involviert. Es wird nicht angesprochen, sondern beobachtet lediglich das Gespräch zweier Personen. Die erste übernimmt dabei den Part, der Fragen stellt, die zweite Person antwortet. Sind ihre Antworten richtig, erhält sie eine Belohnung. Liegt sie falsch, wird sie getadelt, oder sie muss die Aufgabe wiederholen. Auf diese Weise wird der Vogel zum Zeugen des Trainingsinhalts, inklusive der Konsequenzen, die richtig oder falsch nach sich ziehen.

Danach beginnt Pepperberg, ihre Papageien ins Frage-Antwort-Spiel mit einzubeziehen. Ab und zu wendet sie sich Athena oder Griffin zu und fragt: Was ist das? Sobald die Vögel die richtige Antwort geben oder sich ihr zumindest annähern – was von ihrem Trainingslevel abhängt –, wird ihnen das Objekt überlassen. So lernen sie den Zusammenhang zwischen einem Gegenstand und seinem Symbol, in Gestalt des gesprochenen Worts. Nichts anderes ist Bedeutung. Wenn Griffin also ein Blatt Papier vorgehalten bekommt und auf die Frage »Was ist das?« korrekt »paper« sagen kann, und wenn er dann das Blatt in den Schnabel nehmen und zerfetzen darf, was Papageien so furchtbar gern tun, wird er eines Tages beim Wort »paper« wissen, was gemeint ist. Und nicht einfach nur eine Klangfolge nachplappern.

Die nächsten Übungsschritte trainieren den Zusammenhang von Ding und Form, Ding und Farbe oder Ding und Material. Die Objekte, mit denen gearbeitet wird, sind oft Alltagsgegenstände – Schlüssel, Becher oder Früchte –, aber auch geometrische Figuren wie aus dem Bauklötzchenkasten von Kindern. Griffin kennt mittlerweile eine große Anzahl derartiger Objekte und kann sie mit all den Ausdrücken benennen und beschreiben, die wir dafür vorgesehen haben. Das macht es für Pepperberg und ihre Mitarbeiter relativ einfach, seine Fortschritte nachzuvollziehen. Sie können es ja hören, wenn er sich irrt. So wissen sie auch, ob ihm eine Übung leichtfällt oder ob er Probleme damit hat, ohne dass sie sein Verhalten interpretieren müssen. Das war im Übrigen der Leitgedanke des »Alex«-Projekts, als Pepperberg im Jahr 1977 anfing, mit Graupapageien zu arbeiten. Und er war so einfach wie bestechend: Um herauszufinden, zu welchen kognitiven Leistungen ein Vogel imstande ist, gibt es noch einen anderen Weg als die Verhaltensbeobachtung. Man kann ihm beibringen, sich uns gegenüber verständlich zu äußern. Das ermöglicht Tests in Form von Frage und Antwort.

Dazu brauchte die Forscherin ein sprechbegabtes Tier. Beos sind mindestens so lernfähig wie Papageien, was das Sprechver-

142

mögen betrifft, aber ihre Lebenserwartung ist weitaus geringer. Sie werden etwa fünfzehn Jahre alt. Papageien können das Vierfache dieser Lebensspanne erreichen. Da Pepperberg ahnte, wie intensiv und langwierig ihre Forschungsarbeit werden würde, entschied sie sich für den Graupapagei. Er gehört zu den langlebigsten Vögeln und ist gleichzeitig einer der intelligentesten und lernfähigsten.

Ein Graupapagei in der Grauzone

Zwei Fragen muss die Wissenschaftlerin ständig beantworten, seitdem Alex tot ist. Die erste lautet: »Kann Griffin auch das, was Alex konnte?« Und die zweite: »Welche Unterschiede gibt es zwischen den beiden?« Letzteres lässt sich schnell beantworten: »Griffin ist wie ein Schüler, der einen fragt: Was muss ich machen, um eine Eins zu bekommen?«, sagt Pepperberg. »Und dann zeigt er hervorragende Leistungen. Aber im Gegensatz zu Alex löst er nicht gern Probleme. Alex liebte genau das. Er interessierte sich für den Lernvorgang selbst.« Alex war in allem, in seinem Wesen wie in seinen Leistungen, kein Schüler. Er war der Schuldirektor.

Die erste Frage ist hingegen ein wenig komplizierter, korrekt wäre die Antwort: Ja und nein. 2016 hat Griffin in einer Studie etwas gezeigt, das Alex nicht im selben Ausmaß konnte: die Übertragung einer dreidimensionalen Form auf eine zweidimensionale. Das bedeutet, Griffin kann einen Gegenstand, den er als reales Objekt kennengelernt hat, wie zum Beispiel eine dreieckige Figur, als Abbildung auf einem Papier wiedererkennen. Das ist eine Denkleistung, die enormes Abstraktionsvermögen verlangt. Alex hatte hingegen wenig Sinn für Zweidimensionales. Ein Foto enthielt für ihn keine Information, sondern war schlicht »viereckiges Papier«.

Auf der anderen Seite lässt Griffin nicht das erkennen, was an Alex so einmalig war: der kreative Umgang mit der menschlichen

143

Sprache. Alex kommunizierte nicht nur sinnvoll mit Menschen – er entschuldigte sich zum Beispiel für Fehlverhalten –, er hatte auch eigene Wörter geschaffen, um einen Gegenstand zu benennen. So bezeichnete er einen Kreis als »none-corner« – ein Nicht-Eck – und einen Apfel hartnäckig als »banerry«, auch wenn ihm das Wort »apple« geläufig war. Pepperberg hatte ihm den Ausdruck für Apfel so gründlich beizubringen versucht wie alle anderen Begriffe auch. Doch der »pl«-Laut machte dem Vogel Probleme. Mit »banerry« schien er eine Lösung gefunden zu haben, das Lernen dieser so schwierigen Klangfolge zu umgehen. Was genau er mit seiner Wortschöpfung ausdrücken wollte, bleibt unklar. Vielleicht erinnerte ihn der Geschmack eines Apfels an eine Banane, »banana«, und das Aussehen der Frucht an eine große Kirsche, »cherry«. Das zumindest vermutet Pepperberg, denn Banane und Kirsche waren Teil seines alltäglichen Wortschatzes. Jedenfalls äußerte er stets die Kombination aus beiden Begriffen, »banerry«, wenn er einen Apfel haben wollte.

Alex bewegte sich in vielerlei Hinsicht in einer Grauzone – etwa in der zwischen Kommunikation und Sprache. Nahezu jeder Wissenschaftler ist der festen Überzeugung, dass Tiere keine Sprache haben. Sprechvermögen ja, aber eben nicht Sprache. Um diese Trennlinie wird es später noch einmal gehen, am Beispiel eines eher unscheinbaren Tieres: dem amerikanischen Präriehund. Denn zumindest ein Biologe, der Präriehund-Forscher Con Slobodchikoff, ist der Ansicht, dass diese Grenze nicht mehr so kategorisch gezogen werden sollte.

Doch bis dahin gilt als gesetzt: Tiere können kommunizieren, auch durchaus auf anspruchsvolle Art, aber sie sprechen nicht. Es fehlt ihnen die Fähigkeit zur freien Assoziation. Das ist Sprechen, das nicht an einen Kontext gebunden ist. Und das betrifft selbst Alex, obwohl er es einem mitunter ziemlich schwer gemacht hat, an dieser Überzeugung festzuhalten. Denn er konnte seine Bedürfnisse artikulieren und tat dies auch ständig. Damit ließ er in seine innere Welt hineinblicken. Er sagte »Go see tree«, wenn er zum Fenster getragen werden wollte, damit er auf seinen Lieblingsbaum blicken konnte. Oder »wanna nut«, wenn er eine Walnuss forderte. Dass es ihm damit ernst war und er nicht einfach irgendwelche Begriffe nachplapperte, verstand man in dem Moment, in dem man ihm das Gewünschte verweigerte. Gab man ihm statt der Nuss eine Traube, schleuderte er sie weit von sich und wiederholte energisch: »Wanna nut!« Und gab sich erst zufrieden, wenn er sie bekam. Er hatte einen selbstbewussten, geradezu herrischen Charakter. Eine zu Boden gefallene Nuss konnte er kommentieren mit: »Heb die Nuss auf!«, sodass die Studenten, die mit ihm arbeiteten, sich als »Alex' Sklaven« bezeichneten. Doch im Grunde hatte er nur begriffen, dass das »Labeln« ein Werkzeug für ihn war, das ihn seine Umwelt kontrollieren ließ. Was für eine Spezies nichts anderes bedeutet, als sich erfolgreich in einem komplexen Lebensraum durchzusetzen. Dinge benennen und Bedürfnisse äußern zu können ist in der Menschenwelt ein entscheidender Vorteil. Alex hatte das durchschaut.

Sein umfangreiches Training versetzte ihn auch in die Lage, Objekte als »gleich« oder »verschieden« zu identifizieren. Zeigte Pepperberg ihm ein Ensemble aus mehreren grünen und blauen Vierecken und fragte ihn: »Was ist gleich?«, lautete seine Antwort: »Form.« Und bei der Frage: »Was ist verschieden?«, sagte er: »Farbe.« Hatte er die Objekte noch nie zuvor gesehen, traf er in 85 Prozent der Fälle ins Schwarze, bei vertrauten Objekten lag seine Treffsicherheit verblüffenderweise niedriger, bei durchschnittlich knapp 77 Prozent. Was sich möglicherweise dadurch erklären ließ, glaubt Pepperberg, dass Alex' Interesse an neuen Dingen einfach höher war. Seine Belohnung für eine richtige Antwort bestand im Gegenstand selbst, den er untersuchen und mit seinem Schnabel zerlegen konnte. Das war bei neuen Objekten spannender, was seine Motivation vermutlich steigerte. Mehr als einmal hatte die Forscherin den Eindruck, dass Alex vor allem dann Fehler machte, wenn er sich langweilte. Damit seine Leistungen eine statistisch relevante Größe erreichten, musste er die Fragen aus den Experimenten unzählige Male beantworten. Irrte er sich, geschah das manchmal auf kuriose Weise. Da zählte er nacheinander alle falschen Antworten auf und ließ nur eine aus: die richtige. Oder er beharrte auf einem Fehler, selbst wenn man ihn korrigiert hatte. Sagte etwa weiterhin »vier« statt »zwei«. Beendete die Forscherin daraufhin das Training und trug ihn zu seinem Käfig zurück, konnte es sein, dass er krächzte: »Zwei, zwei! Es tut mir leid, zwei!«

Und nicht zuletzt schien er verstanden zu haben, wie unsere Sprache aufgebaut ist. Er wusste, dass ein Wort aus aneinandergereihten Buchstaben besteht. Das erlebte Pepperberg jedoch nur ein einziges Mal, weshalb die Sache auch nicht aus dem Bereich der Anekdote herauskam: Da forderte Alex eine Nuss und bekam sie nicht sofort. Woraufhin er begann, das Gewünschte zu buchstabieren: »Nnn... uh... tuh!« So wie wir das mitunter tun, wenn wir unserem Gegenüber zeigen wollen, dass wir es für begriffsstutzig halten.

Der berühmte Graupapagei aus dem Pepperberg-Labor verfügte also über einen äußerst virtuosen Umgang mit der menschlichen Sprache. Er hatte einen Begriff von »nichts« oder »null«. Gab es zwischen zwei Objekten keine Gemeinsamkeit, etwa zwischen einem blauen Dreieck und einem gelben Sechseck, und fragte man ihn dennoch: »Was ist gleich?«, antwortete er mit: »keines« (»none«). Er verstand, ohne dass ihm dies jemals beigebracht worden wäre, dass Zahlen eine aufsteigende Ordnung haben: Sieben ist größer als fünf. Am Ende seines Lebens kam er bis zur Zahl acht. Und zeigte man ihm eine Zahlenfigur, etwa eine grüne Sechs, neben drei gleich aussehenden Objekten, wie zum Beispiel drei blauen Kerzen, dann kapierte er, dass die Sechs einen höheren Wert darstellte. Auch wenn es sich dabei nur um ein einziges Objekt handelte, im Vergleich zu den drei anderen. All diese zigfach dokumentierten Fähigkeiten haben Alex' Ruhm begründet, der bis heute nichts von seiner Strahlkraft eingebüßt

146

hat. Sein Nachfolger Griffin hat andere Qualitäten. Bis acht zählen kann er allerdings auch.

Was Griffin kann

Im Alter von siebeneinhalb Wochen kam der Graupapagei zu Pepperberg und Alex. Viel zu früh, aber im Gegensatz zu Alex, der als einjähriges Tier zufällig in einer Zoohandlung ausgewählt worden war, verliebte sich die Forscherin in das Vogeljunge. Sie musste es von Hand mit einer Futterspritze aufziehen. Das ist bei Papageien derart kompliziert, dass ein Jungvogel sterben kann, wenn man dabei einen Fehler macht. Im Rückblick sagt Pepperberg heute, dies sei ihr schwierigstes Experiment überhaupt gewesen.

Die Zusammenführung der beiden Vögel gestaltete sich ungut. Alex versuchte Griffin zu attackieren. Bis zu seinem Tod blieb er eifersüchtig auf den vermeintlichen Nebenbuhler, auch wenn sich das Verhältnis der beiden im Lauf der Zeit besserte. Eigentlich war er als Griffins Trainer vorgesehen, in der Wildnis lernen Papageien ihre Laute voneinander, weshalb ihnen auch die Model/Rival-Technik sehr entgegenkommt. Doch Griffin ist ein zurückhaltender, eher schüchterner Vogel, der die ersten fünf Jahre seines Lebens allein trainiert werden musste. Mit Alex in einem Raum hätte er zu wenige Fortschritte gemacht.

Als erwachsener, ausgebildeter Papagei zeigte Griffin schließlich erstaunliche Leistungen. Heute liegt seine Treffsicherheit bei der Identifizierung von Formen, Farben und Zahlen im Durchschnitt bei 80 bis 85 Prozent. Die Form der Gegenstände benennt er anhand ihrer Ecken – Dreiecke, Vierecke –, wobei er bis zu acht Ecken auseinanderhalten kann. Außerdem sind ihm sechs Farben vertraut: Gelb, Grün, Rosa, Blau, Orange und Dunkelrot. Trotz der Tatsache, dass es für Graupapageien aufgrund ihrer Fähigkeit, UV-Licht wahrzunehmen, schwierig ist, Orange und Dunkelrot zu unterscheiden. Doch bis zu jener Studie von 2016, bei der es um die Übertragung einer dreidimensionalen Form auf eine zweidimensionale ging, hatte Griffin kein Training mit Bildern absolviert. Alle Formen hatte er stets nur als reale Gegenstände kennengelernt. Das war entscheidend für das Experiment, das Pepperberg vorschwebte: War Griffin in der Lage, ein Quadrat, das er als Ding kannte, auch in einer Zeichnung als »Viereck« wiederzuerkennen?

Bislang war er auch nur mit eckigen Objekten vertraut. Was ein Kreis ist, wusste er nicht. Er kannte auch nicht das Wort für Schwarz. Mit diesen beiden Unbekannten begann das Experiment. Denn um sicherzugehen, dass Griffin wirklich die zweidimensionalen Objekte als diejenigen identifizierte, die er als dreidimensionale Gegenstände bereits kannte, wurde eine zusätzliche Schwierigkeit in den Test eingebaut: Der Papagei bekam die Illustrationen zunächst nicht im Ganzen zu sehen. Eine Ecke der Form wurde von einem schwarzen Kreis überdeckt, was die Darstellung verfremdete. So sah ein blaues Dreieck – dessen Form und Farbe dem Vogel vertraut war –, durch die Abdeckung aus wie eine viereckige Illustration. Und ein rotes Quadrat hätte nun, wenn man die Winkel abzählte, nicht mehr vier Ecken gehabt, sondern gleich fünf. Konnte Griffin trotzdem die dahinterliegende ursprüngliche Form erkennen?

Und schaffte er das auch bei der Gegenprobe, wenn man ihm wiederum die vollständige, nicht länger abgedeckte Illustration zeigte? Hatte er also einen stabilen, bleibenden Begriff von einer bestimmten geometrischen Form, selbst wenn sie verfremdet war – durch Überlappung – oder ihm auf andere Weise gezeigt wurde – als flächige Darstellung? Das waren die Fragen, die sich Irene Pepperberg als Versuchsleiterin und ihr Kollege Ken Nakayama von der benachbarten Brandeis University stellten, als sie im Mai 2010 das Experiment begannen. Es durchlief mehrere Etappen, unterbrochen von langen Pausen, bis zu seinem Abschluss im März 2014.

Mancher mag sich an dieser Stelle fragen: Warum führen For-

148

scher eigentlich so hochgradig komplizierte Studien durch? Nur um zu beweisen, dass ihr Versuchstier buchstäblich um die Ecke denken kann?

Sehr oft haben solche Experimente einen Bezug zur realen Welt eines Tieres. Papageien sind durch ihr auffälliges Gefieder für Raubvögel leicht auszumachen. Im Überlebenskampf ist es für sie von entscheidender Bedeutung, dass sie die Silhouette eines Greifs erkennen können, der Jagd auf sie macht – auch wenn die nur unvollständig zu sehen ist, verdeckt durch Bäume, Zweige, Felsen. Ein Papagei, der am Leben bleiben will, muss in der Lage sein, von einem Umriss auf das eigentliche Tier zu schließen. Das ist sozusagen die Real-Life-Übersetzung von Griffins Fähigkeit, ein dreidimensionales Objekt auch als flächige Abbildung wiederzuerkennen.

Alle Wissenschaftler, die für dieses Buch befragt wurden, waren sich in einem Punkt einig: Ein ganz wesentlicher Grund für die Entwicklung tierischer Intelligenz ist die Umwelt und damit verbunden das, was sie »Selektionsdruck« nennen. Je komplexer, wandelbarer und unberechenbarer ein Lebensraum ist, desto wahrscheinlicher ist das Vorkommen intelligenter Arten. Eine gleichförmige Umgebung, in der sich wenig Neues tut, die auch kaum gefährlich ist, erfordert zum Überleben kein anspruchsvolles Gehirn. Noch dazu, da dies ein Luxusprodukt ist, es verbraucht ungeheuer viel Energie. Die Existenz eines hochkomplexen Denkorgans ist also erst dann sinnvoll, wenn ein Lebensraum eine Herausforderung darstellt, etwa weil er sich ständig wandelt. Wie bei den Walen, deren Welt grenzenlos ist und die in dieser Weite ein ausgeklügeltes Kommunikationssystem brauchen. Oder wie bei den Hunden, die so intensiv mit einer anderen Art leben, dass sie ohne ihr komplexes Denkvermögen mit Menschen nicht zurechtkämen. Selektiver Druck und die Entwicklung von Intelligenz hängen also zusammen. Mehr noch: In ganz bestimmten hochkomplexen Umgebungen bilden sich die dazu passenden kognitiven Leistungen heraus. Bestes Beispiel sind die Raben: Gehandicapt durch ihr Unvermögen, Kadaver aufzureißen, überleben sie nur als geschickte Futterdiebe. Um wiederum die Futterdiebe zu überleben, muss ein Rabe weiter denken als seine Artgenossen. Daher ist es kein Wunder, dass ausgerechnet bei dieser Spezies ein Schlüsselelement der *Theory of Mind* nachgewiesen werden konnte. Doch was war zuerst da? Die komplexe Umwelt oder ein ebensolches Gehirn?

Eine im September 2017 veröffentlichte Studie von Biologen der Washington University in St. Louis, Missouri, hat darauf vielleicht eine Antwort gefunden, zumindest was die Vogelgehirne betrifft: Erst muss das Denkorgan ausreichend leistungsfähig sein, dann kann ein anspruchsvoller Lebensraum besiedelt werden. Um die Schwankungen in einem Habitat zu ermitteln, untersuchten die Forscher verschiedene Wetter- und Klimadaten, die über Dekaden hinweg gesammelt worden waren. Den Vogelbestand und die Artendichte innerhalb dieses Lebensraums untersuchten sie anhand von Daten aus Beobachtungen, die man ebenfalls jahrzehntelang zusammengetragen hatte. Als Indiz für ein potentes Gehirn galt den Forschern allerdings die relative Hirngröße, die ja nicht unumstritten ist. Und woran es liegt, dass nur manche der Vogelspezies innerhalb eines Habitats besonders große Gehirne aufweisen und andere eben nicht, konnte die Studie nicht klären. Aber immerhin erhärtet nun ein weiterer Baustein die These, dass tierische Intelligenz und komplexer Lebensraum unmittelbar zusammenhängen.

Zurück zu Griffin. Wie hat er sich beim Erkennen von zweidimensionalen Formen geschlagen? In den Testreihen, bei denen die Illustrationen vollständig zu sehen waren, erreichte er eine Trefferquote von 100 Prozent. Das heißt, er machte keinen Fehler, sondern identifizierte alle fünf Abbildungen korrekt und sofort als diejenigen, die er als dreidimensionale Objekte kannte. Er schloss also von 3-D-Formen auf ihre 2-D-Entsprechung, ohne dass ihm das Mühe zu machen schien. Bei den unvollständig zu sehenden Illustrationen, bei denen eine Ecke durch einen schwarzen Kreis überdeckt war, lag er zu 76 Prozent richtig. All diese Aufgaben musste der Vogel übrigens ohne Training lösen. Er sah also jede Abbildung nur ein einziges Mal. Überdies wurde er pro Studientag nur ein- bis zweimal getestet, in der Regel war dies montags und freitags der Fall. Das war wichtig, damit Griffin nicht sein Interesse am Experiment verlor.

Denn diese Studie war langwierig und anspruchsvoll. Es gab noch eine weitere Schwierigkeit, die der Graupapagei zu bewältigen hatte. Er sollte nicht nur vollständige und unvollständige Illustrationen erkennen, sondern auch zweidimensionale Formen, die nur dadurch zum Vorschein kommen, dass andere Figuren ihre Umrisse bilden. Dieses komplizierte Ding nennt sich »Kanizsa-Figur«.

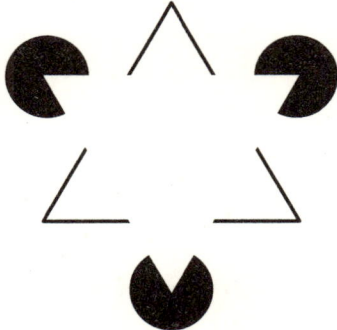

Das heißt: Ein Kanizsa-Dreieck hat keine eigenen Linien, die es kennzeichnen. Dass wir es trotzdem als Dreieck erkennen können, liegt allein daran, dass in jedem seiner drei Ecken ein schwarzer gezackter Ausschnitt den Winkel abbildet. Was wir also sehen, ist eine Art optische Täuschung. Etwas, das nicht dargestellt ist, tritt dennoch als Bild in Erscheinung, weil es von anderen Formen erzeugt wird. Unser Hirn ergänzt das Fehlende zu einem vollständigen Dreieck. Kann ein Vogelhirn das auch?

Griffin schaffte das zu 70 Prozent. Das ist für eine so komplizierte Aufgabe ein beachtlicher Wert. Hatte er vielleicht getrickst? Hatte er etwa nur die Anzahl der gezackten Ausschnitte abgezählt, die eine Kanizsa-Figur erzeugten? Ein Dreieck braucht genau drei Formen, die die Winkel abbilden, ein Viereck genau vier. Griffin hätte seine Aufgaben also auch dann meistern können, wenn er einfach auf drei, vier oder fünf gezählt hätte – im Experiment reichten die Test-Illustrationen bis zum Siebeneck. Hätte er, hat er aber nicht.

Die beiden Versuchsleiter waren dem zuvorgekommen und platzierten in manchen Durchläufen noch weitere gezackte Ausschnitte neben die Kanizsa-Figuren. Schlichtes Abzählen hätte also Fehler produziert. Insgesamt bekam der Graupapagei 33 unvollständige Illustrationen zu sehen, neben 5 vollständigen und 38 Kanizsa-Figuren.

Um zu vermeiden, dass Griffin sich möglicherweise an ihrer Mimik, Gestik oder an Blicksignalen orientierte, arbeiteten die Forscher zusätzlich mit einer Testvariante, in der das gezeigte Objekt vom Fragenden selbst nicht gesehen werden konnte. Einen Teil der Durchläufe nahmen die Forscher auf Video auf und schickten sie an drei Kollegen, die niemals mit Griffin in Kontakt gekommen waren. Sie baten die Wissenschaftler um eine Einschätzung dessen, was sie in den Videos sahen. Alle drei bestätigten die Resultate von Pepperberg und Nakayama zu 100 Prozent.

Warum war das so wichtig? Irene Pepperberg hat die Eigenart, sich doppelt und dreifach abzusichern, wenn es um ihre Versuche geht. Das hängt viel mit der Zeit zusammen, in der das »Alex«-Projekt startete und sie sich großen Anfeindungen ausgesetzt sah. Noch zu Beginn der Achtzigerjahre kam bei manchen Anträgen zu Forschungsgeldern als Feedback nur die kaum verhüllte Frage zurück, was sie beim Schreiben ihres Gesuchs eigentlich zu sich genommen habe.

Doch bei dieser Studie ist sich die Forscherin sicher: Griffin hat etwas gezeigt, das in dieser Form – ohne Training und mit solcher Treffsicherheit – bislang einzigartig ist. Mit Tauben wurde ein ähnlicher Test durchgeführt, aber die Tiere brauchten viele, viele Übungseinheiten, bis sie mit den unvollständig gezeigten Illustrationen zurechtkamen. Griffins jahrelanges, intensives Training mit dreidimensionalen Objekten, die er in Form, Farbe, Material und Anzahl unterscheiden kann, muss ihn dazu befähigt haben, seine Kenntnisse auf ein neues, ihm noch unbekanntes Feld zu übertragen: das der flächigen Darstellung.

Zum Schluss bleibt eine Frage: Warum haben Alex und Griffin diesen Spiegeltest nicht bestanden, trotz ihrer unbestrittenen hohen Denkleistungen?

»Was heißt: nicht bestanden?«, fragt Pepperberg zurück. »Mit Alex konnten wir den Test gar nicht erst durchführen. Er hat sich eines Tages im Spiegel gesehen, als er bei einer Studentin auf der Schulter saß, und sie gefragt: ›Welche Farbe?‹ Worauf sie ihm antwortete: ›Das bist du, Alex. Du bist ein Graupapagei.‹ Und damit war er für den Test nicht mehr zu gebrauchen.« Und Griffin?

Griffin wurde mit einem farbigen Punkt auf dem Brustgefieder markiert. Als er die Stelle im Spiegel erblickte, versuchte er, sie mit der Kralle zu entfernen. »Er schien den Test zunächst zu bestehen«, sagt Pepperberg, »kratzte neun Sekunden lang an der Markierung herum.« Doch der Punkt blieb haften, und Griffin verlor das Interesse. Er wandte sich von seinem Spiegelbild ab und hopste von dannen.

»Ich kann aber keine Studie publizieren«, sagt die Forscherin, »in dem ein Verhalten nur neun Sekunden lang gezeigt wird. Weder er noch Athena scheinen sich für ihr Äußeres groß zu interessieren. Ich finde mittags oft noch Frühstücksreste an ihren Schnäbeln, Spuren von Süßkartoffeln zum Beispiel. Das meiste haben sie zwar weggemacht, aber eben nicht alles. Es scheint sie nicht zu kümmern.«

Die zwei haben Wichtigeres zu tun.

Wirbellose: Von Bienen, Kraken und allerhand Überraschungen

Je unähnlicher Lebewesen den Säugetieren werden, je mehr sie sich von ihnen entfernen, desto komplizierter wird es für uns, ihre kognitiven Leistungen und ihr Empfindungsvermögen zu erkennen. Das gilt in ganz besonderem Maße für die wirbellosen Tiere. Umso bemerkenswerter sind die Forschungsergebnisse aus solch fremden Welten.

Schnecken, Käfer, Kraken, Krabben, Skorpione, Vogelspinnen, Bienen, Wespen, Schmetterlinge, Hummer, Küchenschaben und Bettwanzen – was sich liest wie eine Liste wild zusammengewürfelter Spezies, gehört in ein und dieselbe Kategorie, sammelt sich unter einem Dach: das der wirbellosen Tiere. Diese Arten bewegen sich durch die Welt ohne stützende Wirbelsäule. Manche verzichten gleich ganz auf einen Halteapparat, wie Quallen und Kopffüßer, zu denen auch die Kraken gehören. Andere umgeben sich mit einem schützenden Panzer, so wie die Krebse und Insekten. Doch alle diese Geschöpfe teilen noch etwas anderes miteinander: ihren unglaublichen evolutionären Erfolg. Die Welt gehört praktisch ihnen. Aus der wirbellosen Perspektive sind wir die Exoten. Wir zählen für sie zum kleinen, unbedeutenden Stamm der Wirbeltiere, unter dem man die Fische, Vögel, Reptilien, Amphibien und uns Säugetiere zusammenfasst. Die Zahlen zeigen es: Mehr als 95 Prozent aller Tierarten auf diesem Planeten sind Wirbellose. Allein schon die Plattwürmer umfassen mehr als 13.000 Spezies, während die Gesamtheit aller

Säugertierarten auf gerade mal 4000 geschätzt wird. Und geht es um die Gesamtmenge aller Tiere, erreichen die Wirbellosen einen Anteil von mehr als 99 Prozent. Wir sind auf diesem Planeten also eine vergleichsweise seltene Erscheinung.

Sei's drum, möchte man sagen. Seit wann ist Masse gleich Klasse? Nun, vielleicht seitdem man herausgefunden hat, dass auch in der Welt der wirbellosen Tiere nicht alles reflexhaft und instinktgesteuert abläuft, wie ehedem gedacht. Sondern dass sich bei den Arten, die man näher betrachtet, tatsächlich so etwas wie eine geistige Welt zeigt, mit Empfindungen, Erfahrungen und individuellen Unterschieden im Verhalten. Solche Forschungen stecken noch weitgehend in den Anfängen. Aber zu entdecken, dass eine Biene Schmerzen spürt, eine Ameise ökonomische Entscheidungen trifft und ein Oktopus sich selbst beibringen kann, mechanische Verschlüsse zu öffnen, das lässt die Welt der Wirbellosen als einen riesigen Kontinent erscheinen, den man gerade erst betreten hat. Und man fragt sich: Was kommt da noch?

Fast niemand weiß, dass ein Oktopus mit seiner Anzahl von rund 500 Millionen Neuronen in Armen und Gehirn ein erstaunlich leistungsfähiges Denkorgan besitzt, eine solche Anzahl an Nervenzellen gibt es sonst nicht unter den Wirbellosen. Und dass eine Biene sich womöglich nach einer inneren Landkarte orientiert, die ihr eine Vorstellung liefert von der Welt außerhalb ihres Stockes.

Aber was heißt überhaupt Gehirn oder gar Geist? Die Wirbellosen sind extrem weit von uns und unserer Anatomie entfernt, es gibt nur wenige strukturelle Ähnlichkeiten mit dem Gehirn der Säugetiere. Das Denkorgan der Kraken verteilt sich bis in ihre acht Arme. Das der Bienen hat keinen Cortex, dafür einen paarig angeordneten Pilzkörper, der als Sitz der Bienen-Intelligenz gilt. Auch wenn die Biene nur etwa 960.000 Neuronen in ihrem dicht gepackten Hirn unterbringt, ist sie dennoch zu hochkomplexen Leistungen imstande. Was wieder einmal – wie schon bei den Vögeln – darauf schließen lässt, dass die Evolution viele Varianten von Intelligenz erschaffen hat.

Zwei Spielarten davon, die Intelligenz der Bienen und die der Oktopusse, sollen im Folgenden näher betrachtet werden. Beide Spezies stehen gerade im Fokus der Wissenschaft. Die Biene als Nutztier sowieso, nicht zuletzt aufgrund ihrer zunehmenden Gefährdung durch Insektengifte. Aber auch der Oktopus, denn so viele Neuronen in einem so seltsamen Gehirn versprechen spannende Ergebnisse.

Hier sind sie.

Bienen – haben sie eine innere Welt?

Die Honigbiene ist eines der wichtigsten Nutztiere der Menschen. Doch die Ödnis der landwirtschaftlichen Nutzflächen bedroht ihren Lebensraum in erschreckendem Ausmaß. Dabei entdecken wir erst jetzt, was ihr Gehirn zu leisten vermag, auch wenn es kaum größer ist als ein Sandkorn.

Neurowissenschaftler blicken anders auf Tiere als Verhaltensforscher. Statt nur zu beobachten und zu interpretieren, wie Tiere sich in Experimenten verhalten, schauen sie überdies ins Innere des Gehirns. Dort verfolgen sie, wo und wann welche Bereiche aktiv sind. Das machen sie auch bei so winzigen Geschöpfen wie der Taufliege Drosophila, einem gerade mal stecknadelkopfgroßen Insekt. Unendlich feine Elektroden werden in die Nervenzellen des Fliegenhirns gestochen. Sie messen, wie das Tier Sinnesreize verarbeitet und wie sich die Impulse im Gehirn ausbreiten. Und dabei entdecken die Forscher ungeheuer interessante Dinge. So wie vor Kurzem, als bei der klitzekleinen Taufliege eine Art Kompass in bestimmten Neuronen gefunden wurde. Ein Hilfsmittel zur Navigation, sichtbar gemacht durch Farbstoffe in Nervenzellen – bei einem Insekt, dessen Gehirn einen Durchmesser von gerade mal 300 Mikrometern hat (ein Mikrometer entspricht einem Tausendstel Millimeter).

Randolf Menzel aus Berlin ist so ein Neurowissenschaftler. Er hält diese Kompass-Entdeckung für mit das Aufregendste, was es zurzeit auf seinem Fachgebiet gibt. Ein ähnlicher Navigationsfund bei den Honigbienen, auf die er spezialisiert ist, wäre das i-Tüpfelchen in seiner langjährigen Forscherlaufbahn. Menzel gehört zu den renommiertesten Bienen-Experten weltweit. Rund 30 Jahre lang, bis 2008, hat er das Neurobiologische Institut der Freien Universität Berlin geleitet. Nun ist er 77 Jahre alt und offiziell im Ruhestand. Doch in seinem Fall sind die Wörter »Ruhestand« und »offiziell« nichts als Umschreibungen für die Fortsetzung seiner Tätigkeit, nur unter anderen Vorzeichen. Statt des Instituts leitet er eine Arbeitsgruppe, die seinen Namen trägt. Und anstelle des Professorengehalts bezieht er seine Pension. Aber man kann ihn noch immer in einem Arbeitszimmer an der Universität treffen, er erhält Forschungsmittel, und vor allem: Er verfolgt unverdrossen seine Studien weiter, zusammen mit seinen Studenten. Um Antworten auf die Fragen zu finden, die ihn seit Jahrzehnten umtreiben: Wie belebt ist der Bienengeist? Haben die Tiere eine innere Welt mit Vorstellungen und Erwartungen?

Fremde Welt, fremde Sinne

Ich treffe Randolf Menzel zweimal. Einmal im Winter in seinem Berliner Institut, einmal im Sommer, bei einem seiner Experimente im Freiland. Jedes Mal nimmt sich der Wissenschaftler viele Stunden Zeit, mir die Welt der Bienen nahezubringen. Mir zu vermitteln, wie andersartig diese kleinen bepelzten Flügelwesen sind. Und wie faszinierend, nicht nur aufgrund ihrer leistungsfähigen Gehirne. Sondern auch wegen ihrer Sinne, von denen uns manche so fremd sind. Bienen sehen zum Beispiel ultraviolettes Licht, aber nicht die Farbe Rot. Sie können das Muster des polarisierten Sonnenlichts erkennen und nutzen es zur Orientierung. Was bedeutet das? Die noch nicht polarisierten Lichtwellen, die die Sonne zur Erde hinabschickt, werden beim Eintritt in die

Atmosphäre gestreut. Dadurch entsteht ein bestimmtes Schwingungsmuster am Himmel. Und dieses Muster können Bienen sehen. Es ändert sich je nach Sonnenverlauf, wodurch die Tiere präzise auf die Himmelsrichtungen schließen können und sich einen Sonnenkompass erstellen, auch wenn sie die Sonne nicht sehen. Mit dieser Methode orientieren sie sich in der Welt vor ihrem Stock. Aber es ist nicht die einzige.

Das Leben der Bienen hängt ganz wesentlich von ihren Navigationsfähigkeiten ab. Ihr Alltag wird vom Nektar- und Pollensammeln bestimmt, dies ist die Nahrung, die das Volk am Leben erhält. Bienen leben in einer Kolonie von bis zu 50.000 Tieren in einem Stock. Sie bauen senkrecht hängende Waben, in denen ihre Brut heranwächst, die eine einzige Königin gelegt hat. So weit, so bekannt. Schon weniger geläufig ist, dass es im Stock keine streng verteilten Arbeiten gibt, die nur bestimmte Tiere bis ans Ende ihres 30 bis 60 Tage währenden Lebens übernehmen. Die Aufgaben wandern vielmehr durch den Bienen-Lebenszyklus: Noch ganz junge Insekten übernehmen die Brutpflege und die Versorgung der Königin. Später werden sie Putzbienen, die den Stock reinhalten, dann mausern sie sich zu Kriegerinnen, die Eindringlinge vom Stockeingang vertreiben. Und schließlich, wenn sie erfahren genug sind, schwärmen sie aus, zum Sammeln. Wenn sie wiederkehren, lassen sie sich ihre Beute abnehmen. Und dann betreten sie, oder manche von ihnen, den »Tanzboden«, der unter Insektenforschern wirklich so heißt. Dort beginnen sie eine Choreografie: den legendären Bienentanz. Es gibt ihn in den Varianten Rund- und Schwänzeltanz und soll den Schwestern im Stock anzeigen, wo sich zum Beispiel eine vielversprechende Futterstelle befindet. Die Artgenossinnen umdrängen dabei die Tänzerin, und manchmal berühren sie sie auch mit ihren Fühlern, den Antennen.

Diese Kommunikationsform der Bienen ist lang und ausführlich untersucht worden. Eine andere hat sich dagegen erst vor ein paar Jahren offenbart, in Randolf Menzels Labor. Sein Team hatte im Jahr 2010 herausgefunden, dass Bienen sich beim Sammeln elektrostatisch aufladen und dass dies zu elektrischen Wellen führt, wenn sie sich bewegen. Beim Schwänzeltanz erzeugen sie auf diese Weise elektrostatische Felder, die wiederum von den zuschauenden Bienen mit ihren Antennen erspürt werden.

Menzels Team konnte in mehreren Versuchen zeigen, dass dieses Phänomen der Kommunikation dient. Bienen unterhalten sich sozusagen elektrisch, ohne dass sie wie Rochen, Haie oder andere Fische ein entsprechendes Organ dafür besäßen. Sie erspüren die Bewegungen ihrer elektrisch aufgeladenen Körperteile – wie Flügel, Haare oder Antennen – und kommunizieren so in einer gefühlt elektrischen Welt. Seit einigen Jahren untersucht nun ein Mitarbeiter des Menzel-Teams dieses Phänomen eingehender. Er zeichnet Hunderttausende Bienentänze auf und kann so den Tieren regelrecht zuhören.

Noch ungeklärt ist, ob Bienen auch einen Sinn für Magnetfelder haben. Bei einem so stark mit Navigation beschäftigten Tier läge das nahe, davon ist Randolf Menzel überzeugt. Doch bevor er sich dieser Frage widmen kann, muss er erst eine andere klären. Eine, die ihm seit Jahrzehnten am Herzen liegt.

Eine umstrittene These

Im Juli und im August sucht man den Bienenforscher vergebens an seiner Universität. Denn dann sitzt er auf einem riesigen Feld an einem kleinen Campingtisch. Seit vielen Jahren macht er das jeden Sommer. Seit drei Jahren geht es dabei um seine jüngste Studie, für die er in der Nähe von Marburg eine Radaranlage aufgebaut hat. Sie soll die Signale einzelner ausschwärmender Bienen aufzeichnen, die zuvor mit Sendern ausgestattet worden sind. Menzel und sein Team experimentieren dabei vor allem mit unterschiedlichen Distanzen. Sie wollen wissen, wie lange die Bienen eines Stocks brauchen, um eine künstlich angelegte Futterstelle zu finden, ob sie sie überhaupt aufsuchen und wenn ja, bis zu welcher Entfernung. Ab wann nehmen die Unsicherheiten der Tiere und ihre Fehler zu? Geht ihnen vielleicht auch die Lust aus, große Distanzen zu überwinden? Mithilfe des Radars können die Wissenschaftler ihre Bienen punktgenau verfolgen.

Das ist die offizielle Lesart. Doch im Grunde geht es um etwas anderes. Randolf Menzel sucht nach weiteren Belegen für eine These, die im Expertenkreis umstritten ist – gelinde gesagt.

Feldforschung kann anstrengend sein wie Feldarbeit. Es ist ein tägliches Hacken und Graben nach Datenmaterial, was hier geschieht, unter sengender Sonne oder im Regen, wenn man bis zu den Knöcheln im Matsch steht. Denn auch dann fliegen die Bienen aus, können Signale empfangen werden. Und Randolf Menzel braucht so viele Daten wie möglich. Vor einem Jahr war er schon zuversichtlich, genügend Material gesammelt zu haben. Doch als es ans Auswerten und Niederschreiben ging, stellte er fest: Es reicht nicht. Im zweiten Sommer hatte das Wetter nicht richtig mitgespielt. Also hängte er ein weiteres Jahr dran. »Keiner drängt mich«, sagt er, »ich bin der Einzige, der das zurzeit macht.« Niemand sonst besitze eine derartige Radaranlage. Es gäbe noch eine in England, sagt er, aber die sei entschieden weniger leistungsfähig als das Gerät, das ihm die Deutsche Forschungsgemeinschaft zur Verfügung gestellt hat.

Es ist nicht der einzige Punkt, in dem der Bienenforscher allein auf weiter Flur steht.

Randolf Menzel, das muss man vorausschicken, ist ein Wissenschaftler, der sich im Lauf seiner jahrzehntelangen Forschung einen gewaltigen Ruf erarbeitet hat. Er gilt als die Koryphäe auf dem Gebiet des Nervensystems der Bienen. Seine Arbeit ist mit zahlreichen Preisen geehrt worden, nicht zuletzt mit den wichtigsten, die es hierzulande für Zoologen gibt: dem Gottfried-Wilhelm-Leibniz-Preis und der Karl-Ritter-von-Frisch-Medaille. Doch Menzel hat mit seiner Forschung nicht nur wissenschaftliches Neuland betreten, er hat sich auch von seinen Kollegen entfernt. Denn im Lauf der Zeit ist er zu der – vorsichtigen – Überzeugung gelangt, dass Bienen auf ihre Art denken können.

»Keiner meiner Forschungskollegen würde diese These akzeptieren«, sagt er. »Und ich meine auch: Denken nicht im menschlichen Sinn.« Diese Unterscheidung ist ihm wichtig. »Ich glaube, dass Bienen denken. Aber sie tun es bienenartig, anders als wir. Das muss man immer dazusagen, wenn man Alltagsbegriffe wie fühlen und denken verwendet. Jeder Organismus lebt in seiner eigenen Wirklichkeit.«

Das Rätsel um die kognitive Karte

Zum Bienendenken gehört, dass die Tiere sich womöglich auf komplexere Art orientieren, als die Mehrheit der Forscher annimmt. Menzel geht davon aus, dass die Insekten in ihrem Gehirn über eine kognitive Karte verfügen, bestehend aus einer Erinnerung an Landmarken und ihrer räumlichen Anordnung. Das können Formationen im Gelände sein wie Bäume, Hügel oder Knicks. Solche Landmarken werden laut Menzel aber nicht als einfache Bildinformationen im Bienenhirn abgespeichert, sondern quasi dynamisch: Die Tiere setzen sie in Relation zu ihrem Stock. So haben sie beim Ausschwärmen bereits einen Plan im Kopf, verfügen über eine innere Vorstellung von dem Ort, der ihnen zuvor im Schwänzeltanz einer Kundschafter-Biene gezeigt worden ist. Ganz ähnlich, wie wir ein Ziel finden können, wenn uns jemand den Weg dorthin beschreibt. Weil wir diesen Weg in Gedanken vorwegnehmen. Weil wir vor unserem inneren Auge die Straße sehen, die wir entlanggehen müssen, dann die erste Ecke, an der wir nach rechts abbiegen sollen, um bis zur nächsten Kreuzung weiterzugehen, und so fort.

Doch wir sind Menschen. Wir sind die Spezies mit dem leistungsfähigsten Gehirn auf Erden. Sollte eine kleine Honigbiene ebenfalls imstande sein, einen Ort vor ihrem inneren Auge zu sehen, den ihr eine Artgenossin im Stock beschreibt? »Ja«, sagt Menzel und räumt ein: »Aber unter meinen Kollegen bin ich der Einzige, der glaubt, dass Bienen so eine kognitive Karte haben.« Sie besteht neben dem Einsatz von Landmarken aus einer Kombination weiterer Sinnesleistungen. Denn die Biene hat noch einige Fähigkeiten mehr, die es ihr ermöglichen, sich auch unter schwierigsten Bedingungen zurechtzufinden. Dazu gehört das Ablesen des Sonnenkompasses, aber auch eine Vorstellung davon, wie sie sich selbst im Raum bewegt, also eine wie auch immer geartete Eigenwahrnehmung, dazu ein veritables Bildergedächtnis, ein sensibler Duftsinn und noch einiges mehr. Die Biene wäre demnach ein hochgerüstetes, mit allen Wassern gewaschenes Insekt in Sachen Navigation.

Andere Fachleute sehen die Sache weit simpler. Sie gehen davon aus, dass die Tanzkommunikation der Tiere lediglich Fluganweisungen enthält, nach dem Motto: »Beachte die Sonne, halte einen Winkel zum Sonnenstand ein und bewege dich entlang der Strecke so, wie ich es dir jetzt mitteile.« Dass es beim Schwänzeltanz also nur um Richtungs- und Entfernungsangaben geht, die sich befolgen lassen, ohne dass dafür eine innere Vorstellungswelt vonnöten wäre.

Die Existenz oder Nichtexistenz einer kognitiven Karte ist nicht das einzige Rätsel, das es zu lösen gilt. Auch die Tänze der Honigbienen gehören zu den Mysterien der Natur, weil sie eine symbolhafte Form der Verständigung sind, eine Art der Kommunikation, die verschlüsselte Informationen benutzt. Wie es zum Beispiel auch beim Morsen geschieht. Nur dass die Verständigung der Bienen mithilfe von Codes nicht lautlich erfolgt, sondern über ihre Körpersprache, ihren Tanz. Wie so oft traute man eine derartige Fähigkeit lange Zeit nur dem Menschen zu. Bis der Zoologe Karl von Frisch die Tanzkommunikation der Bienen umfangreich erforschte, sie in weiten Teilen sogar decodierte und für seine Erkenntnisse im Jahr 1973 den Nobelpreis erhielt. »Bienen und Menschen«, sagt Menzel, »sind die einzigen Lebewesen, die eine symbolhafte Kommunikation beherrschen. Das gibt es bei keinem anderen Tier.« Was zumindest den heutigen Wissensstand wiedergibt.

Ausfliegende Bienen, die sogenannten Kundschafterinnen, beschreiben nach ihrer Rückkehr anhand ihres Tanzes den Artgenossinnen, wo sie beispielsweise eine Futterstelle gefunden haben. Nur wenige Bienen brechen zu solchen Erkundungsflügen auf, die überwiegende Mehrheit bleibt im Stock und wartet auf die Rückkehr der Sucherinnen. Denn jeder dieser Ausflüge ist riskant. Eine Biene kann gefangen und gefressen werden. Sie kann die Orientierung verlieren. Sie kann gegen eine Autoscheibe fliegen, in einem Teich ertrinken oder sich in einem Spinnennetz verfangen. Sie kann aus Erschöpfung zugrunde gehen, weil Ackerflächen für sie wie gigantische Wüsten sind. Ein abgeerntetes Maisfeld ist eine Art Tal des Todes für Honigbienen. Flöge der halbe Stock aus, um nach Nektar- oder Pollenquellen zu suchen, könnte die Existenz des Volkes auf dem Spiel stehen. Im Gegenzug müssen die Kundschafterinnen in der Lage sein, den Daheimgebliebenen genau zu vermitteln, wo sie etwas entdeckt haben und wie vielversprechend ihr Fund ist. Deshalb tanzen sie.

Der Geheimcode des Bienentanzes

Hat eine Sammlerin eine Futterstelle ausfindig gemacht, zeigt sie entweder einen Rundtanz, wenn ihr Fund in unmittelbarer Nähe liegt, oder einen Schwänzeltanz, falls es sich um eine weiter entfernte Nahrungsquelle handelt. Dabei wackelt sie heftig mit dem Hinterleib, beschreibt danach einen Halbkreis, um wieder zum Ausgangspunkt zurückzukehren und den Ablauf zu wiederholen. Die Schnelligkeit, mit der sie ihr sogenanntes Waggling betreibt – also das Wackeln mit dem Hinterteil –, sowie die Richtung, in der sie ihren Halbkreis vollführt, oder auch, wie oft sie ihren Tanz zeigt und wie lange er dauert: All das sind Hinweise auf den Ort, den sie gefunden hat. Mit ihren Hüftschwüngen beschreibt die Tänzerin Richtung und Entfernung zur Fundstelle. Je häufiger sie den Hinterleib hin- und herschwingt, desto größer ist die Distanz, die eine nachfolgende Biene zurücklegen muss. Ran-

164

dolf Menzel hat 2016 ein Experiment gemacht, bei dem er Bienen viereinhalb Kilometer zwischen Stock und Nahrungsquelle zurücklegen ließ. Als die Kundschafterinnen anschließend wieder in den Stock zurückkehrten, tanzten sie geschlagene zwanzig Minuten lang für ihre Schwestern. Doch nicht nur Futterquellen werden so verschlüsselt angezeigt, sondern auch neue Nistplätze. Oder Wasserstellen, da Wasser im Sommer extrem wichtig für Bienen ist. Steigen die Temperaturen im Stock, ohne dass sie ihn kühlen können, droht den Tieren der Hitzetod.

Während ihrer Solovorstellungen werden die Tänzerinnen von Bienen umringt, die die verschlüsselten Informationen aufnehmen, um danach selbst auszufliegen. Da es im Stock auf der vertikal gelagerten Wabe finster ist, sehen sich die Tiere nicht. Doch sie erspüren die elektrischen Wellen, die von der Tänzerin bei jeder Bewegung ausgehen. Dabei spielt es durchaus eine Rolle, wie die Beobachterinnen auf den Tanz reagieren. Sind sie stark interessiert oder nicht so sehr? Umdrängen sie die Tänzerin, berühren sie sie mit ihren Antennen? Sie müssen die Codes des Tanzes dechiffrieren, sonst finden sie die Futterstelle nicht. »Diese Codierungs- und Decodierungsvorgänge«, sagt der Berliner Bienenforscher, »können wir mit unseren Messungen und dem Radargerät untersuchen.«

Denn hieran entzünden sich die wissenschaftlichen Kontroversen, streiten die beiden Denkrichtungen miteinander: Fliegen die Bienen, die dem Tanz beigewohnt haben, nun nach Richtung und Entfernung, oder entschlüsseln sie, bevor sie ausschwärmen, eine Fluganweisung und bestimmen damit in ihrem Gedächtnis einen Ort, zu dem sie gleich aufbrechen?

Randolf Menzel hat mit seinem Team viele Experimente gemacht, um diese Frage zu beantworten. Sie haben die Tiere eingefangen, die direkt nach einem Schwänzeltanz ausgeschwärmt sind. Haben sie in Kisten verstaut und an einen anderen Ort gebracht, um sie dort wieder freizulassen. Mit lediglich einer Fluganweisung im Gepäck wären die Bienen nur in eine bestimmte

Richtung geflogen, und auch nur über eine bestimmte Entfernung. Sie hätten den angezeigten Ort auf diese Weise nicht gefunden und sich vermutlich anderen Futterstellen zugewandt.

Doch mit einer Ortsangabe und einer inneren Landkarte im Kopf lässt sich eine Nahrungsquelle auch unter radikal anderen Bedingungen finden. So wie wir in einer Stadt, die wir kennen, auch keine Mühe haben, zum Rathaus zu gelangen. Ganz egal, ob wir vom Süden her ins Zentrum kommen oder von einem der östlichen Randbezirke. Ob wir die Hauptstraße nehmen oder einen Schleichweg. Wir erreichen das Ziel, denn wir orientieren uns nach einem inneren Stadtplan.

Und so taten es auch Menzels Bienen. Allerdings nicht alle, manche flogen gleich wieder zum Stock zurück. Andere schlugen zwar die Richtung zur Futterquelle ein, kamen dort aber nicht an. Einige Tiere waren dagegen erfolgreich und fanden das Ziel, trotz ihrer Entführung. Mit dieser Studie, die 2005 veröffentlicht wurde, legte Menzel zum ersten Mal die Existenz einer kognitiven Karte bei Bienen nahe. Doch die Fachwelt war nicht überzeugt. Denn bis heute gibt es stets eine Erklärung, die einfacher ist. Und das ist nun ein bisschen der Fluch, gegen den Randolf Menzel ankämpft. In der Wissenschaft existiert eine Art ungeschriebenes Gesetz, dass Vorgänge in der Natur nicht auf kompliziertem Weg erklärt werden sollten, wenn es auch simpel geht. Die einfache Erklärung eines Phänomens erhält den Vorzug vor der komplexen. Dieser Kodex kann für Bodenhaftung sorgen, weil er vor allzu abgehobenen Annahmen schützt. Aber mitunter führt er eben auch zu falschen Schlüssen, so wie es in der Forschung zur Intelligenz bei Tieren immer wieder der Fall gewesen ist.

»Eine einfache Erklärung wäre etwa, dass das Tier das Panorama der Umgebung am Stockeingang lernt«, sagt Menzel, »und dass es dieses Bild dann immerzu mit dem Panorama vergleicht, das es unterwegs wahrnimmt. Wenn die Biene dann zum Stock zurückkehren will, würde sie also die Unterschiede zwischen dem gerade wahrgenommenen Panorama mit dem aus ih-

166

rem Bildspeicher vergleichen. Je kleiner die Unterschiede werden, desto näher kommt sie ihrem Stock, bis sie wieder zu Hause ist. Das wird als einfacher betrachtet als eine kognitive Landkarte.« Doch das führt gleich zum nächsten Problem: Es gibt kein rechtes Maß für Einfachheit, was Gehirnleistungen angeht. Vielleicht ist es ja gar nicht leichter, stets und ständig die Bilder der Umgebung mit denen aus dem Gedächtnis zu vergleichen. Immerhin müssen dabei permanente Perspektivwechsel vorgenommen werden. Das Gelände hinter einer Gruppe von Bäumen sieht anders aus als das davor, und eine Biene, die zum Stock zurückfliegt, blickt auf eine ganz andere Aussicht, als wenn sie ihr Heim verlassen würde. Was jeder weiß, der sich auf einer Wanderung schon mal verlaufen hat und dann versucht, sich den Hinweg vorzustellen. Der hat nur leider mit dem Rückweg herzlich wenig Ähnlichkeit.

Randolf Menzel hat zahlreiche Studien gemacht, um Belege für seine These zu finden. Er hat Bienen beispielsweise narkotisiert und damit ihre innere Uhr verstellt. Denn bestimmte Narkotika beeinträchtigen das Zeitgefühl sehr stark, auch beim Menschen. Und tatsächlich verhielten sich die Bienen nach dem Aufwachen so, als sei die Sonne während ihres Tiefschlafs nicht um sechs Stunden weitergezogen. Sie flogen in dieselbe Richtung, die sie auch vor der Narkose eingeschlagen hätten. Diesen Umstand nutzte Menzel, um zu zeigen, dass Bienen trotz eines nutzlos gewordenen Sonnenkompasses – aufgrund ihrer verstellten inneren Uhr – zu ihrem Stock zurückfinden können. Weil sie noch ein paar andere Möglichkeiten im Repertoire haben, um sich zurechtzufinden. Und so publizierte er im Jahr 2014 seine Arbeit über die narkotisierten Bienen, von denen er keine einzige verloren hatte. Jeder war es gelungen, nach Hause zurückzufinden, sogar in ähnlich kurzer Zeit wie die nicht betäubte Kontrollgruppe. Die Tiere hatten, so Menzel, auf die Navigation nach Landmarken umgestellt, die in ihrer kognitiven Karte eingetragen waren. Sie wussten sich zu helfen, sie verfügten über ein komplexes, vernetztes, hochorganisiertes System im Kopf.

167

Dennoch ließ die Kritik nicht lange auf sich warten. Die innere Uhr hätte sich schon während des Versuchs bereits wieder zurückstellen können, lautete ein Gegenargument. Ein anderes: Auch mithilfe des Bildgedächtnisses hätten die Bienen zurückfinden können.

Unterwegs im Feld

Weil das nun alles so umstritten, kontrovers und kompliziert ist, sitzt Randolf Menzel also wieder im Feld an einem Campingtisch und sammelt neue Daten. Je mehr er zusammentragen kann, desto stichhaltiger werden seine Argumente. Während eines Versuchs haben er und sein Team viele Tausend Tänze registriert. Nun geht es also um die Entfernungen, die Bienen auf sich nehmen, wenn sie eine Futterquelle von hoher Qualität ausfindig gemacht haben.

Eine solche steht jetzt auf seinem Campingtisch bereit: In einem Plastikzylinder schwimmt eine Zuckerlösung, die den Tieren Nahrung in Hülle und Fülle bietet. Für eine so hochwertige Futterstelle lohnt sich auch die Überquerung einer Wüste. Denn Menzels Tisch steht in zweieinhalb Kilometern Entfernung zum Bienenstock auf einem weiten Grasfeld, auf dem so gut wie keine Blütenpflanzen wachsen, kein Baum, kein Strauch, nichts außer Gras. Auch dies ist Ödland für die Bienen, nur eben in Grün.

Einige Hundert Meter im Rücken des Forschers steht die Radaranlage mit den zwei Parabolantennen, diesen bauchigen, schüsselartigen Empfängern, wie sie als kleinere Ausgabe an jeder zweiten Hauswand hängen. Doch dieses Gerät ist etwa vier Meter hoch und dreht sich innerhalb von drei Sekunden einmal um sich selbst. Es sucht und fängt die Signale von Bienen auf, die mit Sendern auf ihrem Rücken in das Gebiet der Futterstelle einfliegen. So zumindest ist es gedacht. Aber das Gerät ist störanfällig, immer wieder macht es Probleme. So auch an dem Tag, an dem ich das Team um den Berliner Bienenforscher besuche.

Es ist ein strahlender, sonniger Tag Ende August 2017, noch einigermaßen zeitig am Morgen. Der Neurobiologe steht im Zelt neben der Radaranlage und sieht aus wie ein Afrikaforscher: blaues Hemd aus strapazierfähigem Stoff, weiße Baseball-Kappe als Sonnenschutz und dunkelbraun gebrannte Unterarme, auf denen sich silberhell die Härchen kringeln. Wie ich bald sehen werde, kann der schlaksige Mann über viele Stunden reglos in der Sonne sitzen, mit nichts als einer kleinen Styroporbox neben sich, die zwei Wasserflaschen enthält. An diesem Spätsommertag wird das Thermometer fast 30 Grad erreichen, die Sonne wird von einem wolkenlosen Himmel herabbrennen und Randolf Menzel bis zum Abend an seinem Tischchen sitzen, die einfliegenden Bienen beobachten, die sich über die Zuckerlösung hermachen, und noch unbekannte Tiere mit gelber Plaka-Farbe markieren. Er wird Ausschau halten nach Bienen, die einen Sender tragen, und mit seinem Kollegen aus Taiwan, der die Radaranlage bewacht, über ein Walkie-Talkie kommunizieren. Er wird all dies mit einer stoischen Ruhe tun und dazu anmerken, dass er es hier ja hübsch und gemütlich habe, während die Studentinnen am Bienenstock die eigentliche Arbeit verrichteten.

Aber noch ist es nicht so weit. Jeder Arbeitstag beginnt damit, dass die Sender getestet werden. Es sind kleine Antennen aus Metall, 11 Millimeter lang und 18 Milligramm schwer, mit einer Klebefläche am unteren Ende. Die lässt sich auf das Nummernschild drücken, das registrierte Bienen auf ihrem Rücken tragen. Laut Menzel können die Tiere damit problemlos fliegen, auch wenn sie selbst im Durchschnitt nur rund 80 Milligramm wiegen. Denn Gewichte schleppen ist Teil des Bienenalltags, mehr als 50 Milligramm wiegen mitunter Nektar und Pollen, die die Tiere auf ihren Flügen einsammeln. Mit den Antennen werden sie also gleich Rucksäcke schultern, die fast ein Viertel ihres Körpergewichts ausmachen. Und wie ich sehen werde, gibt es bei ihnen deutliche Unterschiede im Umgang mit ihrem Marschgepäck.

Da der Radaranlage nicht so recht zu trauen ist, muss das Team jeden Morgen prüfen, ob sie auch wirklich die Signale der Transponder auffängt und in welcher Stärke. Und tatsächlich. Einige Sender, die am Vortag noch gut funktioniert haben, geben nun plötzlich keinen Pieps mehr von sich. »No signal, no signal, no signal«, schnarrt ein ums andere Mal die Stimme von Dr. Chin-Yuan Hsu aus dem Walkie-Talkie. Seufzend sortiert Randolf Menzel die unbrauchbar gewordenen Transponder aus. Die getesteten Sender, die Signale von sich geben, wandern in die Taschen der beiden Mitarbeiterinnen. Die Studentin Marleen Werner und die Doktorandin Xiuxian Chen machen sich auf den Weg zum Bienenstock. Dort sollen sie die Bienen abfangen, die gerade noch einem Schwänzeltanz zugesehen haben und nun bereit zum Ausschwärmen sind, um sie mit einem der Transponder zu bestücken. Fliegen die Tiere dann in Richtung von Randolf Menzels Futterstelle, kann das Radargerät ihre Signale auffangen, sobald sie in Reichweite sind. Also in einem Bereich von etwa 900 Metern um die Anlage herum. So lässt sich punktgenau feststellen, ob die Bienen tatsächlich die Zuckerlösung auf Randolf Menzels Campingtisch ansteuern, trotz der Distanz von zweieinhalb Kilometern.

Es ist ein großes Volk, das in einer senkrecht hängenden Wabe lebt, ausgeliehen von einem nahe gelegenen Bieneninstitut. Nun befindet es sich in einem Container, verborgen unter einem Tuch. Durch eine Glasscheibe sehe ich unzählige Insekten durcheinanderwuseln. Etliche von ihnen tragen eine Nummer auf ihrem Rücken, das sind die registrierten Tiere. Manche sind mit einem gelben Farbfleck auf ihrem Hinterleib markiert. »Das sind die Bienen, die Herr Menzel an seinem Futterstand gesehen und gekennzeichnet hat«, sagt Marleen Werner. Tiere also, die die Futterstelle bereits gefunden haben und zum Stock zurückgekehrt sind. Und tatsächlich, einige der gelb markierten Honigbienen tanzen. Womöglich berichten sie jetzt von einer Zuckerlösung, die unvergleichlich schmeckt, aber leider in ziemlich großer Entfernung liegt, mit nichts als Ödnis ringsum. Wie Kleinkünstler auf einem Marktplatz sind die Tänzerinnen von einem Zuschau-

170

erpulk umringt. Sie schlagen heftig mit den Hinterleibern aus. Selbst für mich als Laie ist ihr Schwänzeln deutlich zu erkennen. Es ist eine ungeheuer schnelle Bewegung, rasant wie ein Trommelwirbel. Danach folgt der Halbkreis und erneut der Tanz.

Marleen Werner blickt konzentriert auf die Ecke der Wabe, die zum Ausgang führt. Sobald eine registrierte Biene, die einen der Schwänzeltänze beobachtet hat, den Stock verlassen will, ruft sie Xiuxian Chen deren Rückennummer zu. Die Kollegin wartet draußen vor dem Container auf die heraneilende Biene. Fängt sie mit einer Plastikröhre auf. Verschließt die Röhre mit einem gepolsterten Schieber. Drückt die Biene damit sanft gegen den Deckel des Behälters, der mit großen Luftlöchern versehen ist. Schiebt so lange, bis sie das Tier fixiert hat. Nun kann die Doktorandin der Biene einen Sender auf den Rücken setzen. Und sie wieder freilassen, einige Meter vom Stock entfernt. Wie kleine Raumschiffe mit Antennen erheben sich die Insekten in die Luft.

Manche Tiere ziehen erst einmal irritiert Kreise und nehmen dann ihren Flug auf. Andere kehren sofort zum Stock zurück. Weigern sich manchmal sogar, erneut auszufliegen. Wieder andere verhalten sich völlig unbefangen und schwärmen direkt aus. Jede besenderte Biene wird Randolf Menzel gemeldet. Und der wartet auf sie, in seiner Wüstenoase.

Doch wie haben die ersten Bienen überhaupt gelernt, diese Futterquelle zu finden? Einfach durch Zufall? Haben sie sie mit ihrem Geruchssinn aufgespürt? Nichts dergleichen. Sie haben sie erlernt. In den Wochen vor Beginn des Experiments haben Menzel und seine Leute einige Bienen auf die Futterstelle »dressiert«, wie der Neurobiologe sagt. Das geht bei den Insekten sehr einfach, denn sie lernen schnell. Auf einen blauen Pappkarton wird etwas Zuckerlösung geträufelt und den Tieren in kürzester Entfernung präsentiert. Nach und nach steigert man die Distanz. »Immer doppelt so weit wie im vorhergehenden Versuch«, sagt Menzel. Aus einem Meter werden also zwei, dann vier und so weiter. Die Bienen lernen: Blauer Karton bedeutet unfassbar gutes Futter.

171

Auch bei seinem Experiment im vergangenen Jahr, als Menzel die Entfernung zwischen Nahrung und Stock auf viereinhalb Kilometer gesteigert hatte, schafften es die Tiere bis zu ihm. »Schauen Sie«, sagt er und zeigt auf einen Hügel in der Ferne. »Der Bienenstock stand hinter diesem Berg, und bis hierher zu meinem Tisch konnte ich ein paar der Tiere dressieren.«

Individuelle Abwägungen

Doch wie steht es um die untrainierten Bienen, die nicht auf die Zuckerlösung konditioniert worden sind? Die ihre Informationen allein aus den Schwänzeltänzen der Rückkehrerinnen beziehen? Welche Strecken legen sie zurück? Im Versuch mit der Langdistanz von viereinhalb Kilometern waren es gerade mal zwei Tiere, die den Weg zu Menzels Campingtisch unternommen hatten, ohne dass sie zuvor dressiert worden waren. Und auch jetzt bei der erheblich kürzeren Entfernung von zweieinhalb Kilometern hat sich noch keine der registrierten Bienen bei der künstlichen Futterstelle eingefunden. Zwar dringt immer wieder die Stimme von Chin-Yuan Hsu aus dem Walkie-Talkie, der die Ankunft einer registrierten Biene verkündet: »Signal from number 324.« Dazu der Einflugwinkel und die Uhrzeit. Doch offensichtlich schwirren die Tiere nur in der näheren Umgebung herum. Sie landen nicht bei uns, zeigen sich nicht.

Heißt das denn, dass der Schwänzeltanz als Kommunikationsform nicht so recht funktioniert?

»Aber nein«, sagt Randolf Menzel. »Das wäre ein völlig falscher Schluss. Bei anderen Distanzen haben wir eine Fülle von untrainierten Bienen, die die Futterstelle gefunden haben, auch unter schwierigen Wetterbedingungen.«

Es scheinen vielmehr individuelle Abwägungen eine Rolle dabei zu spielen, ob eine Biene den vorgetanzten Ort auch wirklich aufsucht. »Die Tatsache, dass sie zwei oder drei Stunden lang unterwegs ist, heißt nicht, dass sie verloren herumirrt«, sagt Menzel. »Es kommt oft vor, dass sie dann eben woanders sammelt. Etwa an ihrer alten Futterstelle. Das haben wir in einigen Publikationen gezeigt, dass Bienen das machen.« Vielleicht fliegen sie also in die Gärten des nahe gelegenen Dorfes, wo sie schon früher fündig geworden sind. Manche Bienen scheinen aber auch erst unterwegs die Entscheidung zu treffen, das Risiko lieber nicht auf sich zu nehmen, das die Überquerung der Wüste bedeutet. Das zeigen die Radarsignale, die eine Biene im Nahbereich registrieren. So attraktiv ist die Nahrungsquelle dann wohl doch wieder nicht. Schließlich benötigen einige der Tiere mehrere Stunden für den Sammelflug und den Rückweg. Es ist auch schon vorgekommen, dass eine Biene erst am anderen Tag wieder heimgekehrt ist.

Ich lerne, dass die Tiere zwar einige Fehler machen, sowohl bei der Codierung als auch bei der Decodierung – dass aber die Beobachterinnen, die die Informationen entschlüsseln müssen, exakter in ihren Berechnungen sind als die Tänzerinnen. Die Dechiffrierung geht offenbar genauer vonstatten als die Codierung. Und ich erfahre in diesem Zusammenhang auch, dass die Tänzerinnen für einen Fundort regelrecht werben müssen. Denn manchmal ist ihr Publikum skeptisch, was die Attraktivität eines Ortes betrifft. Wie eine Studie nahelegt, die in den Achtzigerjahren unter dem Namen »The Lake Experiment« bekannt geworden ist. Da hatte ein amerikanischer Wissenschaftler namens James L. Gould von der Princeton University seine Bienen auf eine Nahrungsquelle konditioniert, die aus Insektensicht schlicht unmöglich war: mitten auf einem See. Gould hatte eine Futterstelle auf einem Boot aufgebaut und die Bienen auf diesen Ort dressiert. Die Tänzerinnen, die in ihrem Stock anschließend für den Fundort warben, konnten ihre Artgenossinnen nicht davon überzeugen, diese Stelle anzufliegen. Als sähen sie in ihrem Inneren den See als Terra incognita vor sich. Ungeeignet für die Nahrungssuche.

Doch die Studie wies methodische Schwächen auf, was sie angreifbar machte. 2008 wurde das Experiment von einem Team

173

um Tom Dyer Seeley, einem renommierten amerikanischen Bienenforscher, wiederholt. Die Wissenschaftler kamen zum gegenteiligen Schluss: Da folgten die Bienen sehr wohl ihren Tänzerinnen auf den See hinaus. Allerdings hatten Seeley und seine Kollegen mit Futterquellen gearbeitet, die durch Düfte markiert worden waren. »Um das Training zu erleichtern«, wie es in der Studie heißt. Aber möglicherweise, so sieht zumindest Randolf Menzel die Sache, war die Existenz eines Duftes der entscheidende Faktor. Wenn eine Tänzerin für einen Ort wirbt, der überdies verlockend duftet, lässt sich ein skeptisches Tier vielleicht doch noch überzeugen. Seit Langem will der Berliner das Experiment wiederholen, er braucht nur einen geeigneten See dafür, ohne Badestellen, ohne Schilfgürtel, damit das Radargerät ungehindert Signale empfangen kann. Der Versuch könnte neue Indizien für die Existenz einer kognitiven Karte erbringen. Denn wenn Bienen sich weigern, auf eine Wasserfläche hinauszufliegen, ist sie in ihrem Gehirn womöglich als »nicht brauchbar« abgespeichert worden, auch wenn sie den See als solches gar nicht erkundet haben. Dann bräuchten sie die selbst gemachte Erfahrung womöglich gar nicht. Da ihnen ihre kognitive Karte von vornherein mitteilt: Vergiss es, da draußen gibt es nichts zu holen.

Ich muss an den Primatenforscher Frans de Waal aus Georgia denken. Er kritisierte auf dem »Behaviour«-Kongress, dass man mit vielen Experimenten nicht prüfen könne, ob ein Tier intelligent genug sei, etwas zu tun. Sondern nur, wie es um seine Motivation bestellt sei. Wenn etwa ein Affe auf einen Objekttausch nicht reagiert, heißt das dann, dass er den Sinn des Ganzen nicht begreift? Oder vielleicht nur, dass er keine Lust dazu hat? Bei Menzel hätte de Waal mit seinem Einwand offene Türen eingerannt. Auch wenn der Bienenforscher selbst Verhaltensbeobachtungen macht: Sie sind ihm stets zu ungenau. Weil er dabei das tierische Verhalten interpretieren muss, statt es messen zu können.

Doch bis zum heutigen Tag ist es noch nicht gelungen, einer frei fliegenden Biene ins Gehirn zu schauen. Das hat bislang nur im Labor geklappt. Dabei allerdings hat die Arbeitsgruppe von Randolf Menzel bemerkenswerte Entdeckungen gemacht. Eine stammt bereits aus dem Jahr 1993. Einem Doktoranden aus dem Team, Martin Hammer, war es gelungen, die Belohnungsnervenzelle im Bienenhirn zu finden und damit für alle Welt sichtbar zu machen, dass die Insekten genau wie Menschen über Belohnungen lernen. Die Tatsache an sich war nichts Neues, das hatten schon die Experimente gezeigt, die man mit den Tieren gemacht hatte. Aber nun sah man es vor sich, mit eigenen Augen. Stimulierte Martin Hammer das besagte Neuron mit einem elektrischen Impuls, reagierten die Tiere genauso, als wären sie mit einer Zuckerlösung belohnt worden. Und mehr noch: Dieses Ergebnis machte anschaulich, dass es eine Art des Lernens gibt, die für Klassen, Ordnungen und Arten gleichermaßen gilt. Eine Methode, die selbst so grundverschiedene Spezies wie Menschen und Insekten miteinander teilen. Als wäre es ein Lernprinzip, das der belebten Welt zugrunde liegt: Belohne einen Reiz, und das Geschöpf wird beides miteinander verknüpfen, ganz egal, ob es sich um eine Spinne, einen Menschenaffen, einen Goldfisch oder einen Kolibri handelt.

Menzel hat sein gesamtes Wissen in einem Buch niedergeschrieben. Es heißt *Die Intelligenz der Bienen* und wurde 2016 veröffentlicht. Darin deutet er an, dass sein Team dem Ziel inzwischen einen großen Schritt näher gekommen sei, neuronale Vorgänge auch bei einer frei fliegenden Biene sichtbar zu machen. Schon seit Längerem können sie die Aktivitäten im Bienenhirn verfolgen, während das Tier durch seine Wabe läuft und mit den Artgenossinnen interagiert. Nun sind sie offenbar kurz davor, einer Biene auch auf dem Flug zu folgen und dabei zu registrieren, was sich in ihrem Denkorgan regt. Aber Randolf Menzel dazu aushorchen zu wollen hat keinen Sinn. »Das sage ich Ihnen nicht«, lautet sein Kommentar, wenn man ihn auf Dinge anspricht, die er noch nicht preisgeben will.

Wieder hat das Radargerät ein Signal empfangen. Es verkündet die Ankunft einer Tänzerin. Also einer Biene, die die Futterstelle bereits kennt. Sie trägt die Rückennummer 222. Und da sehen wir sie auch schon aus dem hellblauen Himmel herabschweben, wie ein winziger Fallschirmjäger mit seinem Tornister auf dem Rücken. Nur dass ein langer Stachel daraus hervorragt. Menzel begrüßt sie fast liebevoll, als sich die Biene vor dem Plastikzylinder niederlässt und ihren Rüssel in die Zuckerlösung taucht. Kurz zuvor hat der Forscher noch den Boden der Futterstelle abgewaschen und trocken gerieben, weil die Insekten sich ungern auf einen klebrigen Untergrund setzen. »Die 222, das ist eine sehr Zuverlässige«, sagt Menzel. »Sie kommt seit mindestens einer Woche regelmäßig.«

Die Biene trinkt. Aber sie verweilt nicht lang. Helikoptergleich steigt sie wieder in die Luft, kerzengerade nach oben. Sie dreht sich in die Flugrichtung heimwärts, fliegt eine leichte Kurve und verschwindet nach wenigen Sekunden aus unseren Augen. »Etwa dreißig Meter«, sagt Menzel, »kann man sie mit den Blicken verfolgen.«

Bienen, die die Wüste überqueren. Andere, die sich das nicht trauen. Solche, die problemlos mit dem Transponder losfliegen, während einige sich weigern. Zuverlässige Bienen und jene, die lange Zeit für ihren Rückflug brauchen. Es wird Zeit für eine Frage:

»Haben Bienen eine Persönlichkeit, Herr Menzel? Gibt es eine Bienen-Individualität?« Und wie ließe sich so etwas feststellen, bei Mitgliedern eines Schwarmvolks?

Bei dieser Frage wohnen offenbar zwei Seelen in der Brust des Forschers. In seinem Buch bejaht er sie. Da spricht er von Formen der Individualität, die sich bei Bienen beobachten lassen. Wenn etwa manche Tiere nach einem Sammelflug nicht gleich wieder ausschwärmen, sondern durch ihren Stock wandern, als wollten sie sich einen Überblick verschaffen. Solche Bienen werden Patrouillenläuferinnen genannt. Während sich andere direkt nach der Pollenabgabe erneut auf die Reise machen. Was beeinflusst dieses Verhalten? Niemand weiß es. Und da Randolf Menzel nicht gern spekuliert, sagt er nun im Gespräch: »Ich will diese Frage nach der Individualität der Bienen offenhalten. Sie ist noch nicht gelöst.«

Nachtleben im Bienenstock

Doch da gibt es diese Sache mit den nächtlichen Tänzen. Sie kommen nicht oft vor, aber sie finden statt. Menzels Apparaturen zeichnen sie automatisch auf, und auch der Nobelpreisträger Karl von Frisch hat darüber schon geschrieben. Bis heute kann niemand erklären, warum Bienen manchmal zu nachtschlafender Zeit anfangen zu tanzen. Sie tun dabei genau dasselbe wie am Tag. Sie zeigen eine Futterstelle an, die sie Stunden zuvor entdeckt haben. Es wirkt so, als rekapitulierten sie ihren Fundort. »Offenbar erinnern sich Bienen außerhalb eines zeitlichen Zusammenhangs an einen Inhalt«, sagt Randolf Menzel. Er selbst hat noch nie so einen Nachttanz gesehen. Daher kann er auch nicht sagen, ob das einsame Auftritte einzelner Tiere sind, ohne die Gegenwart von Beobachterinnen, oder ob es ein Publikum gibt. Seltsamerweise wird dieses Phänomen nicht weiter untersucht. Video-Aufzeichnungen existieren nicht. Allerdings gibt es zahlreiche Messungen der elektrischen Felder, die von den nächtlichen Tänzerinnen ausgehen. Sie sind auf die Futterstellen gerichtet, die die Tiere tagsüber besucht haben. Karl von Frisch hatte bereits herausgefunden, dass Bienen auch nachts genau wissen, wo sich welche Himmelsrichtung befindet. Ohne dass sie sich an der Sonne orientieren könnten. Vielleicht kalkulieren sie die Wanderbewegung der Sonne mit ein, selbst wenn sie sie nicht sehen. Jedenfalls ergeben diese Tänze zur Nachtzeit einen Sinn: Von Frisch fand heraus, dass Vorführungen nach zwei Uhr nachts den Ort angeben, den die Tänzerinnen vormittags entdeckt haben. Während Tänze vor Mitternacht eine Fundstelle zeigen, die sie am Nachmittag gefunden haben. Könnte es also sein, dass die Tiere ihre Erinnerungen dadurch verfestigen, dass sie den Inhalt wiederholen?

Das ist für Menzel keine absurde Frage, im Gegenteil. Der Forscher, der als Kind ein »Mondgänger« war, wie er sagt, also ein Schlafwandler, hat sich intensiv mit Bienenschlaf und Bienentraum beschäftigt und sogar ein Schlaflabor in seinem Institut eingerichtet. 2015 konnte er mit seinem Team nachweisen, dass es bei Bienen eine Gedächtnisbildung während der Tiefschlafphase gibt, so wie bei uns auch. Von Menschen weiß man, dass sie etwas neu Gelerntes besser im Gedächtnis speichern können, wenn sie in der anschließenden Nacht besonders lange Tiefschlafphasen durchmachen.

Doch das gilt nicht nur für Säugetiere. Auch Insekten lernen im Schlaf, oder besser gesagt: Ihr Gedächtnis verfestigt sich, während sie ruhen. Und genauso leidet es, wenn die Tiere am Schlafen gehindert werden.

Der Berliner Neurowissenschaftler kreierte mit seinen Mitarbeitern ein Experiment, in dem er seine Bienen am Vortag etwas lernen ließ – als einmaliges Geschehen, ohne jede Wiederholung. Normalerweise bleibt so ein einzelner Lernvorgang nur kurze Zeit im Bienengedächtnis haften. Doch nun wurden die Tiere zeitgleich von einem Duft umströmt. In der darauffolgenden Nacht schliefen sie tief.

Während des Schlafens fächelte das Team den Bienen jenen Duft zu, den sie im wachen Zustand gerochen hatten. Als sie mit Lernen beschäftigt waren. Und siehe da, die Insekten, die den Duft zu riechen bekamen, konnten sich auch noch zwölf Stunden später an den Lerninhalt erinnern. Die Kontrollgruppe schaffte das nicht. Sie hatte zwar dasselbe auf dieselbe Art gelernt, ihren Schlaf jedoch ohne Duftstimulanz verbracht. Die hatte offenbar dazu geführt, dass sich die Erinnerung im Bienenhirn festsetzte, über das Kurzzeitgedächtnis hinaus. Das gibt es auch bei Menschen. Riechen sie einen Duft, während sie etwas lernen, und bekommen sie diesen Duft im Schlaf zugespielt, erinnern sie sich besser an den Inhalt

178

des Gelernten. Der Geruch wirkt als Trigger, als Schlüsselreiz, der dem Gedächtnis buchstäblich auf die Sprünge hilft.

So gibt es offenbar für Lebewesen – über alle Klassenschranken hinweg – universelle Prinzipien: Sie lernen mithilfe von Belohnungen. Und im Schlaf stabilisiert sich ihr Gedächtnis. Was man auch daran sieht, was Schlafentzug anrichtet. Das hat der amerikanische Forscher Tom Seeley in einer Studie aus dem Jahr 2010 gezeigt. Da litt die Präzision der Tänzerinnen nachhaltig, wenn sie am Schlafen gehindert worden waren. Zuvor hatte schon Menzels Gruppe entdeckt, dass Bienen Mühe haben, von einem neuen Ort wieder nach Hause zu finden, wenn sie nicht schlafen durften, nachdem sie sich die neue Stelle eingeprägt haben. Und werden sie in einer Nacht an ihrer Ruhe gehindert, schlafen sie in der folgenden länger. Sie holen nach, was sie brauchen. So wie wir.

Aber träumen sie auch?

Darauf kann die Neurowissenschaft noch keine Antwort liefern. Nur die Beobachtung legt nahe, dass es so sein könnte. Eine Biene, die schläft, lässt ihre Antennen schlaff herabhängen. Doch manchmal beginnen diese Antennen zu zucken, als führten sie ein Eigenleben. Sie schlagen aus wie die Pfoten eines Hundes, der vermutlich ebenfalls träumt. Anders ist sein Wuffen, Aufheulen und Knurren, sein Lefzenzucken, Schwanzwedeln und Pfotenrudern kaum zu erklären. Die Biene zeigt ein ähnliches Verhalten im Schlaf, nur dezenter. Man kann also durchaus vermuten, dass sie ein Traumleben hat. Ob sie in ihrer inneren Welt auch etwas sieht, müssen Menzel und seine Kollegen noch nachweisen. Oder andere Bienenforscher in aller Welt.

Der Berliner Experte ist im Lauf seiner lebenslangen Forschung so mit seinen Bienen verwachsen, dass er nicht nur von ihnen träumt. Er träumt sogar wie sie. Oder besser gesagt, weil wir ja nicht wissen können, was genau eine Biene im Traum erlebt: auf menschengedachte Bienenart. Einen solchen Traum hat er 2015 preisgegeben, während eines Interviews mit dem *ZEIT-Magazin*. Das Gespräch fand mit dem Biophysiker und Autor Stefan Klein statt und ist überaus lesenswert. Da berichtete der Forscher: »Ich schwebe zwischen Zweigen hindurch, die Blüten sind riesig. Und ich nehme die Farben so wahr wie eine Biene: Es gibt kein Rot, dafür wunderbare Schattierungen von Blau. Die reifen Früchte leuchten bunt zwischen den grauen Blättern. Ich meine sogar, dass ich Ultraviolett sehen kann: Die Blüten tragen Muster in dieser Farbe.«

Von Schmerzen und Bedrohungen

Ein solches Traumerlebnis kann zwar die alte Frage »Wie ist es, ein Tier zu sein?« nicht beantworten. Aber es kann uns eine Ahnung vermitteln von den fremden Welten, die uns umgeben und von denen wir noch viel zu wenig wissen. Ausgerechnet jetzt, wo wir anfangen, Fragen von solcher Qualität zu stellen, vollzieht sich das sechste große Artensterben in der Geschichte dieses Planeten. Allen voran trifft es die Insekten. Der Einsatz von Nervengiften in der Landwirtschaft, der Schädlingen den Garaus machen soll, trifft eben auch die Nützlinge und in der Folge die Tiere, die sich von ihnen ernähren, wie die Vögel. Randolf Menzel versteht als Neurowissenschaftler etwas von toxischen Substanzen, die Nervenzellen schädigen. In der Landwirtschaft werden vor allem die sogenannten Neonicotinoide eingesetzt. Das sind Substanzen, die bei Bienen dafür sorgen, dass sie Gelerntes wieder vergessen. Sie finden nicht mehr nach Hause, wenn sie versetzt werden, verlieren einen Teil ihrer Navigationskünste. Bei hohen Dosen werden sie reaktionsunfähig und bekommen Krämpfe, woran sie innerhalb kurzer Zeit sterben. Winzigste Mengen reichen jedoch schon aus, um das Bienengehirn irreparabel zu schädigen.

Die Messung der elektrostatischen Felder im Bienenstock, die seit einigen Jahren im Menzel-Labor unternommen werden, sollen in Zukunft dabei helfen, die Gesundheit eines Volkes zu überwachen. Denn kranke Bienen tanzen seltener und unregelmäßiger. Somit hätte man ein Instrument zur Hand, das Schädigungen im Bienenorganismus nachweisen kann. So, wie die Wissenschaft auch schon gezeigt hat, was sich keiner so recht vorstellen konnte: dass eine Biene Schmerzen empfindet. Bei großer Gefahr fährt sie ihren Stachel aus. Es ist die ultimative Drohgebärde einer Biene, denn wenn sie wirklich sticht, stirbt sie daran. Der Stachel wird ihr aus dem Leib gerissen, weil er sich mit Widerhaken im Körper des anderen festsetzt.

Das Ausfahren des Stachels geschieht also nur unter dem Eindruck höchster Bedrohung. Eine solche Gefahrensituation lässt sich im Labor durch elektrische Impulse simulieren. Sie scheinen den Tieren tatsächlich Schmerzen zuzufügen, denn sie strecken dabei den Stachel aus, fühlen sich offenbar im äußersten Maße bedroht. Wird nun zeitgleich eine chemische Substanz verabreicht, die als Schmerzverstärker bekannt ist, zeigen Bienen ihren Stachel schon weit früher. Sie empfinden also bereits bei schwächeren elektrischen Impulsen den Schmerz, der sie ihr Leben riskieren lässt. Andersherum werden sie schmerzunempfindlicher, wenn sie von einem Duftstoff umströmt werden, der die Tiere zum Kämpfen animiert. Es ist ein Geruch, den Forscher das Stachelpheromon nennen. Wenn eine extreme Bedrohung auf den Stock zukommt, der Bienen ihren Stachel ausfahren lässt, etwa beim Angriff durch ein Raubtier, dann sondern sie dieses Pheromon ab. Der Stoff ist offenbar dazu geeignet, Schmerzen zu dämpfen. Er führt im Versuch dazu, dass Bienen auf elektrische Impulse erst bei höheren Reizstärken reagieren.

Empfindungsfähiger als gedacht, intelligenter als vermutet. Bienen haben sich vor unseren Augen von reflexgesteuerten Robotern in Tiere mit einem Eigenleben verwandelt. Das nun in seiner Existenz bedroht ist.

Kraken – die Aliens im Meer

Nun wird es etwas unübersichtlich. Was sind Kraken genau? Sind sie Tintenfische, Oktopusse, Kopffüßer? Alles zusammen. Ein Krake ist ein Oktopus, also ein achtarmiges Tier, während Tintenfische auch weit mehr Arme haben können. Zugleich ist Tintenfisch die Bezeichnung der Unterklasse, in die Kraken hineingehören. Und die Unterklasse Tintenfisch ist wiederum ein Teil der Klasse der Kopffüßer.

Kopffüßer oder auch Cephalopoden sind uralte Wesen der See. Es gibt sie seit dem Erdaltertum, dem Kambrium, also seit rund 500 Millionen von Jahren. Aber eines haben sie alle gemeinsam, ob acht, zehn oder noch viel mehr Arme, ob mit Innenskelett oder ohne, ob in der Tiefsee lebend oder im seichten Wasser der Küsten: Kopffüßer gehören zu den intelligentesten Vertretern der Wirbellosen. Der Krake ist nur einer von ihnen, aber schon mit ihm und seinen annähernd hundert Arten ist die Wissenschaft vollauf beschäftigt.

Das folgende Kladogramm veranschaulicht die Abstammungsverhältnisse:

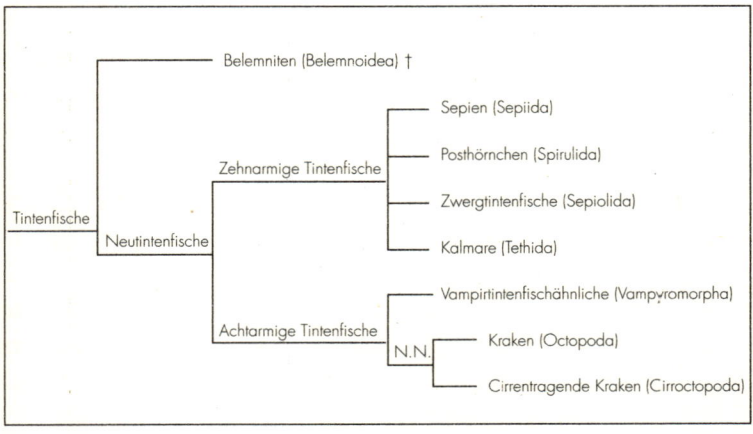

Es ist eine Hymne an einen Kopffüßer: Der Krake sei ein Meisterwerk der Evolution, der wohl komplexeste Organismus, den die Natur je hervorgebracht hat, schreibt der Philosoph Richard David Precht in seinem Buch »Tiere denken«. »Das Fingerspitzengefühl ist das feinste in der ganzen Natur, sensibelste Organe nehmen geringste Wasserströmungen wahr. Riechen und Schmecken kann dieser emotionale Gigant wie kaum ein anderes Lebewesen.« Was für eine Liebeserklärung.

An diese Worte muss ich denken, als ich im dicksten Feierabend-Stau von Los Angeles stehe, eingekeilt in einer Blechkarawane auf Kilometer hinaus, vier Spuren nebeneinander. Es gilt, 25 Meilen vom Süden der Mega-City bis nach Nord-Hollywood hinter mich zu bringen, wo ich Jennifer Mather treffen will. Die renommierte Kraken-Expertin aus Kanada reist so viel durch die Welt, dass man von Glück sagen kann, sie irgendwo zu erwischen. Sie ist 74 Jahre alt, forscht und lehrt aber noch immer als Professorin für Psychologie an der Universität Lethbridge in Alberta. Ihre ersten Untersuchungen zu Oktopussen veröffentlichte sie vor mehr als 42 Jahren. Nun hält sich Mather für ein paar Wochen in Los Angeles auf, um an der University of Southern California die Fortbewegung von Oktopussen zu erforschen. Und hat einen Abend lang Zeit. Uns trennen noch 40 Kilometer voneinander. Es geht nur im Schritttempo voran.

Dass Kraken die Vertreter einer intelligenten Spezies sind und nicht nur eine Pizza-Beilage, weiß man noch nicht allzu lange. Mitte der Achtzigerjahre beobachtete Jennifer Mather einen Oktopus vor der Insel Bermuda, der in der Umgebung seiner Höhle Steine einsammelte. Nacheinander trug er sie zu seinem Unterschlupf. Dort legte er die Steine so aus, dass sie den Eingang seines Verstecks regelrecht zumauerten. Als nur noch ein Spalt frei war, zwängte sich das Tier hindurch. Und hielt nun eine Höhle besetzt, die weit besser vor Eindringlingen geschützt war als zuvor. »Werkzeuggebrauch«, schoss es Mather damals durch den Kopf. Etwas, das man in den Achtzigern allenfalls den

Primaten zugestanden hatte. »Doch von diesem Augenblick an wusste ich«, so die Psychologin, »dass Kraken intelligent sind.« Inzwischen haben die Angehörigen der Tintenfisch-Unterklasse für Aufsehen in der Wissenschaft gesorgt. Manche Forscher halten sie sogar für die intelligentesten Tiere unter den Wirbellosen, noch vor den Bienen. Sie verweisen auf die nahezu 500 Millionen Nervenzellen im Krakengehirn, das keine Barriere zum restlichen Körper kennt, sondern sich ausbreitet bis in alle acht Arme. Wo das Hirn anfängt und wo es endet, lässt sich nicht genau sagen. Es ist, als habe jeder Arm sein eigenes Denkvermögen, von den 500 Millionen Neuronen stecken rund zwei Drittel in diesen Gliedmaßen.

Kraken sind wie Aliens im Meer. Sie haben so gut wie nichts mit uns gemeinsam. Ihre Arme beginnen am Kopf und sind übersät mit Hunderten Saugnäpfen, mit denen die Tiere schmecken, tasten und greifen wie mit Pinzetten – von operierten Kraken weiß man, dass sie die Knoten des Nahtmaterials öffnen und sich die Fäden selbst ziehen können. Sie schwimmen per Rückstoßprinzip, indem sie Wasser wie mit einem Düsenstrahl aus ihrem Körper pressen. Blaugrünes Blut fließt durch ihren Organismus, und in ihrem Inneren schlagen drei Herzen.

Bis zu tausendmal am Tag wechselt ein Oktopus seine Farbe. Und das innerhalb einer Sekunde oder noch weniger. Er lässt Streifen über seinen Körper fließen oder Punkte aufleuchten. Zur Tarnung kann er die Struktur einer grobkörnigen Sandbank annehmen oder aussehen wie Seegras. Wenn er flieht, verspritzt er aus einer Drüse eine tintenartige Flüssigkeit, die dem Angreifer das Sichtfeld vernebelt.

Doch manchmal kommen uns diese fremden Wesen unerwartet nah. Sie erkennen die Gesichter einzelner Menschen. Jennifer Mather und ihre Kollegen haben diese Fähigkeit im Jahr 2010 getestet: mit einer Person, die acht Kraken fütterte, und einer anderen, die die Tiere mit einer Bürste berühren wollte. Nach Ablauf von zwei Wochen zeigten sich deutliche Unterschiede in der Re-

184

aktion der Kraken, sobald sich die Testpersonen näherten. Dem fütternden Menschen streckten sie ihre Arme entgegen, während sie vor dem Angreifer flohen oder ihm den Körperteil zuwandten, aus dem sie Wasser spritzen. Sie wechselten auch ihre Farbe, sobald er auftauchte.

Es gibt zahlreiche Beobachtungen von Kraken in Aquarien, die ungeliebte Praktikanten mit Wasser bespritzen. Und zwar noch Monate später, wenn die betreffende Person längst ihren Dienst quittiert hat und sich nur noch besuchsweise blicken lässt.

Zwei dieser ozeanischen Aliens haben es in den vergangenen Jahren ins Licht der Öffentlichkeit geschafft. Das war zum einen Paul, der sogenannte Orakel-Krake, der während der Fußballweltmeisterschaft 2010 das Ergebnis einzelner Partien »vorhersagte«. Dazu ließ man ihn zwischen zwei Acrylboxen auswählen. Jede enthielt eine Muschel und war überdies mit den Landesflaggen der beiden gegnerischen Fußballmannschaften bedruckt. Das Tier tippte korrekt den Ausgang aller Spiele des deutschen Teams sowie auch das Finale, immerhin acht Partien. Auch zwei Jahre zuvor, während der Europameisterschaft 2008, lag Paul bei vier von sechs Spielen mit seiner Prognose richtig. Das schuf einen regelrechten Medien-Hype um den Oktopus, der im Oktober 2016 im Alter von knapp zwei Jahren starb und dessen Prophezeiungen höchstwahrscheinlich auf menschliche Wettmanipulation zurückzuführen sind. Die Tiere reagieren auf geringste Geruchsspuren. Einem nach Fisch riechenden Behälter können sie nicht widerstehen, wie ein Experiment von Jennifer Mather gezeigt hat.

Die zweite Kraken-Prominenz war Inky, ein männliches Tier der Spezies Gewöhnlicher Krake. Er machte Schlagzeilen mit seinem geglückten Ausbruch aus dem National-Aquarium im neuseeländischen Napier. Anfang 2016 quetschte er sich durch einen winzigen Spalt eines nicht ausreichend gesicherten Wasserbeckens. Das Tier war etwa so groß wie ein Fußball, schaffte es aber, jeden einzelnen Zentimeter seines knochenlosen Körpers durch die Öffnung zu zwängen, bis er vollständig dem Glaskasten entkommen war. Dann muss er nach den Worten des Aquariumdirektors Rob Yarall auf den Boden gefallen sein, um sodann in Richtung eines Abflussrohrs zu kriechen. Das legten die Abdrücke seiner Saugnäpfe auf dem Boden nahe. Offenbar hat Inky das Meer gerochen, denn er schob sich in das Abflussrohr hinein, das nach rund 50 Metern in den Ozean mündete. So entkam er in die Weite des Meeres und schaffte es überall auf der Welt in die Nachrichtenspalten.

Wie ist das möglich, dass ein Krake sein Element verlässt? Das würde ich Jennifer Mather gern fragen. Jetzt, wo ich endlich die Straße erreicht habe, in der sie wohnt. Aber sie ist nicht zu Hause. Der Nachbar hat sie auch nicht gesehen. Nach einer Dreiviertelstunde des Wartens erblicke ich auf dem Gehsteig eine ältere Dame mit kurzen, fast silbernen Haaren, die einen hellgrauen Freizeitanzug trägt und sich unschlüssig umsieht. Das muss sie sein. Und tatsächlich: Jennifer Mather kommt mir entgegen, gibt mir die Hand und hat nur einen Wunsch: essen gehen. Am liebsten japanisch. Nach einem langen Tag an der Universität ist sie hungrig.

Wir landen nicht beim Japaner, sondern in einer überfüllten Pizzeria, in der man sich anschreien muss. Das Aufnahmegerät zwischen uns flackert, ich sehe die Ausschläge im roten Bereich. Doch trotz des Radaus um uns herum erzählt mir nun die Kraken-Expertin, über schwimmreifengroße Pizzen hinweg, wie Inky die Flucht gelingen konnte.

»Nicht jeder Oktopus versucht, aus seinem Aquarium ausbrechen«, sagt sie. »Einige allerdings schon. Und die sind dann sehr umtriebig.« Ich erfahre, dass Kraken keinerlei Scheu haben, ihr Element zu verlassen. Immer mal wieder steigen sie aus dem Wasser, wandern über Land, um so von einem Meeresarm zum anderen zu gelangen. Etwa fünfzehn bis dreißig Minuten können sie an der Luft überleben. Dabei arbeiten sie sich mit ihren Schlangenarmen vorwärts und schlingern mit dem Kopf hinterher, geleitet von ihrem phänomenalen Geruchssinn. Manche Tiere jagen auch an Land, schnellen aus dem Wasser und überfallen Krabben, die auf Felsen unterwegs sind.

Hatte Inky einen Plan?

»Ich glaube nicht, dass Inky seine Flucht geplant hat. Ich denke, er hat eine Gelegenheit genutzt«, sagt Mather und arbeitet sich mit einem stumpfen Messer durch ihre Pizza Margherita. »Was nicht heißen soll, dass Kraken nicht planen.«

Als sie meine Überraschung sieht, lacht sie.

Kraken seien zuallererst Lerntiere, sagt die Forscherin. Als Einzelgänger erschlössen sie sich ihre Welt eigenständig durch Ausprobieren, Versuch und Irrtum. »Wir sehen im Labor nicht, wie intelligent sie wirklich sind. Wir konfrontieren sie dort nur mit einer Situation, worauf sie reagieren. Doch in Freiheit ist das ganz anders. Sie erkunden ununterbrochen ihre Umgebung, sammeln Informationen, werten sie aus, treffen jede Menge Entscheidungen.«

Auch wenn sich ein Oktopus den überwiegenden Teil seines Lebens in eine Höhle zurückzieht – oder in ein irgendwie geartetes Refugium, das bei kleinen Arten auch eine Bierdose sein kann –, ist er sehr aktiv, sobald er seine Höhle verlässt. Sein Jagdgebiet wechselt er ständig. Und das ergibt auch Sinn. Kraken fressen bevorzugt Krabben und Muscheln, und wenn sie unter diversen Steinen Beute gemacht haben, werden anderntags nicht gleich neue dort zu finden sein.

Mather hat mit ihren Kollegen und Studenten einzelne Tiere tagelang beobachtet, lückenlos von morgens sechs Uhr bis zum Einbruch der Dunkelheit. Und dabei entdeckt, dass die Kraken zwar täglich in andere Richtungen aufbrechen, einmal in Richtung Norden, anderntags in die Gegenrichtung, jedoch stets auf direktem Weg in ihr Heim zurückkehren. Was bedeutet: »Kraken haben ein räumliches Erinnerungsvermögen«, sagt Mather. »Sie wissen genau, wo sie gestern waren.« Unterwegs sind sie schutzlos, weshalb sie sich tarnen müssen. Das ist übrigens eine der ersten Lektionen, die Mather ihren Studenten mit auf den Weg gibt: »Verzweifle nicht, wenn du einen Oktopus beobachtest und er sich plötzlich in Luft auflöst.« Dann ruht er reglos auf dem Untergrund, mit dem er optisch verschmilzt. Für das menschliche Auge wird er unsichtbar, weil er die Gestalt des Riffes annimmt oder der Steinformation, des schlammigen Bodens, der Sandbank. Man entdeckt ihn erst wieder, wenn er sich bewegt.

Da der Oktopus auf seinen Jagdzügen nicht nur kriecht, sondern streckenweise auch schwimmt, ist es unwahrscheinlich, dass er sich an seinen eigenen Geruchsspuren auf dem Boden orientiert, um seine Höhle wiederzufinden. Wie also navigiert er? Hauptsächlich, indem er lernt, wie seine Umgebung aussieht. Mather hat mit ihren Teams in Feldstudien, aber auch in Laborversuchen herausgefunden, dass die Tiere visuelle Landmarken zur Orientierung nutzen. Dabei richten sie sich eher nach großen Strukturen, also Riffbänken oder Felsformationen. Künstlich gesetzte Landmarken, die die Forscher in der Nähe ihrer Höhle platzierten, beachteten sie dagegen kaum. Auch dann nicht, wenn die Objekte sehr auffällig waren. Als man sie versetzte, fanden die Tiere dennoch zuverlässig nach Hause.

»Kraken haben sehr unterschiedliche Persönlichkeiten«, sagt die Kanadierin, die jetzt kurzerhand ihre Pizza in Stücke reißt und mit den Händen weiterisst, weil das Messer nichts taugt. »Es gibt scheue Typen und das Gegenteil davon, regelrechte Draufgänger.«

Sie erzählt von »dem Kühnen«, einem Oktopus, den sie ebenfalls vor Bermuda ausgiebig beobachten konnte, weil er sich die meiste Zeit des Tages nicht versteckte, sondern sich außerhalb seiner Höhle herumtrieb. Stets mit leicht geblähtem Mantel, was ihn größer erscheinen ließ. Das Tier, das anfangs als Nummer fünf in der Beobachtungsstudie geführt wurde, zeigte ein recht untypisches Verhalten für seine Spezies. Normalerweise sitzen Kraken mehr als siebzig Prozent ihrer Lebenszeit in einem Unterschlupf und verlassen ihn nur für kurze Jagdausflüge. Doch der Kühne hatte ein unerschrockenes Wesen, was ihm auch zu seinem Namen verhalf. Ganz anders als Artgenosse Nummer 30, den Mather zur gleichen Zeit studieren wollte, aber nie zu Gesicht bekam. Dass das Tier lebte und jagte, vermutlich zur Nacht, schlossen die Forscher nur aus dem wachsenden Muschel- und Krabbenschalenberg vor seiner Höhle. »Ich hab ihn tatsächlich kein einziges Mal herauskommen sehen«, sagt Mather. Der Kühne hat seine Streifzüge allerdings mit einem kurzen Leben bezahlt. Noch innerhalb des Untersuchungszeitraums wurde er von einem Raubfisch erbeutet.

An 44 Pazifischen Roten Kraken in einem Labor in Seattle testeten Mather und ihre Kollegen Roland C. Anderson und James B. Wood das individuelle Verhalten dieser Art, die etwas ruhiger agiert als die Spezies Gewöhnliche Krake, zu der Inky und der Kühne gehörten. Es war die erste Verhaltensstudie an Oktopussen überhaupt. Sie zog sich über drei Jahre hin und wurde schließlich 1993 veröffentlicht. Im Verlauf der Untersuchung zeigten die Tiere höchst unterschiedliche Wesenszüge. »Da war alles dabei«, sagt die Psychologin, die auch Biologin ist. Näherten sich die Forscher den Tieren mit einem Gegenstand, verzogen sich manche Kraken in die hintersten Winkel des Aquariums, andere verspritzten Tinte, während es auch Tiere gab, die jegliche Annäherung schlicht ignorierten. Wurde den Oktopussen Futter in Form von Krabben angeboten, kamen einige herbeigeschwommen und nahmen sie entgegen. Andere saßen in ihrer Ecke und warteten, bis die Beute auf sie zugekrochen kam.

Spätere Studien bestätigten die Ergebnisse von Mather und ihren Kollegen. »Und doch wissen wir immer noch viel zu wenig«, sagt Mather und beugt sich weit über ihren Teller nach vorn. Der Geräuschpegel ist unbeschreiblich, Kellnerinnen hasten an unserem Tisch vorbei mit scheppernden Geschirrstapeln auf den Armen. »Was auch daran liegt, dass es so wenige Labors gibt, die überhaupt zu Kraken forschen.«

Die Frage liegt nahe: Können Kraken hören? »Nicht wie wir«,

189

sagt Mather. »Sie haben keine Ohren. Aber sie nehmen Töne als Vibrationen wahr.«

Dass man so wenig über die Aliens aus dem Meer weiß, liegt auch daran, dass sie sich nicht züchten lassen. Wenn sie aus ihren Eiern schlüpfen, sind sie zunächst Teil des Planktons, dessen Lebensweise in den Meeresströmungen kaum in einem Aquarium simuliert werden kann. Ein im Labor geschlüpfter Oktopus stirbt meist nach wenigen Tagen. Das heißt, man fängt Versuchstiere im Meer. Oder man beobachtet sie in ihrer natürlichen Umgebung, steht dann aber vor der Schwierigkeit, nicht unter Laborbedingungen testen zu können. Daher beruht so manches, was man über die Kopffüßer in Erfahrung gebracht hat, entweder auf Studien, die bislang nicht wiederholt werden konnten, oder auf anekdotischem Wissen. Wobei einige der Anekdoten nicht nur eindrucksvoll sind, sondern sich auch aus mehreren Quellen speisen. So sind Oktopusse in diversen Labors dabei beobachtet worden, wie sie aus ihren Becken kletterten, über den Boden zu einem anderen Aquarium krochen, dort hineinstiegen und jagen gingen. Sie fraßen sich an den Muscheln und Krabben satt und kehrten anschließend wieder in ihr eigenes Becken zurück. Ganz so, wie sie in Freiheit agieren, wenn sie ihre Höhle verlassen und auf Beutefang gehen.

Orientierung

In den vergangenen Jahren hat man Kraken immer wieder in Labyrinthe gesteckt, um zu ermitteln, wie findig sie sind. Ob es ihnen gelingt, den einzig möglichen Ausgang zu entdecken. Im Jahr 2007 veröffentlichten Psychologen der Millersville University in Pennsylvania eine solche Labyrinth-Studie. Die Versuchsleiter entließen zehn Tiere in ein kreisförmiges Becken, das von einer Trennwand in zwei Hälften geteilt wurde. Nur in der Mitte gab es einen Durchlass. In beiden Beckenhälften befand sich je eine Bodenöffnung, doch nur eine der beiden war auch tatsächlich passierbar: Das war der Ausgang.

Nach jedem Testlauf veränderten die Forscher das Experimentierfeld. Statt eines sandigen Untergrunds schufen sie einen steinigen Boden, legten Seile ins Becken, verhängten mit dunklen oder hellen Handtüchern Bereiche außerhalb des Beckens, weil sich Kraken vermutlich auch an Strukturen vor ihrer Scheibe orientieren können. Innerhalb der Becken dienten verschiedene Felsformationen als visuelle Landmarken, sodass es für jeden Oktopus und in jedem Testlauf eine andere Umgebung gab. Die Motivation, aus dem Labyrinth zu entkommen, steigerten die Versuchsleiter mithilfe von Licht. Kraken mögen keine Helligkeit und suchen rasch nach einem Versteck, wenn ihre Umgebung ausgeleuchtet wird.

Sechs der zehn Kraken lösten die Aufgabe und fanden den Ausgang. Dreien gelang das überaus schnell, und einer schaffte es sogar auf direktem Weg. Die falsche, weil verschlossene Öffnung wurde von keinem Tier getestet. Offenbar kam sie für Fluchtversuche von vornherein nicht infrage. Die vier Kraken, die es nicht schafften, machten entweder erst gar keinen Versuch, sondern verkrochen sich hinter einem Felsen, oder sie schwammen ziellos durchs Becken.

Lernen durch Ausprobieren

Wenn man niemanden hat, der einem etwas beibringt, muss man sich selbst helfen. Kraken werden nicht von Eltern großgezogen, sondern sind vom Moment des Schlüpfens an auf sich allein gestellt. In ihrem Leben als Plankton spült die See sie einfach irgendwohin. Im Lauf des Heranwachsens sinken sie zu Boden, der schließlich ihr neues Habitat wird. Doch wie das aussieht und welche Beutetiere dort leben, kann ein Krake nicht beeinflussen. Er muss mit dem klarkommen, was sich ihm bietet. Landet er auf Schlamm und findet keine Höhle vor, kann er auch in eine Kokosnussschale ziehen, falls er klein genug dafür ist.

Wie ein Oktopus lernt, entdeckten Mather und Anderson

2010 in einer Studie, die sie schon fast für gescheitert erklären wollten, als ihnen der Zufall zu Hilfe kam.

Sie hatten zwölf Kraken Schraubgläser überreicht, in denen sich Einsiedlerkrebse befanden, die bevorzugte Beute. Oktopusse sind es gewohnt, sich mit schwierigen »Verpackungen« auseinanderzusetzen, und haben mehrere Strategien entwickelt, um zum Beispiel Muscheln zu öffnen, die sich nicht öffnen lassen wollen. Zuerst versuchen sie es mit Kraft, drücken die Muschelränder auseinander. Wenn das nicht zum Erfolg führt, bohren sie Löcher in die Schale und injizieren ein Gift, bis das Weichtier aufgibt. Manchmal setzen sie auch ihren kräftigen Schnabel ein, der einzige Körperteil an ihnen, der fest ist. Nun wollten Mather und Anderson untersuchen, was den Kraken bei einem Problem einfällt, das sie noch nie gesehen haben. Schraubgläser also.

Durch zähes Ausprobieren gelang es den Tieren, den Verschluss aufzudrehen und die Krebse herauszuholen. Doch da sie für jedes Schraubglas, für jeden Versuch immer wieder aufs Neue rund eine Dreiviertelstunde benötigten, wurde offensichtlich, dass sich kein Lernerfolg einstellte. Sie fingen stets von vorn an und konnten nicht von ihren Erfahrungen mit dem Verschluss profitieren. Ergo: Sie lernten nicht. Doch was war der Grund? Wo sie doch in ihrer natürlichen Umgebung immerzu lernten und Jagdtechniken verbesserten, findiger wurden, strategischer.

Mather vermutete, dass es an der Absonderlichkeit des Rohstoffes Glas lag. Ein Beutetier zu sehen, es jedoch nicht berühren zu können, muss für einen Oktopus etwas Unbegreifliches sein, in seiner Welt kommt so etwas nicht vor.

Anderson testete zu gleicher Zeit auch einen Pazifischen Riesenkraken, dem er einen Hering ins Glas gesteckt hatte. Und siehe da, der Riesenkrake wurde von Versuch zu Versuch schneller. Er lernte. Er wurde ein Profi.

Jennifer Mather lächelt und macht eine Pause. Blickt mich an und will mich offenbar zappeln lassen. »Und?, frage ich. »Warum konnte er das und die anderen nicht?«

Noch eine Pause. Aber nur, weil die Kellnerin kommt und uns die Rechnung auf den Tisch legt. »Weil Roland sich die Hände nicht gewaschen hat, nachdem er den Hering ins Glas packte«, sagt Mather. »Und mit diesem Geruch an den Fingern hat er dann den Verschluss zugeschraubt. Nun sah der Krake den Hering nicht nur, er roch ihn auch. Das war der entscheidende Hinweis, den er brauchte.« Es war die Information, die sein Hirn in den Armen auf Trab brachte. Und den zwölf Kraken, die Mathers Team daraufhin erneut testete, diesmal mit geruchsintensiven Schraubgläsern, ging es genauso. Am dritten Tag öffneten sie die Verschlüsse in durchschnittlich fünfzehn Minuten.

Warum sind sie so schlau?

Kraken setzen zwei Kriterien außer Kraft, die man bei intelligenten Lebewesen erwartet: Langlebigkeit und die Zugehörigkeit zu einer sozialen Gruppe. Beides trifft bei den Kopffüßern nicht zu. Sie sind für gewöhnlich Einzelgänger, und manche Arten haben eine Lebenserwartung von gerade mal sechs Monaten. Die langlebigsten werden um die vier Jahre alt. Was daran liegt, dass ein Männchen nach der Paarung stirbt und ein Weibchen nach der Eiablage aufhört zu fressen. Sie bewacht nur noch ihr Gelege, fächelt ihm frisches Wasser zu, verhindert, dass sich Algen auf den Eiern absetzen, sodass sie manchmal sechs Monate und noch länger hungert, bis die Jungtiere schlüpfen. In dieser Zeit verzehrt sie sich quasi selbst und stirbt einen langsamen Tod.

Auf Kraken trifft jedoch ein anderes Kriterium zu, das wie ein Katalysator wirkt, wenn es um die Entwicklung eines potenten Gehirns geht: eine überaus herausfordernde Umgebung. Kraken sind Weichtiere, die im Lauf der Evolution ihren Panzer verloren haben. Ihre knochenlose Anatomie macht sie zur idealen Beute. Aber eben auch zu hoch qualifizierten Jägern, deren Beweglichkeit keine Grenzen kennt. Als Jäger und Gejagte zugleich benötigen sie ein vielfältiges Set an Überlebensstrategien.

Doch kaum hat man einen Blick in diese fremde Welt getan, taucht das nächste Rätsel auf. Normalerweise sind Kraken Beute füreinander, sie fressen sich gegenseitig und kommen nur zur Paarung zusammen. Ein Grund, warum sie in Aquarien nicht gut zusammen gehalten werden können. Doch ein amerikanischer Oktopus-Experte namens David Scheel hat mit einem internationalen Forscherteam im September 2017 nachgewiesen, dass zehn bis fünfzehn Oktopusse der Art Gemeiner Sydneykrake vor Australien an einem Felsen zusammenleben. Wie in einer Hausgemeinschaft. Und diese Beobachtung machten die Wissenschaftler nicht zum ersten Mal. Schon vor einigen Jahren trafen sie auf eine ähnliche Kraken-Gruppe, hielten dies aber für einen kuriosen Zufall.

Mit einer Videokamera zeichneten Scheel und seine Kollegen die Aktivitäten der Kopffüßer auf. Und sahen, es gab sie zuhauf. Die Tiere sandten sich Signale zu, warben umeinander, verteidigten ihre auserwählten Partner vor Konkurrenten, vertrieben den ein oder anderen Artgenossen aus seiner Höhle oder verscheuchten ihn gleich ganz vom Felsen. Vielleicht war es nicht das fürsorglichste Verhalten, das sie zeigten, aber ganz zweifelsohne war es ein soziales.

Was sagt Jennifer Mather dazu, auf dem Parkplatz, bevor ich sie nach Hause bringe? »Manchmal gibt es das tatsächlich, das stimmt. Wenn ein Oktopus, der eigentlich allein lebt, sich ein Habitat mit anderen teilen muss.« Dann könne es zu einer Art simplen sozialen Struktur kommen. Das klingt nach einem Arrangement unter misslichen Umständen: wenn ein Habitat so begehrt ist, dass man notgedrungen noch andere Artgenossen in Kauf nimmt. Scheel jedoch sieht das anders. Er glaubt, dass es unter den Kraken weit mehr soziales Leben gibt, als man bislang gedacht hat. Weshalb er den entdeckten Krakenfelsen auch »Octlantis« getauft hat.

Es ist also wie immer: Suche eine Antwort und erhalte drei neue Fragen.

194

Sprache: Der letzte Rubikon

Wie Dominosteine kippten feste Überzeugungen im Lauf der Jahrzehnte um. Tiere benutzen keine Werkzeuge? Jane Goodall bewies das Gegenteil. Aber sie stellen keine Werkzeuge her! Auch das wurde widerlegt. Gefolgt von: Tiere haben keine Kultur, sie kooperieren nicht, sie verfügen nicht über Selbstwahrnehmung. All das lässt sich nicht mehr halten.

Doch ein Turm steht noch. Mit derselben Überzeugung von damals, mit derselben Unbedingtheit hört und liest man heute: Tiere haben keine Sprache. Sie können kommunizieren, auch sicherlich komplex. Aber Sprache? Die ist allein dem Menschen vorbehalten. Sprache ist der letzte echte Rubikon zwischen »uns und ihnen«.

Eines sei vorausgeschickt: Es kann durchaus sein, dass das stimmt. Dass so viele Bastionen gefallen sind, bedeutet ja nicht, dass keine existieren. Es ist möglich, dass in zwei, zehn oder zwanzig Jahren der klare Nachweis vorliegt, dass Tieren die Fähigkeit der Sprache tatsächlich nicht gegeben ist. Bislang fehlt dieser Nachweis allerdings. Von außen betrachtet, wirkt daher die scharfe Grenzziehung seltsam, gerade vor dem Hintergrund, wie häufig und wie umfassend sich die Wissenschaft schon in Tieren geirrt hat.

»Es gibt einen grundsätzlichen Unterschied zwischen Mensch und Tier, eine klare Trennlinie, so schroff und unverrückbar wie eine Klippe: die Sprache.« Das schreibt der Schriftsteller Tom Wolfe in seinem 2017 erschienenen Werk *Das Königreich der Sprache*. Das ist der Turm.

Derselbe Autor beginnt sein Buch jedoch mit einem denkwürdigen Absatz. Er lautet: »Die wesentlichen Fragen zu Ursprung und Entwicklung unseres Sprachvermögens sind nach wie vor ein Rätsel.« Das heißt also, wir wissen nicht, warum wir sprechen können und wie das alles angefangen hat. Aber wir wissen ganz genau, dass das, was wir noch nicht verstanden haben, nur bei uns vorkommt. Nun ist Tom Wolfe kein Wissenschaftler. Aber er hat auf den Punkt gebracht, wie beharrlich Überzeugungen sein können, auch wenn sie nicht bewiesen sind. So existiert nun also bis zum heutigen Tag eine feine, aber klare Unterscheidung in Sprache bei Menschen und Kommunikation bei Tieren. Auch Irene Pepperberg zieht diese Grenze, trotz ihres Graupapageis Alex, der mit seinen kommunikativen Fähigkeiten immer wieder in eine Grauzone vorgedrungen ist. Anders lässt sich nicht erklären, dass er Worte erfinden und mit der menschlichen Sprache herumspielen konnte. Denn Kommunikation ist so etwas wie ein geschlossenes System aus Signalen und Antworten, die einem Kontext entspringen, also streng an eine Situation gebunden sind und diesen Kontext auch nicht verlassen. Wortspielereien gehören nicht dazu.

Dennoch sagt die Forscherin aus Boston, dass Sprache noch etwas anderes sei, etwas Weitreichenderes. Dafür hat sie auch eine anschauliche Erklärung: »Stellen Sie sich ein Tier vor«, sagt sie, »das Sie noch nie gesehen haben und das ich Ihnen folgendermaßen beschreibe: Es hat einen riesigen Schnabel und Eselsohren. Es trägt am Rücken gelbe Streifen und hat eine Mähne wie ein Pferd, dazu einen geringelten Schwanz. Wenn man Ihnen diese Kreatur nun auf einer Zeichnung zeigen würde, könnten Sie sie auf Anhieb erkennen. Denn sie entspricht meiner Beschreibung. Ich glaube nicht, dass ein Tier zu so etwas in der Lage ist.« Das ist allerdings die hohe Schule des Sprechens, die freie Assoziation, die ohne einen Kontext auskommt. Aber so wie Kultur nicht gleich Hochkultur ist, sondern eben auch in weit weniger anspruchsvollen Formen existiert: Warum sollte das nicht gleichermaßen für Sprache gelten?

196

Das zumindest fragt sich der Biologe Con Slobodchikoff aus Arizona, der bis 2011 den Lehrstuhl für Biologie an der Northern Arizona University innehatte. Slobodchikoff ist derzeit einer der ganz wenigen Wissenschaftler, die das Sprachvermögen von Tieren für wahrscheinlich halten. Er hat drei Jahrzehnte lang an Präriehunden geforscht, kleinen Nagetieren im nordamerikanischen Grasland, die für ihre Umwelt vor allem eines sind: Beute. Um zu überleben, tauschen sich die Nager über ein komplexes Warnrufsystem aus, das in einer Art Telegrammstil wesentliche Informationen über Raubtiere weitergibt, nebst detaillierter Beschreibung.

Was Con Slobodchikoff nun an der ganzen Diskussion um Sprache so stört, ist der anti-evolutionäre Gedanke eines Grabens zwischen uns und anderen Spezies. »Alles im Menschen hat seinen Ursprung in anderen Arten«, schreibt er in seinem Buch *Chasing Doctor Dolittle*, in dem es um Tiersprachen geht. »Alles kann entlang einer evolutionären Linie zurückverfolgt werden. Und plötzlich soll sich eine unüberwindbare Kluft zwischen uns und dem Rest allen Lebens aufgetan haben? Das ergibt keinen Sinn.«

Allerdings gab es mindestens einmal einen kapitalen Sprung in der menschlichen Hirnentwicklung. Die ersten Menschenartigen, die vor drei bis vier Millionen Jahren lebten und begannen, sich auf zwei Beinen fortzubewegen, hatten mit 450 Kubikzentimetern noch ein vergleichsweise kleines Gehirn. Es war ungefähr so groß wie das heutiger Schimpansen. Auf diesem Niveau stagnierte es lange Zeit. Doch dann schien plötzlich etwas in Gang zu kommen: Als der rätselhafte *Homo habilis*, ein Mischwesen zwischen den Menschenartigen und den Menschen, vor rund zwei Millionen Jahren die Weltbühne betrat, war sein Gehirn bereits deutlich gewachsen, es betrug rund 700 Kubikzentimeter. Und das Denkorgan des nur wenig später auftauchenden *Homo erectus* – dem Ahnvater des Neandertalers und des modernen Menschen – hatte noch einmal zugelegt, auf 800 bis

1000 Kubikzentimeter. *Homo erectus* ging etwa 1,8 Millionen Jahre vor unserer Zeit bereits vollständig aufrecht, er benutzte Werkzeuge – und er beherrschte das Feuer. In so kurzer Zeit einen solchen Sprung im Hirnvolumen, das ist erstaunlich. Wie lässt sich das erklären?

Fragt man Onur Güntürkün, den Bochumer Biopsychologen, erhält man spannende Antworten. Zunächst einmal die Information, was für ein gewaltiger Energiefresser das menschliche Gehirn ist. Glatte 20 bis 30 Prozent unserer täglichen Kalorienzufuhr müssen wir dem Hirn zur Verfügung stellen. »Kein Lebewesen außer dem Menschen ist imstande, sich so viel Energie zuzuführen«, sagt Güntürkün. Was aber hat uns in die Lage versetzt, unser Hirn so zu füttern, dass es wuchs und wuchs und wuchs?

Das Feuer, vermutet Güntürkün. Die Hitze des Feuers schließt unsere Nahrung so auf, dass plötzlich 30 Prozent mehr Energie zur Verfügung stehen als im ungekochten Zustand, vor allem bei pflanzlicher Nahrung. »Pflanzen speichern ihre Energie hinter harten Zellmembranen«, sagt der Wissenschaftler. »Das meiste davon wird daher wieder ausgeschieden, wenn es roh verzehrt wird.« Nicht aber, wenn man es in kochendes Wasser wirft oder im Feuer röstet. Dann platzen die Zellmembranen, die Energie steht dem Körper zur Verfügung und füttert das Gehirn.

Wer den ganzen Tag nur ums Überleben kämpft, kann sich kein Luxusorgan leisten, das dermaßen viele Kalorien verbraucht. Doch findet man eine Möglichkeit, sich innerhalb kurzer Zeit viel Energie zuzuführen, ist man mit einem hochkomplexen Gehirn auf einmal im Vorteil. Es macht das Überleben einfacher. Wer schlau ist, kann bessere Waffen bauen. Wer bessere Waffen baut, wird beim Jagen erfolgreicher sein und dem Tod öfter von der Schippe springen.

Der Vorfahr des modernen Menschen hatte also bereits ein recht großes Gehirn und die Möglichkeit, es zu füttern. Doch gibt es überhaupt einen Zusammenhang zwischen dieser sprung-

198

haften Hirnentwicklung vor Millionen Jahren und unserem Sprachvermögen? Nein, sagt der Hirnforscher Gerhard Roth. Die menschliche Sprache sei erst viel später aufgetaucht. Das schreibt Roth in seinem Buch *Wie einzigartig ist der Mensch?*. Danach sei die menschliche Sprache längstens vor 600.000 Jahren entstanden, »wahrscheinlich aber sehr viel später, und zwar vor 150.000 bis 80.000 Jahren«.

In jüngster Zeit regen sich Zweifel, ob das so zutrifft. Im Januar 2017 erschien eine Studie, in der ein Forscherteam aus Frankreich und den USA um den Anthropologen Louis-Jean Boë mindestens fünf vokalähnliche Lautbildungen bei Pavianen analysiert hat. Vokale sind ein Schlüsselfaktor unserer menschlichen Sprache. Doch jahrzehntelang war man der Ansicht, Primaten könnten sie schon aufgrund der Lage ihres Kehlkopfs nicht erzeugen. Bei ihnen sitzt das Organ höher als bei uns. Was unbefriedigend an dieser Erklärung blieb: Auch Babys können Vokale formen, trotz ihres noch hoch sitzenden Kehlkopfs. Und: Bereits in früheren Forschungsarbeiten hatten sich immer mal wieder Hinweise auf vokalähnliche Laute bei Pavianen ergeben. Es blieb nur unklar, wie sie entstehen können. Die Forscher zeichneten für ihre Studie mehr als 1400 Pavian-Laute auf, um sie zu analysieren. Dabei entdeckten sie mindestens fünf Laute, die mit Vokalen aus dem International Phonetic Alphabet übereinstimmen. Bei der Obduktion zweier Paviane, die eines natürlichen Todes gestorben waren, fanden die Anthropologen schließlich dieselben Muskeln in den Zungen der Affen, wie wir sie haben – und damit deren generelle Fähigkeit, auch dieselben Zungenbewegungen auszuführen. Die anatomischen Voraussetzungen für Spracherzeugung sowie die Bildung vokalähnlicher Laute sind nun für das Forscherteam ein klarer Hinweis darauf, dass Sprache keinesfalls aus dem Nichts entstand. Über einige ihrer Bausteine muss bereits unser gemeinsamer Vorfahr verfügt haben. Und das würde bedeuten: vor mehr als 25 Millionen Jahren.

Dies war nicht die einzige Studie dieser Art. Nur einen Monat zuvor, im Dezember 2016, war eine Forschungsarbeit mit einem ganz ähnlichen Ergebnis erschienen. Der Wiener Evolutionsbiologe W. Tecumseh Fitch hatte mit seinen Kollegen an drei Langschwanz-Makaken gezeigt, dass sie ebenfalls anatomisch in der Lage sind, Vokale zu bilden. »Diese Tiere sind sprechbereit«, schloss Fitch, der mithilfe von Röntgen-Videos alles aufzeichnete, was die Makaken mit ihren Stimmapparaten anstellen konnten. Ihnen fehle es jedoch an einem sprechbereiten Gehirn, an der neuronalen Kontrolle, so das Fazit, um ihre latent schlummernde Fähigkeit auch einzusetzen.

Und noch einige Monate früher, im Februar 2016, veröffentlichte ein internationales Team aus den Niederlanden, England, USA und dem Max-Planck-Institut in Leipzig eine Studie, die an einem Orang-Utan nachwies, dass er seine Stimmlippen kontrollieren und neue Laute erlernen konnte, die nicht in seinem natürlichen Repertoire vorkamen.

All dies sind Hinweise darauf, dass die alte Frage: Hat sich die menschliche Sprache schlagartig entwickelt – ohne tierische Vorstufen –, oder war das alles ein gradueller Prozess? zugunsten des Letzteren beantwortet werden muss. Zu viel von dem, was mit dem menschlichen Sprachvermögen in Verbindung gebracht wird, findet sich auch bei Tieren. Etwa die beiden Hauptkomponenten des Sprachzentrums in unserem Gehirn, das Wernicke-Areal und das Broca-Areal, in denen Sprachverständnis und Sprachproduktion lokalisiert sind. Beide Regionen existieren ebenfalls in Affenhirnen.

Oder das sogenannte Sprach-Gen namens FOXP2. Genetiker hatten es in den Neunzigerjahren an einer britischen Familie entdeckt, in der auffällig viele Sprachstörungen auftraten. Bei den Betroffenen fand sich eine Mutation dieses Gens, und sie war auch der Grund für die Unfähigkeit der Familienmitglieder, sich zu artikulieren. Das schürte die Hoffnung, einem Gen auf die Spur gekommen zu sein, das die menschliche Sprachfähigkeit erklärte. Aber dem war nicht so. Denn FOXP2 findet sich in vielen

Tierarten: bei Meeressäugern, Vögeln, Mäusen, Primaten, sogar bei Krokodilen. Und es unterscheidet sich nur in sehr geringem Maße von dem des Menschen.

Nicht zu vergessen die Fähigkeit von Menschenaffen, sich mithilfe der Gebärdensprache verständlich zu machen, wie es die Schimpansin Washoe in den Sechzigerjahren zum ersten Mal zeigte. Oder der heute noch lebende Bonobo Kanzi, der sich mittels einer Symbolsprache und einer Computertastatur äußern kann. Oder der im August 2017 verstorbene Orang-Utan Chantek der Forscherin Lyn Miles, der ebenfalls die amerikanische Gebärdensprache erlernt hatte und eigene Zeichenkombinationen erfand. All das sind mindestens Vorstufen zu dem, was zu unserem Sprachvermögen hingeführt hat. Und all das spricht auch gegen einen Sprung aus dem Nichts, der urplötzlich in der Evolution erfolgt sein soll und dem Menschen die Sprache brachte.

Doch genau das war jahrzehntelang die vorherrschende Lehrmeinung in der Sprachwissenschaft, der Linguistik. Sie hat noch immer ihre Befürworter, auch wenn sie in jüngster Zeit so stark angezweifelt wird, dass sie inzwischen mehrheitlich als überholt gilt. Die Rede ist von der Universalgrammatik des Amerikaners Noam Chomsky, einem der Überväter der Linguistik. Nach seiner Auffassung ist der Spracherwerb eine angeborene Komponente des menschlichen Geistes. Alle Sprachen dieser Erde beruhen laut Chomsky auf gemeinsamen grammatischen Prinzipien, haben also verwandte Strukturen, deren Verständnis uns in den Genen liegt. Wir sollen dieses Verständnis aufgrund einer plötzlichen Erbgut-Mutation vor etwa 100.000 Jahren erworben haben. Deshalb sei das Sprachvermögen auch exklusiv beim Menschen zu finden, niemals bei Tieren.

Diese Theorie war unglaublich machtvoll und wurde weltweit gelehrt. Doch sie stützte sich allein auf die indogermanischen Schriftsprachen und ließ alle anderen außen vor. Blickt man jedoch auf die nur mündlich weitergetragenen Sprachen, etwa die der Südsee-Inseln, die es zu Tausenden gibt, zeigt sich dort eine so große Variationsbreite, dass sie nicht mit einer universell geltenden Grammatik in Übereinstimmung zu bringen sind. Chomsky hat selbst seine Theorie mehrfach überarbeitet. Nach und nach rückte er von den universellen Prinzipien ab, die vermeintlich jeder Sprache zugrunde liegen, bis nur noch eines übrig blieb: das der Rekursion.

Rekursion heißt, dass wir lange und immer längere Schachtelsätze bilden können, die trotzdem sinnvoll sind. Etwa: »Die Frau, die in die Welt hinausfuhr, die sie endlich mit eigenen Augen sehen wollte, weil sie der Meinung war, dass Reisen bildet, auch wenn es vielleicht riskant ist, wie jeder weiß, der sich selbst schon einmal auf den Weg gemacht hat, trotz all seiner Bedenken, hatte jedenfalls nicht vor, sich von irgendjemandem, und sei er ihr auch noch so nah, davon abbringen zu lassen, denn ihr war klar, dass ...« Und so weiter. Man kann immer neue Satzbestandteile anhängen oder einfügen und das Ganze theoretisch bis ins Endlose treiben. So stellt die Sprache also einen Baukasten zur Verfügung, der unendliche Möglichkeiten bietet, auch wenn das Ausgangsmaterial – der Wortschatz – limitiert ist.

Im Jahr 2002 publizierte Noam Chomsky im Wissenschaftsjournal *Science*, dass die Rekursion das Kernelement jeder Sprache auf der Welt sei. Sie definiere letztlich auch das Sprachvermögen. Also: Ohne Rekursion keine Sprache. Der Widerspruch ließ nicht lange auf sich warten. Ein anderer Wissenschaftler namens Daniel Everett hatte jahrzehntelang mit einem Amazonas-Volk gelebt und es studiert, den Pirahã. Er veröffentlichte 2005 eine Forschungsarbeit, in der er beschrieb, dass die Sprache dieser Menschen keine Rekursion kennt. Die Pirahã bauen keine Schachtelsätze, sie verwenden überhaupt keine Nebensätze, und sie kennen auch keine Zahlen, sondern nur Wörter für »viel« und »wenig«. Überdies gibt es in ihrer Sprache keine Begriffe für Farben oder für Zeitangaben wie gestern und heute. Und: Sie sprechen über nichts, was nicht existiert. »Sie haben keine erfundenen Geschichten oder Mythen«, schreibt Everett in seiner Arbeit, »sie erschaffen keine Fiktion.«

Everett, der die Sprache der Pirahã gelernt hat, schreibt weiter, dass er unzählige Male versucht habe, mit den Menschen über den Kosmos zu sprechen und den Ursprung des Universums. Da die Initiative für solche Diskussionen durchaus auch von den Pirahã ausging, glaubt der Forscher nicht, dass sie ihre Mythen vor ihm als Außenstehendem geheim halten wollten. »Es gibt bei den Pirahã nicht eine einzige Geschichte über Vergangenes. Und wenn man sie fragt, woher alles kommt, dann sagen sie: Die Dinge sind so, wie sie sind.«

Worauf lässt das schließen?

Dass Grenzen verwischen. Es gibt offenbar wenigstens ein Volk auf Erden, das eine Sprache benutzt, die keine ist, glaubt man der – zumindest bis vor Kurzem – führenden linguistischen Auslegung. Allerdings wird wohl niemand auf die Idee kommen, den Pirahã ihre Sprachfähigkeit abzuerkennen. Gleichzeitig haben wir es auf der anderen Seite des Rubikons mit Tieren zu tun, die selbst Worte erfinden, sich in Gebärdensprache ausdrücken können und Codes nutzen, um das Aussehen von Revier-Eindringlingen bis ins Detail zu beschreiben.

Vielleicht stimmt also etwas nicht mit der Ausschließlichkeit unserer Kriterien. Vielleicht gibt es doch eine Grauzone zwischen Kommunikation bei Tieren und Sprache bei Menschen. Und ein paar Nager aus den Weiten der Prärien könnten sich genau darin tummeln.

Präriehunde: Mensch, langsam, groß, blau

Ein kleines unscheinbares Nagetier der nordamerikanischen Prärien, etwa 30 bis 40 Zentimeter lang und rund ein Kilo schwer: Das ist der Präriehund. Sein Aussehen ähnelt dem eines Murmeltiers, nur dass er deutlich kleiner ist. Er ernährt sich von Gras, Samen und Blütenpflanzen und lebt in Tunnelbauten unter der Erde, die die Ausmaße ganzer Städte annehmen können.

Wie so viele Nagetiere haben Präriehunde keine Lobby. Früher kamen sie zu Milliarden in der Weite des Graslands vor, von Kanada bis nach Mexiko, und ernährten unzählige Greifvögel und Raubtiere. Heute sind die Bestände um rund 95 Prozent zurückgegangen. Die Tiere werden vergiftet oder erschossen, weil sie angeblich den Rindern das Gras wegfressen – was nicht stimmt. Oder weil ihre Bauten dazu führen, dass sich Pferde die Beine brechen – was auch nicht belegt ist. Weil sie Krankheiten übertragen können, etwa die Pest. Was zum Teil stimmt. Die Nagetiere werden durch Flöhe mit dem Pesterreger infiziert, wie 76 andere Säugetierarten auch, darunter Feldhasen und Hamster. Präriehunde sterben jedoch so schnell an der Seuche, dass die Gefahr gering ist, andere Lebewesen anzustecken. Wird eine Kolonie vom Pesterreger befallen, ist sie binnen einer Woche fast ausgerottet.

Unscheinbar ist jedoch nicht gleich unwichtig. Präriehunde gelten als sogenannte Schlüssel-Spezies. Das heißt, sie haben einen großen Einfluss auf den Lebensraum, in dem sie zu Hause sind, und auf andere Arten, die diesen Raum gleichfalls nutzen. Sie ernähren Beutegreifer wie Schwarzfußiltisse, Rotschwanz- und Königsbussarde sowie Steinadler und Habichte. Ihre Bauten sind Nistplätze für Kanincheneulen, und wo sich Präriehunde aufhalten, grasen mit Vorliebe Bisons, Maultierhirsche und Gabelböcke. Denn dort sind die Weideflächen besonders saftig. In den Tunnelgängen der Nager kann sich Wasser sammeln, was im überwiegend trockenen Grasland ein Segen ist. Das Dezimieren der Nagetierbestände wirkt sich also unmittelbar auch auf andere Arten aus. So gilt der Schwarzfußiltis inzwischen als nahezu ausgestorben, weil er sich zu rund 90 Prozent von Präriehunden ernährt. Nur die Nachzucht aus gefangenen Tieren und deren Auswilderung verhinderte seine völlige Auslöschung.

Viele Gründe also, dem kleinen Nager nicht die Pest an den Hals zu wünschen, wie es zahlreiche Farmer tun. Aber es gibt noch einen weiteren Grund, einen höchst interessanten für die Erforschung der Tierintelligenz. Wenn der emeritierte Biologie-Professor Con Slobodchikoff aus Arizona recht hat, dann wird es jetzt schwierig mit der These, dass Tiere nur kommunizieren. Die Art der Präriehund-Verständigung ist so komplex, dass Slobodchikoff sie bereits Sprache nennt. Weil sie einige Kriterien erfüllt, die wir der Sprache zuschreiben. »Präriehunde haben Substantive, sie haben Adjektive«, sagt der Forscher. »Und Phoneme.«

Die Dechriffrierung der Warnrufe

Für die Aussage, dass Phoneme in den Präriehund-Pfiffen vorkommen, ist Slobodchikoff stark kritisiert worden. Phoneme sind die kleinsten Bestandteile einer Sprache, die ein Wort so verändern, dass es eine andere Bedeutung bekommt. Da reicht bereits ein Buchstabe, und schon wird »Wand« zu »Hand« oder »flau« zu »blau«.

Im Jahr 2005 wurde eine von Slobodchikoffs Forschungsarbeiten abgelehnt, weil darin der Begriff »Phonem« stand. Erst als der Biologe daraus »akustische Struktur« machte, nahm man die Arbeit an und veröffentlichte sie ein Jahr später. Dabei zeigte er in seiner Studie an Gunnisons Präriehunden, dass sie tatsächlich einzelne »akustische Strukturen« so nutzen, dass die Bedeutung ihrer Rufe sich dadurch verändert. Der Pfiff für »Kojote« hat 19 charakteristische Elemente, die – bis auf eines – auch in den Warnrufen für andere Raubtiere vorkommen. Nur dieses eine Element, ob nun Phonem oder akustische Struktur, ist ausschließlich für den Kojoten-Ruf reserviert.

Mit dem Biologen unterhalte ich mich via Skype. Seit er 2011 die Universität verlassen hat, betreibt er seine Präriehund-Forschungen nicht mehr. Er hat auch seine Studien nicht beenden können. Nun forscht eine seiner früheren Studentinnen, Jennifer Verdolin, an der Duke University in North Carolina weiter. Slobodchikoff hat sein Wissen in zwei Büchern niedergeschrieben, dem wissenschaftlichen Werk *Prairie Dogs* und in *Chasing Doctor Dolittle,* das für eine breite Leserschaft gedacht ist.

Es dauert, bis wir eine Verbindung zustande kriegen. »Die Technik«, murmelt der Wissenschaftler, als er seine Kamera einstellt. Nach einigen Verzerrungen ruckelt sich das Bild zurecht, und ich blicke auf einen kahlköpfigen älteren Mann mit dünnem weißem Vollbart. Er sitzt am Schreibtisch im sonnendurchfluteten Arbeitszimmer seines Hauses nahe Flagstaff, Arizona, und macht aus seinem Alter ein Geheimnis. »Ich erzähle den Leuten immer«, sagt er, »dass ich auf die 35 zugehe.« Da er 1971 promoviert hat, wird er irgendwas um Ende sechzig, Anfang siebzig sein. Wir lassen es dabei bewenden.

Sein T-Shirt ist leuchtend rot. In einer Präriehund-Kolonie wäre es nicht zum Einsatz gekommen. Die Tiere können Rot nicht erkennen. Im Gegensatz zu Blau, Weiß, Gelb, einigen Grüntönen und anderen Farben. Das ist vielleicht das Verblüffendste an Slobodchikoffs Forschung: dass er in den Alarmrufen der Präriehunde Sequenzen entdeckt hat, die das Äußere eines Eindringlings detailliert beschreiben, bis hin zu seiner charakteristischen Farbe.

»Kojote, schnell, groß, braun.«

»Hund, schnell, klein, weiß.«

»Mensch, langsam, groß, blau.«

Rund drei Jahrzehnte lang hat der russischstämmige Wissenschaftler hauptsächlich an der Dechiffrierung von Präriehund-Alarmrufen gearbeitet und ist weit hineingedrungen in das, was er ihre Sprache nennt. Dabei war der Beginn des Ganzen nichts als eine Notlösung. In den Achtzigerjahren hatte er zu Käfern geforscht, die ein Sekret absondern, wenn sie sich verteidigen. Eines Tages erlitt Slobodchikoff im Labor einen allergischen Schock, als ihm das Sekret eines Käfers ins Gesicht spritzte. Ihm blieb die Luft weg, er schaffte es gerade noch zur Tür. Ab da war er außerstande, weiter mit den Tieren zu arbeiten. Jedes Mal reagierte sein Körper mit Atemnot. Er brauchte ein neues Forschungsgebiet.

Saß er in seinem Büro, konnte er auf eine riesige Präriehunde-Ansiedlung blicken. Es waren Gunnisons Präriehunde, die kleinwüchsigste der insgesamt fünf Arten. »Damals gab es hier in der Umgebung von Flagstaff 50 Kolonien«, sagt er. Heute sind es noch zwei. Jeden Tag hörte er ihre Rufe. Im Gegensatz zu den durchdringenden Pfiffen von Murmeltieren klingen die der Präriehunde fast wie Vogelgezwitscher, variantenreich und melodiös.

Zu jener Zeit sorgte eine Studie aus Kanada für Aufsehen. Der Zoologe Lloyd S. Davis hatte Erdhörnchen drei Jahre lang beobachtet und herausgefunden, dass die Tiere in ihren Alarmpfiffen nach landlebenden Angreifern und nach solchen aus der Luft unterschieden. Slobodchikoff fragte sich, ob die Präriehunde vor seinem Fenster so etwas vielleicht auch taten. Er nahm ihre Rufe auf und fand in der Tat verschiedene Pfiffe für Bussarde und Kojoten, zwei der häufigsten Fressfeinde in der Kolonie. Auch das Fluchtverhalten der Nager unterschied sich. Zeigte sich ein Bus-

208

sard, gab es einen kurzen, hellen Pfiff, und alle Tiere, die sich in der Einflugschneise des Vogels befanden, stürzten sofort in ihre Bauten. Die anderen blieben an Ort und Stelle, erhoben sich auf die Hinterbeine und beobachteten den Sturzflug. Näherte sich ein Kojote, liefen mehrere Pfiffe von längerer Dauer durch die Kolonie. Die Tiere rannten zu ihren Tunneleingängen, verschwanden aber nicht darin, sondern setzten sich aufrecht davor, um den Eindringling mit ihren Blicken zu verfolgen.

Das war ein vielversprechender Anfang. Aber etwas machte den Forscher nachdenklich. »Ich fand so viele Varianten in den Pfiffen«, sagt er, »dass ich mir dachte, da muss doch noch mehr sein.« Es schien, als transportierten die Nager noch weitere Informationen in ihren Warnrufen. Nicht nur: Achtung, Kojote. Sondern?

Der Stein von Rosetta

Es begann eine jahrzehntelange Forschungsarbeit, so aufregend wie aufreibend. Eine unbekannte Kommunikationsform kann man nur entschlüsseln, wenn man irgendwie einen Fuß in die Tür kriegt. Wenn man das hat, was Slobodchikoff den »Stein von Rosetta« nennt. Das war ein Steintafel-Fragment, das 1799 im Nildelta entdeckt wurde und entscheidend zur Entzifferung der ägyptischen Hieroglyphen beitrug. Denn es enthielt neben einem Text in der unbekannten Bildersprache zwei eingemeißelte Übersetzungen, eine in einer altägyptischen Sprache und eine in Altgriechisch. Damit hatte man einen Einstieg.

Slobodchikoffs Rosetta-Stein waren die beiden entschlüsselten Rufe für Bussard und Kojote. Von hier aus konnte er sich weiter entlanghangeln, wie an einem Seil, das in einen dunklen Gang hinabführte. Alles, was er dafür brauchte, waren geeignete Aufzeichnungsgeräte und endlose Geduld – plus zahlreiche Mitarbeiter. Und das nicht nur, weil die Aufgabe so kompliziert war. Gunnisons Präriehunde sind lediglich ein halbes Jahr lang überirdisch aktiv. Um zu überwintern, verziehen sie sich bereits ab September in ihre Bauten und kommen erst wieder im März zum Vorschein. Dabei drosseln sie ihre Körpertemperatur und werden unbeweglich, fallen aber nicht in tiefen Schlaf. Im Gegensatz zu anderen Nagern sind die Weibchen nur an einem einzigen Tag im Jahr empfängnisbereit, ihnen bleibt also nicht viel Zeit zur Zeugung. Dieser Tag liegt für gewöhnlich im zeitigen Frühjahr, sodass Brautschau und Befruchtung ebenfalls unterirdisch stattfinden.

Überhaupt muss man sich wundern, wie es die Nager im 19. Jahrhundert zu so beachtlichen Beständen von geschätzt fünf Milliarden Tieren gebracht haben, verteilt über das ganze Grasland von Nord- bis Mittelamerika. Denn sie bringen im Schnitt nur zwei bis fünf Junge zur Welt, von denen die Hälfte das erste Jahr nicht überlebt. Auch weil es den Infantizid gibt, die Tötung von Nachkommen durch fremde Mütter. Erwachsene Tiere werden nur selten älter als fünf Jahre, ihre Lebenserwartung in Gefangenschaft ist doppelt so hoch. In einer Beobachtungsstudie über 15 Jahre, vorgenommen am Wind-Cave-Nationalpark in South Dakota, zeigte sich bei den Schwarzschwanz-Präriehunden, der am häufigsten vorkommenden Art, dass von 587 Männchen überhaupt nur acht das fünfte Lebensjahr erreichten. Sechs Jahre alt wurde keiner mehr. Umso wichtiger für ihr Überleben ist also ihr Warnsystem. Je größer die Präriehund-Population, desto mehr Tiere können Wache halten und Alarm schlagen. Doch zugleich verringert sich so das Nahrungsangebot, was dazu führt, dass die Tiere sich weiter von ihren Bauten entfernen müssen, um zu fressen. Präriehunde leben daher in Kleingruppenverbänden mit eigenen Territorien, aus denen sie andere verscheuchen. Die Überwachung der gesamten Kolonie ist hingegen die Sache aller.

Wie effektiv ihr Alarmsystem ist, zeigte Con Slobodchikoff in einer Studie im Jahr 2002. Da hatte er Attacken von Raubvögeln und terrestrischen Beutegreifern gezählt und ermittelt, wie viele davon zum Erfolg führten. Für die Fressfeinde war die Bilanz mager. Von insgesamt 142 Angriffen ging nur jeder sechste überhaupt in einen ernsthaften Versuch über, einen Gunnisons Präriehund zu erbeuten. Von diesen Versuchen wiederum kam es in nur 17 Prozent der Fälle zum Erfolg. Dabei handelte es sich überwiegend um Luftangriffe. Nur ein Viertel aller Attacken ging von Landräubern aus wie Kojote, Iltis oder Fuchs.

Für die Erforschung und Entschlüsselung weiterer Alarmsignale ließ Slobodchikoff Verstecke rund um die Kolonie an der Universität errichten. Im frühen Morgengrauen legte er sich darin mit Studenten auf die Lauer. Einer bediente das Aufnahmegerät, ein anderer beobachtete das Verhalten der Nager, der Dritte blickte über das Gelände, um Raubtiere auszumachen. Erfolgte ein Bussard-Angriff, musste alles ganz schnell gehen: Tonband an, Augen auf die Präriehunde gerichtet und auf den Jäger. Im Lauf einiger Jahre konnten sie auf diese Weise zwei weitere Alarmrufe ermitteln. Es waren die für Menschen und für herumstreunende Hunde. Auch das Verhalten der Nagetiere schien an den jeweiligen Eindringling angepasst zu sein, wie sie es schon bei den Kojoten und Bussarden gesehen hatten. Näherte sich ein Hund der Kolonie, ertönten zwar mehrere Pfiffe, doch die Präriehunde blieben, wo sie waren. Sie erhoben sich auf die Hinterbeine und beobachteten das weitere Geschehen. Kam der Hund zu dicht an einige Tiere heran, verschwanden die in ihre Bauten. Die anderen begannen wieder zu fressen. Slobodchikoff und sein Team folgerten daraus, dass Hunde eher als Ruhestörer wahrgenommen werden, aber nicht als wirkliche Gefahr. Denn ein Hund schafft es tatsächlich nur sehr selten, einen Präriehund zu fangen. Bei Menschen sind die Reaktionen ganz anders. Da rennt die gesamte Kolonie direkt zu den Tunneleingängen und verschwindet tief in ihren Bauten.

Vier verschiedene Pfeifsignale, viermal darauf abgestimmtes unterschiedliches Verhalten. Slobodchikoffs These stand fest: Hier hatte man es mit Rufen zu tun, die Informationen chiffrierten. Das war in den Neunzigerjahren noch eine eher abseitige Vermutung. Zwar hatten andere Forscher bereits an einer Population Grüner Meerkatzen Ähnliches entdeckt – die Alarmschreie der Affen enthielten Informationen über Fressfeinde wie Leoparden und Pythons und zeigten je nach Ruf ebenfalls unterschiedliches Verhalten –, doch noch immer lautete die weitverbreitete Meinung in der Wissenschaft: Tiere äußern allenfalls emotionale Befindlichkeiten wie Angst, Schmerz oder Vergnügen. Von informativer Bedeutung gibt es da nichts. Sie sind nicht in der Lage, Töne zu Botschaften zu verschlüsseln. Doch, das sind sie, war Slobodchikoff überzeugt. Er sah es mit eigenen Augen.

Um seine These zu erhärten, machte er die Gegenprobe. Er und seine Mitarbeiter spielten in der Kolonie Playbacks der Pfiffe ab. Und tatsächlich: Kam der Kojotenruf vom Band, flitzten alle Präriehunde zu ihren Bauten und setzten sich vor den Eingang. Hörten sie den Raubvogel-Pfiff, tauchten die Nager ab, die sich in der Einflugschneise wähnten. Auch Hunde- und Menschensignale wurden auf typische Art beantwortet.

Die Computeranalysen der Aufzeichnungen machten die unterschiedlichen Strukturen der Pfiffe sichtbar, ließen das Bild jedes Alarmrufs entstehen. Sie zeigten die Tonhöhen, die Pausen und die Länge einzelner Sequenzen. Präriehunde-Pfiffe sind kurz, ihre Dauer reicht von einer Zehntelsekunde bis zu etwas mehr als einer Sekunde. Die meisten werden mehrfach wiederholt, mit Ausnahme des Signals für Lufträuber, dem singulären Ruf. Der Hunde-Pfiff dauert hingegen fast 1,4 Sekunden lang.

Hund, Kojote, Mensch, Bussard, in dieser Reihenfolge verkürzten sich die Rufe. Und das Forscherteam begann zu vermuten, dass die Nager nicht nur charakteristische Signale für bestimmte Feinde hatten, sondern auch Informationen über deren jeweiliges Gefahrenpotenzial. Was sich auch im Verhalten der Kolonie widerspiegelte.

Slobodchikoff blickte auf die Abbildungen der Pfiffe, die sogenannten Sonagramme, und sah, dass sie wie Baumkuchenstücke geschichtet waren. Und dass diese einzelnen Schichten wiederum kleine, aber gut sichtbare Abweichungen enthielten. Also noch mehr Informationen.

Die Sache mit den T-Shirts

Für die weitere Entschlüsselung musste der Forscher eine große Gruppe studentischer Mitarbeiter rekrutieren. Denn der Menschen-Pfiff ließ sich am einfachsten auslösen. Auf Raubvogel-Angriffe hatten sie mitunter tagelang vergeblich gewartet. »Stellen Sie sich vor«, sagt Con Slobodchikoff. »Da sitzen Sie in Ihrem Versteck über Stunden, und nichts tut sich. Irgendwann bekommen Sie mal Hunger, wickeln ein Sandwich aus, und in dem Moment stößt wie aus dem Nichts ein Bussard vom Himmel. Bevor Sie überhaupt in der Lage sind, mit Ihren butterverschmierten Fingern aufs Aufnahmegerät zu drücken, ist der Vogel auch schon wieder weg. Und das war es dann wieder für diesen Tag.«

Nun schlenderten also während verschiedener Untersuchungszeiträume Studenten durch die Präriehund-Kolonie ihrer Universität. Mal nur Männer, unterschiedlich groß. Dann wieder gleich große Menschen in identischer Kleidung: Jeans und darüber einen wehenden weißen Labormantel. Sie gingen langsam oder schnell, sie waren dick oder dünn, männlich oder weiblich. Hauptsache, jeweils eine Variable ließ sich isolieren. So konnte man später abgleichen, ob sich in den Sonagrammen Differenzen zeigten.

Außerdem schickten sie unterschiedliche Hunderassen auf die Strecke: Huskys, Golden Retriever, Dalmatiner, Cocker Spaniel.

Tatsächlich fanden sich in den Pfiffen Unterschiede zuhauf. Auch bei den Hunden, die doch zur selben Beutegreifer-Spezies gehörten. Aber sie waren eben verschieden groß und hatten andere Fellfarben. Nach und nach schälten sich aus den Rufen einzelne Sequenzen heraus: für Annäherungsgeschwindigkeit, für Größe und – für Farbe.

Das war der Startschuss für die Sache mit den T-Shirts. Zwischen Juli und August 2004 schickte der Biologe drei Studentinnen über das Feld der Präriehunde. Jede war ungefähr gleich groß, gleich schlank und in etwa gleich alt. Alle drei trugen Jeans und Sonnenbrillen. Die einzige auf den ersten Blick erkennbare Abweichung war die Farbe ihrer T-Shirts. Es gab eine Studentin in Blau, eine in Grün und eine in Gelb.

Die Frauen betraten die Kolonie einzeln und nacheinander. Sie wählten dieselben drei vorgegebenen Pfade mit derselben Schrittgeschwindigkeit, aber manchmal starteten sie ihren Spaziergang aus unterschiedlichen Richtungen. So konnten sie verschiedene Nager dazu bringen, ihre Warnrufe auszustoßen. Zuvor hatte das Team 48 Tiere in Fallen gefangen, mit Farbe markiert und wieder freigelassen, um individuelle Zuordnungen zwischen Ruf und Tier nachvollziehen zu können. Während die Studentinnen durch die Kolonie wanderten, saß Con Slobodchikoff auf einem Hügel abseits und zeichnete auf, welcher Nager welche Signale von sich gab.

Und tatsächlich: Es ergaben sich signifikante Unterschiede. Allerdings nicht bei allen drei Farben. Präriehunde haben ein dichromatisches Farbsehvermögen, das heißt, sie können Rot und einige Grüntöne nicht sehen. Grün und Gelb liegen im Farbspektrum nah beieinander, und da gelang den Tieren nahezu keine Differenzierung.

Ganz anders verhielt es sich bei den blauen T-Shirts. Hier zeigten sich klare Unterschiede in den Warnrufen. Blau hatte in den Pfiffen eine eigene Sequenz, war also anders verschlüsselt als Gelb oder Grün, sodass das Fazit der Studie im Jahr 2009 lautete: »Die Ergebnisse zeigen, dass Präriehunde akustisch unterschiedliche Rufe für blaue und gelb/grüne T-Shirts haben, aber nicht für gelbe und grüne. Diese Resultate scheinen den visuellen Möglichkeiten der Tiere zu entsprechen.«

»Warum ist das wichtig für Präriehunde«, frage ich den Biologen, »dass sie in ihren Warnrufen solche Unterschiede machen?«

214

Würde ein »Achtung, Kojote!« denn nicht ausreichen? Warum eine derartige Komplexität?

Vor allem aus einem Grund. Die Kolonien werden von immer wiederkehrenden Fressfeinden aufgesucht, in deren Revieren sie sich befinden. Da ist es hilfreich, die Strategien und die Fähigkeiten der Jäger zu kennen. Nähert sich ein flinker, geschickter Kojote, ist die Gefahr für die Nager größer, als wenn ein unerfahrener daherkommt, der bislang kaum Jagdglück hatte. Den Angreifer individuell zu beschreiben bedeutet mehr Sicherheit für die Kolonie und mehr Zeit zum Fressen. Wer zu jedem Anlass in die Tunnel fliehen muss, verbraucht zu viel Energie. Erfährt die Kolonie aber, dass es nur der »kleine, gelbe Kojote« ist, dem wenig gelingt, müssen weniger Tiere von ihren Fressplätzen verschwinden, als wenn sich der »braune, große, schnelle Kojote« nähert, der schon viele Nager geschnappt hat.

»Also in etwa: Entspannt euch, Leute, es ist bloß Joe, der Anfänger?«

Slobodchikoff lacht. »Ja«, sagt er, »so ungefähr. Nur dass wir das Wort für ›Anfänger‹ nicht entdeckt haben.«

La Ola in einer Präriehund-Kolonie

Der Forscher macht eine Pause. Er blickt von der Kamera weg, sodass ich seine Augen nicht mehr sehen kann. Er hat enthusiastisch von seiner Arbeit erzählt. So sehr, dass ich mich frage, ob sie ihm nicht fehlt. Sie ist ja unvollendet geblieben. Er hat nie mehr als vier Raubtierrufe entschlüsseln können. Die Pfiffe für Fuchs, Iltis oder Schlange sind noch immer unentdeckt. Auch weiß er nicht, was es mit dem seltsamen »Jump-Yip« auf sich hat. Oder mit den Begrüßungsküssen, die Präriehunde sogar mit Artgenossen austauschen, die nicht ihre Freunde sind. Was ist der Jump-Yip?

Es gibt eine Bewegung unter Präriehunden, die so ansteckend

zu sein scheint, dass sie einmal durch die Kolonie läuft, wenn ein einzelnes Tier sie ausführt. Wie eine La-Ola-Welle im Fußballstadion. Das ist der Jump-Yip. Nur zwei Arten turnen ihn, die Mexikanischen und die Schwarzschwanz-Präriehunde. Er geht so: Ein Nager springt urplötzlich auf die Hinterbeine, streckt seinen Rücken durch, wirft die Vorderläufe himmelwärts, den Kopf in den Nacken, wobei er oft das Gleichgewicht verliert, und stößt einen Schrei aus, der manchmal klingt wie ein »Yeah!« und manchmal wie ein rauer Vogelruf. Niemand weiß bislang, was diese Bewegung auslöst. Oft sieht man sie, wenn ein Beutegreifer sich trollt. Und dann wirkt der Jump-Yip genau wie ein Freudensprung, eine Art »Hurra, wir leben noch!«. Aber er zeigt sich eben auch, wenn eine Schlange naht. Andere Möglichkeiten sind territoriale Streitigkeiten. Oder er passiert ganz ohne einen für Menschen ersichtlichen Grund. Jedenfalls scheint der Jump-Yip etwas zu sein, was alle kollektiv in Erregung versetzt.

Eine frühere Studentin von Con Slobodchikoff, Jennifer Verdolin, ist heute außerordentliche Professorin an der Duke University in North Carolina. Sie forscht zwar nicht weiter an der Decodierung von Warnrufen, aber sie versucht, das Rätsel der Begrüßungsküsse zu lösen. Wenn sich zwei Präriehunde begegnen, tauschen sie Küsse aus. Sie pressen Zähne, Mäuler und Zungen aufeinander, doch was sich zärtlich anhört, ist nicht immer so gemeint. Vermutlich handelt es sich beim Begrüßungskuss um einen Erkennungstest. Da Präriehunde viel Zeit in ihren Bauten verbringen, wo sie sich im Dunkeln nicht sehen, müssen sie auf andere Weise ihresgleichen von Fremden unterscheiden. Wer zur selben Gruppe gehört, geht nach dem Kuss unbehelligt seines Wegs. Wer nicht, wird rasch als Eindringling erkannt und verjagt.

Slobodchikoffs Arbeit ist bis heute nicht unumstritten. Einige Kollegen werfen ihm vor, zu sehr zu spekulieren. Und sie bezweifeln, dass er mit neuester Technik noch dieselben Ergebnisse erzielen würde. Auch halten sie es nicht für gesichert, dass die Präriehunde ihre Codierungen für Farbe, Form und Tempo tatsächlich als solche verstehen. Diese Abweichungen in den Warnrufen könnten auch einfach nur ein Nebenprodukt ihres Geschnatters sein.

Doch die fragmentarische Entschlüsselung der Präriehund-Verständigung hat einen unerwarteten Einblick in fremde Welten eröffnet. Kaum jemand hätte zuvor den Nagern zugetraut, die Erscheinung eines Menschen detailliert zu beschreiben, bis hin zur Farbe seiner Kleidung.

Manch ein Kollege von früher sieht das genauso. James Hare, Biologe an der kanadischen University of Manitoba, der zu Erdhörnchen forscht, hält Slobodchikoffs Arbeit für höchst plausibel. »Er hat überzeugende Nachweise einer fein verästelten Kommunikation zu Form, Farbe und Größe gefunden«, sagt Hare. Und auch am Begriff Sprache stört er sich nicht: »Man kann das durchaus so nennen.«

Menschenaffen: Was unterscheidet uns?

Diese Frage ist schlicht nicht zu vermeiden, wenn man auf Menschenaffen trifft. Die Ähnlichkeiten zwischen ihnen und uns sind allgegenwärtig. Auf der Suche nach Antworten gibt es hierzulande einen passenden Ort: das Wolfgang-Köhler-Primatenforschungszentrum in Leipzig. Es ist ein Gemeinschaftsprojekt des örtlichen Zoos und des Max-Planck-Instituts für evolutionäre Anthropologie. Hier leben alle vier Großen Menschenaffen unter Bedingungen, die entschieden zu den besseren gehören und die man woanders lange suchen muss. Und von hier kommt auch eine Fülle neuer Erkenntnisse über die Fähigkeiten von Schimpansen, Gorillas, Bonobos und Orang-Utans. Zu Besuch bei Verwandten in Leipzig.

Es ist ein unglaublich beißender Geruch, eine Ausdünstung nach altem, scharfem Schweiß. Wie in einer Umkleidekabine, in der Berge von getragenen Trikots herumliegen und die lange nicht gelüftet worden ist. Ich drehe mich um, will sehen, wer sich derart ungewaschen in den Zoo traut. »Das kommt von ihm«, sagt Daniel Hanus, der Forschungskoordinator, der mich durch die Anlage der Menschenaffen führt. Er deutet hinunter ins Gehege der Gorillas. Auf Akeebu, den mächtigen Silberrücken von 200 Kilo. Man muss in die Tiefe schauen, um ihn und seinen kleinen Harem zu entdecken. Der Hüne hockt neben ein paar Blüten auf dem Boden, eines seiner Weibchen sitzt bei ihm, hält ihr Junges fest umschlungen. Und ja, der testosteronsatte Geruch stammt zweifellos von Akeebu. Nur dass ich überhaupt nicht an einen

Affen gedacht habe, als die Ausdünstung mich erwischte – trotz der Tatsache, dass ich mich im Gorilla-Gehege befinde. Ich habe mich nach einem Menschen umgesehen, weil das Odeur mich so stark an meine eigene Spezies erinnert hat. Und das verblüfft mich jetzt doch.

Im Kontakt mit Menschenaffen ist es ungeheuer schwer, wenn nicht sogar unmöglich, nicht ständig Vergleiche zu uns zu ziehen. Das theoretische Wissen, dass uns nicht nur viel verbindet, sondern auch einiges trennt, löst sich in Luft auf, wenn man einem Schimpansen, einem Gorilla, einem Orang-Utan oder Bonobo gegenübersteht. Da sind nicht nur diese Augen, die einem direkt ins Gesicht blicken, mit ihrer menschlichen Iris, den Fältchen drum herum und den schweren Lidern wie bei alten Leuten. Da sind auch diese Hände mit unseren Fingern und unseren Fingernägeln, wie sie die Schimpansin Riet besitzt. Das betagte Weibchen sitzt am Rand des Schimpansen-Areals und streicht sich mit langsamen Bewegungen über ihre Oberarme. So, wie wir das manchmal tun, wenn wir unseren Gedanken nachhängen. Ich sehe Riets Daumen, der aussieht wie ein menschlicher. So eine Hand kann eine Faust machen, eine andere Hand ergreifen oder sich lässig auf die Schimpansen-Stirn legen, um die Augen gegen die Sonne abzuschirmen.

Es ist ein Tag im Oktober 2017. Ich bin im Leipziger Zoo und wandere durch die Primaten-Anlage. An meiner Seite ist Daniel Hanus, der Forschungskoordinator des Max-Planck-Instituts (MPI) für evolutionäre Anthropologie. Er kümmert sich neben seinen eigenen Forschungen um die Realisierung der Verhaltensstudien, die sein Institut hier mit den Menschenaffen unternimmt. Denn das Leipziger MPI und der Zoo betreiben ein Gemeinschaftsprojekt, das es so kein zweites Mal auf der Welt gibt. Nirgendwo sonst können alle vier Großen Menschenaffen – die Orang-Utans, die Schimpansen, Bonobos und Gorillas – studiert werden. Das ist nur möglich, weil sich das MPI und der Leipziger Zoo die Kosten teilen. Menschenaffen in einem Zoo zu hal-

220

ten ist unglaublich aufwendig und teuer. Will man das auf eine Weise tun, die nicht nur den Besuchern gefällt, sondern auch für die Tiere ansatzweise akzeptabel ist – so gut es in Gefangenschaft eben geht –, muss ein enorm hoher Aufwand betrieben werden. Das fängt bei der Größe der Anlage an, geht weiter mit der Haltung im entsprechenden sozialen Gefüge – Orang-Utans und Gorillas leben in Haremsgemeinschaften, Schimpansen und Bonobos in Gruppen aus mehreren Männchen und Weibchen – und endet noch lange nicht beim Kampf gegen die Langeweile. Wild lebende Menschenaffen verbringen sechzig bis siebzig Prozent ihrer Zeit mit Nahrungssuche. Das fällt im Zoo weg, selbst wenn die Affen ihr Futter nicht nur zugeteilt bekommen, sondern auch auf dem Gelände suchen müssen.

Im Wolfgang-Köhler-Primatenforschungszentrum, wie das Gemeinschaftsprojekt von Zoo und MPI heißt, gibt es deutlich mehr Beschäftigung als anderswo. Vier Stunden täglich wird hier mit den Tieren an Verhaltensstudien gearbeitet. Von Affenseite her geschieht das freiwillig. Das bedeutet: Von den Gehegen führen Türen in die Versuchsräume, die sich morgens um 8.30 Uhr öffnen. Wer von den Primaten dabei sein will, kommt herein, setzt sich in einen kleinen Raum hinter Plexiglas und schaut zu, welche Versuchsanordnungen der Experimentator da aufbaut. Dann wird getestet, ob der Schimpanse, der Bonobo oder einer der anderen Menschenaffen herausfindet, wie er an eine Erdnuss herankommt. Auch wenn die in einer Röhre steckt, in die keine drei Finger hineinpassen. Oder ob er sich vorstellen kann, welche Handlung sein Gegenüber vollziehen wird, was man auch »Schimpansen-Schach« nennt und wovon später noch die Rede sein wird.

Bis 12.30 Uhr geht das so, jeden Tag, auch am Wochenende. Mit den Experimenten werden kognitive Fähigkeiten erforscht wie das Begreifen von Ursache und Wirkung, verschiedene Problemlösungsstrategien oder das Vorhandensein einer *Theory of Mind*. Auch die soziale Kompetenz der Affen oder ihr Kooperationsvermögen sind Gegenstand der Untersuchungen. Es ist ein breites Forschungsspektrum, nicht zuletzt durch die vergleichenden Studien am Institut, in denen Kinder mehrerer Altersstufen dieselben Tests wie die Menschenaffen durchlaufen. Was den Wissenschaftlern ganz neue Einblicke beschert. Etwa wenn sie erkennen müssen, dass eine Aufgabe, an der Schimpansen immer wieder scheitern, auch von Schulkindern nicht bewältigt werden kann. Und das ist genau das, was Daniel Hanus so interessiert.

Der 44-Jährige ist kein Biologe, sondern hat Psychologie in Berlin und Potsdam studiert. Dabei ließ ihn die angewandte Wissenschaft eher kalt, ihm ging es um die fundamentalen Fragen, etwa: Wie und auf welchem Weg wurden wir zu Menschen? Aber auch die Entwicklung unseres Denkvermögens als Heranwachsende fand Hanus faszinierend. Was tut sich im Gehirn, wenn aus Kindern Erwachsene werden? Ab welchem Lebensalter erliegen wir einer optischen Täuschung? (Das beginnt etwa ab drei Jahren, jüngere Kinder können bestimmte optische Täuschungen nicht gut erkennen, übrigens auch manche Völker nicht.) Hanus schrieb nach dem Studium seine Doktorarbeit am MPI und erforschte als Praktikant zehn Monate lang die Schimpansen der Elfenbeinküste. Doch so ganz überzeugte ihn das alles nicht. »Ich hab im Wald gemerkt«, sagt er, »dass das zwar sehr spannend ist, aber mein eigentliches Interesse woanders liegt. Ich will etwas über Menschen lernen. Aus diesem Grund beschäftigen mich die Affen.«

Im Kern ging es ihm also um die Frage: Was unterscheidet uns? Glücklicherweise gab es am MPI einen Fachbereich, der genau dies im Fokus hatte: Es war die Abteilung der vergleichenden Psychologie unter der Leitung des renommierten Verhaltensforschers Mike Tomasello, der inzwischen das Institut aus Altersgründen verlassen hat. Hanus übernahm im Jahr 2009 die Forschungskoordination mit dem Leipziger Zoo und hatte da selbst schon einige Studien mit Primaten unternommen. Sie drehten sich vor allem um logisches Denken und kausales Verständnis, also das Begreifen von Zusammenhängen. Hanus wollte herausfinden, was ein Menschenaffe spontan kann, ohne dass er es lernen muss. Auf welche Ideen kommt er von ganz allein, wenn er vor einem Problem steht?

Hilf dir selbst!

Das führte zu einem bemerkenswerten Experiment. Wie bemerkenswert es war, stellte sich allerdings erst vier Jahre später heraus, als Hanus den Versuch mit Kindern und weiteren Affenarten wiederholte. Doch zunächst setzte er im Jahr 2007 fünf Orang-Utan-Weibchen des Leipziger Zoos vor eine verzwickte Aufgabe: Er steckte eine Erdnuss in eine lange, schmale, transparente Röhre, die viel zu lang war, als dass man die Nuss mit den Fingern hätte herausangeln können, was auch die Affen schnell begriffen. Die Nuss lag nicht auf dem Boden der Röhre, sondern schwamm auf einem niedrigen Wasserspiegel. Wie da herankommen?

Das war eine ganz ähnliche Versuchsanordnung, wie sie schon die britische Verhaltensforscherin Nicola Clayton ihren Buschhähern vorgesetzt hatte. Doch im Gegensatz zu den Affen hatten Claytons Vögel die Lösung praktisch vor Augen: Neben dem Glas, in dem die Mehlwürmer schwammen, lagen die Kieselsteine parat, mit denen sie den Wasserspiegel anheben konnten. Als Häher musste man also »nur« noch eins und eins zusammenzählen. Die Orang-Utans hatten nichts dergleichen.

Weit und breit war auch kein Stöckchen im Versuchsraum, um an die Erdnuss heranzukommen. Die Röhre ließ sich weder abreißen noch abbrechen. Nun gelten Orang-Utans als ausgesprochene Tüftler unter den Menschenaffen. Der bekannte Primatologe Frans de Waal von der Emory University in Georgia hat in seinem jüngsten Buch *Are We Smart Enough to Know How Smart Animals Are?* beschrieben, wie unauffällig sie etwa einen Fluchtversuch planen: »Als notorische Ausbruchskünstler können Orang-Utans ihre Käfige geduldig zerlegen, wochenlang von Tag zu Tag, wobei sie sorgfältig Schrauben und Riegel zudecken, sodass kein Aufpasser mitbekommt, was sie da eigentlich tun. Bis es zu spät ist.« Orang-Utans sind also die Ruhe selbst, wenn es um Problemlösungsstrategien geht. Und das kam ihnen jetzt zugute.

Das einzige Hilfsmittel, das sich im Raum befand, war ein Wasserspender. Die Wissenschaftler hatten ihn nicht neu angebracht, die Tiere kannten ihn bereits von ihren früheren Aufenthalten im Experimentierraum. Das Gerät hing unterhalb der Röhre und war somit außer Sicht. Dennoch lösten alle fünf Orang-Utans im ersten Versuch das Problem. Sie beugten sich hinab zum Wasserspender, füllten sich die Backen, kamen wieder hoch und spuckten das Wasser ins Rohr. Das hob den Flüssigkeitsspiegel und trieb die Nuss nach oben. Die Affen mussten diese Prozedur mehrmals machen, je nachdem wie gut sie zielten. Aber sie schafften es alle. Die Tiere waren untrainiert, das heißt, die Versuchsleiter hatten sie noch nie mit einem solchen oder ähnlichen Problem konfrontiert.

Eines der Orang-Utan-Weibchen, das am Experiment teilnahm, befand sich zum Zeitpunkt der Studie noch in Quarantäne und damit in einem anderen Versuchsraum. Der enthielt keinen Wasserspender, so etwas gab es nur im Stockwerk darüber. Das Orang-Utan-Weibchen musste also eine Leiter nach oben klettern, dort ihr Maul unter den Wasserspender halten und zur Röhre zurückkehren, um das Wasser hineinzuspucken. »Das war sehr beeindruckend«, sagt Hanus, »dass sie da hochstieg. Sie musste das Problem ja vorher im Kopf durchgegangen sein. Ich kann nicht sagen, ob sie das Ganze bis ins letzte Detail verstanden hat. Aber sie hatte zumindest eine Vorstellung von der Möglichkeit: Das könnte funktionieren, das probiere ich mal aus.«

Die Überraschung folgte vier Jahre später. Die Forscher wiederholten die Studie, nahmen aber statt der Orang-Utans nun 19 Schimpansen und fünf Gorillas aus dem Leipziger Zoo. Außerdem Orang-Utans aus Indonesien und Schimpansen aus Uganda, die dort in Rettungsstationen untergebracht sind. Das sind Heime für verwaiste Jungtiere, deren Eltern getötet wurden und die sonst auf Fleischmärkten landen würden. In den Rettungsstationen leben die Affen tagsüber in den umgebenden Wäldern, haben also eine deutlich belebtere Umwelt als die Zootiere. Zu guter Letzt wurde das Experiment noch mit 72 Kindern durchgeführt, unterteilt in die Altersklassen vier, sechs und acht Jahre.

Die Resultate waren durchweg bescheiden. Kein einziger Schimpanse und kein einziger Gorilla aus dem Leipziger Zoo löste das Problem – zur Verblüffung der Forscher. »Wir waren alle überrascht«, sagt Hanus, »dass unsere Schimpansen hier so versagt haben.« Dass ihnen die Motivation fehlte, glaubt der Psychologe nicht. »Sie versuchten es hartnäckig, aber offensichtlich hatten sie keine Ahnung, was zu tun ist.« Auch die zehn Orang-Utans aus Indonesien und die 24 Schimpansen aus Uganda schafften es mehrheitlich nicht. Nur zwei der Orang-Utans spuckten ein wenig Wasser in die Röhre, gaben dann aber auf. Fünf Schimpansen aus Uganda lösten das Problem, vier von ihnen beim ersten Versuch.

Doch aufgrund der Studienergebnisse von 2007 hatten die Forscher etwas ganz anderes erwartet. Warum schnitten die Affen dieses Mal so schlecht ab? Aus mehreren Gründen, vermutet Hanus. Zum einen sollen, so ging zumindest eine Anekdote, die Schimpansen-Männchen in der afrikanischen Rettungsstation nicht ganz bei der Sache gewesen sein, weil zum Zeitpunkt der Studie sich einige Weibchen in der Hitze befanden. Zum anderen lag es möglicherweise auch an einem Phänomen, das sich *functional fixedness* nennt. Damit ist gemeint, dass man sich bei einem Werkzeug nur eine einzige Funktion vorstellen kann. Mit einer Zange zieht man klassischerweise Nägel aus der Wand, aber sie auch als Hammer zu benutzen, darauf muss man erst mal kommen. Und so ist ein Wasserspender eben nur zum Trinken da und nicht, um mit dem Wasser noch andere Dinge anzustellen. Dieses Phänomen beobachteten die Wissenschaftler tatsächlich bei ihrem Erdnuss-Experiment. Versuchsweise installierten sie neben dem alten Wasserspender zusätzlich einen neuen in einer anderen Farbe. Und siehe da, fünf der Leipziger Zoo-Schimpansen, die beim ersten Test durchgefallen waren, fanden so immerhin heraus, dass man Wasser auch in die Röhre spucken kann, statt es zu trinken. Doch nur zwei Affen lösten damit auch ihr Erdnuss-Problem. Und so glaubt der Forschungskoordinator im Nachhinein, »dass die extrem gute Leistung der Orang-Utans von damals die Ausnahme war, nicht die Regel«.

Denn die Resultate der Kinder machten klar, vor welch schwierige Aufgabe die Forscher Mensch und Tier gesetzt hatten. In jeder Altersklasse befanden sich 24 Kinder, Mädchen wie Jungs. Ihre Röhre mit der unerreichbaren Erdnuss stand auf einem Tisch. In einer Armlänge Entfernung hatten die Forscher einen Glaskrug mit Wasser platziert. Mit dem Krug hatten die Versuchsleiter vor Beginn der Studie schon ein wenig herumhantiert, hatten etwa Pflanzen gegossen, um den Kindern zu zeigen, dass mit dem Wasser durchaus gespielt werden durfte – falls es da Hemmungen geben sollte. Allein, es nutzte nicht viel.

Von den 24 Vierjährigen kamen gerade mal zwei Kinder auf die Lösung. In der Altersklasse der Sechsjährigen – immerhin Schulkinder – griffen nur zehn zum Wasserkrug und spülten die Erdnuss nach oben, bei den Achtjährigen waren es vierzehn. Die Testresultate der Kinder überraschten die Forscher fast noch mehr als das maue Abschneiden der Affen. »Wenn man sieht«, so Hanus, »dass die Erfolgsrate der Achtjährigen bei nur 58 Prozent lag und die Vierjährigen wirklich hoffnungslos verloren waren, dann zeigt das deutlich, wie komplex das Problem ist.«

Umso erstaunlicher wirkt da im Rückblick das Orang-Utan-Weibchen im Quarantäne-Raum, das mal eben ins obere Stockwerk stieg, um Wasser zu holen. Oder die originelle, wenn auch gewöhnungsbedürftige Idee eines Schimpansen-Männchens aus der Wiederholungsstudie von 2011. Es war bereits auf die richtige Lösung gekommen, spuckte Wasser in die Röhre. Doch es

226

zielte nicht besonders präzise, sodass die Nuss ihm nur langsam entgegenstieg. Das muss seine Geduld über Gebühr strapaziert haben. Denn kurzerhand hangelte sich der Affe am Geländer seines Versuchskäfigs hoch, hockte sich über die Röhre und pinkelte hinein. »Das ist großartig«, sagt Hanus. »Das ist ein toller kognitiver Transfer. Er hat begriffen, ich brauche Flüssigkeit, ganz egal, wo sie herkommt.«

Gewalt unter Menschenaffen

Wie aus dem Nichts bricht ein infernalisches Geschrei im großen Gehege der Schimpansen aus. Etwa sechs oder sieben Affen schwingen sich an ihren Kletterseilen von den Bäumen herab, rennen unter lauten Rufen in alle Richtungen. Was ist los? Der Forschungskoordinator und ich stehen inzwischen auf dem Dach des Institutsgebäudes, von hier oben haben wir einen guten Rundumblick über die beiden Anlagen der Schimpansen und der Orang-Utans. Hanus lauscht mit angespanntem Gesicht auf irgendetwas im Hintergrund. Und da höre ich es auch, trotz des Schimpansenlärms. Aus dem Gehege der Gorillas dringen Schreie, vermutlich eine Beißerei, und das versetzt die anderen in Aufruhr. Die Anlage der Riesen ist überdacht, wir können nicht hineinsehen. Zwar gelten Gorillas als sehr friedliche Tiere, weit mehr als die streitbaren Schimpansen, doch auch unter ihnen kommt es immer mal wieder zu Attacken, selbst zwischen den Geschlechtern. Doch das Gesicht des Forschungskoordinators entspannt sich schon wieder. Die Schreie verebben. »Ich glaube nicht, dass Blut geflossen ist«, sagt Hanus. »Sonst hätte sich die Lage nicht so schnell beruhigt.«

Wenn Schimpansen sich aufregen, sehen sie fast nackt aus. Ihr Fell sträubt sich so sehr und steht so weit vom Körper ab, dass man auf die darunterliegende helle Haut blicken kann. Gewalt ist unter Menschenaffen weit verbreitet. Selbst die gutmütigen Bonobos, die als Hippie-Naturen gelten, weil sie lieber Liebe machen als Krieg, mobben durchaus mal schwächere Gruppenmitglieder.

Einer der Schimpansen ist noch immer in heller Aufregung. Mit den Füßen voran springt er gegen eine der Scheiben, die das Außen- vom Innengehege abtrennen. Es donnert gewaltig. Die Tiere haben eine unglaubliche Kraft. Hanus erzählt, dass es manchmal trotz aller Vorsorge nicht gut ausgeht, wenn fremde Affen in die bestehenden Gruppen integriert werden müssen. Es kommt vor, dass die Neuankömmlinge angegriffen und manchmal auch getötet werden. Dass Schimpansen ihre Artgenossen umbringen, war auch Gegenstand einer Studie von 2014. Dabei handelte es sich um eine Gemeinschaftsarbeit von 30 Primatenforschern, unter ihnen der derzeitige Direktor des MPI, Christophe Boesch. Die Wissenschaftler hatten Daten von 22 Affenpopulationen ausgewertet, die über einen sehr langen Zeitraum beobachtet worden waren, insgesamt fünf Jahrzehnte lang. Darunter war auch eine Schimpansen-Gruppe aus Gombe in Tansania. Dieser Ort hat weltweite Berühmtheit erlangt durch die Affenforscherin Jane Goodall, die hier ihre Studien durchführte. Aber auch durch den sogenannten Schimpansen-Krieg, der Ende der Siebzigerjahre in Gombe ausbrach und vier Jahre lang währte. Es war eine kriegerische Auseinandersetzung zwischen zwei rivalisierenden Schimpansen-Gruppen, den Kasekela und den Kahama, die zum Tod etlicher Affen auf beiden Seiten führte.

Jane Goodall war vielfach Zeugin der Gewalttaten geworden und hatte – tief erschüttert – darüber berichtet. Lange Zeit hatte man ihre Aussagen angezweifelt, zu menschenähnlich klang alles, was sie beobachtet hatte. In ihrem Buch *Through a Window. My Thirty Years With the Chimpanzees of Gombe* beschrieb sie den Beginn des Krieges: »Der Überfall begann, als eine Kasekela-Patrouille von sechs erwachsenen Männchen plötzlich auf Godi stieß, ein männliches Jungtier, das in einem Baum hockte und fraß. Die Angreifer näherten sich so leise, dass Godi sie erst bemerkte, als sie fast über ihm waren. Und dann war es zu spät ...«

228

Einige Wissenschaftler warfen der Affenforscherin später eine Mitschuld am jahrelangen Krieg vor. Sie habe durch ihre Anwesenheit und das Füttern der Schimpansen eine eigentlich friedliche Gemeinschaft entzweit.

In der Datenanalyse von 2014 untersuchten die Primatologen exakt diese These, die dem Vorwurf an Goodall zugrunde lag: Töten Schimpansen ihresgleichen, weil der Mensch in ihre Umwelt eingreift? Liegt es also an uns und an unserer fortgesetzten Vernichtung von Lebensraum, dass Affen sich gegenseitig umbringen? Wären sie ohne uns eine friedfertigere Spezies?

Nein, besagt das Ergebnis der Studie. Der menschliche Einfluss kann zwar für vieles verantwortlich gemacht werden, aber nicht für die Gewaltbereitschaft von Schimpansen. Die Tiere hatten im Untersuchungszeitraum 152 Artgenossen umgebracht, wovon allerdings nur 58 Tötungen tatsächlich auch beobachtet worden waren. Die übrigen Fälle beruhten entweder auf Schlussfolgerungen oder auf Vermutungen. Ausgerechnet in den Gebieten, in denen der menschliche Einfluss besonders groß war, ereignete sich kein Todesfall, während bei einer relativ ungestört lebenden Schimpansen-Population die höchsten Tötungsraten verzeichnet wurden. Bei den gewalttätigen Affen zeigte sich übrigens ein Zusammenhang, der Menschen vertraut sein dürfte: 92 Prozent aller Angreifer waren männliche Tiere. Gleichzeitig stellten sie mit 73 Prozent auch die meisten Opfer. Die Zahlen sind interessanterweise denen sehr ähnlich, die aus einer Studie zweier Kriminologen von der Northeastern University Boston vom Juni 2017 stammen. Die Forscher hatten den Zusammenhang von Geschlecht und Tötungsdelikt untersucht. Als Recherchematerial dienten ihnen Datensätze aus vier Jahrzehnten, die das FBI in den Vereinigten Staaten zusammengetragen hatte. Vom Umfang der Stichprobe her natürlich kein Vergleich zur Datenanalyse der Affenforscher, dennoch fällt die Ähnlichkeit der Zahlen ins Auge: 90 Prozent aller Fälle von Mord und Totschlag im Zeitraum von 1976 bis 2015 gingen in den USA auf das Konto von

Männern, und mit 81 Prozent stellten Männer auch die weitaus größte Opfergruppe.

Wenn aber der Einfluss des Menschen nicht ursächlich ist für Schimpansen-Gewalt, was dann? Die Antwort der Primatologen lautet schlicht: der evolutionäre Vorteil. Eine Schimpansen-Gruppe, die sich ihrer Rivalen entledigt, findet leichter Zugang zu Nahrung und hat mehr Auswahl unter ihren Geschlechtspartnern. Denn die Aggression richtet sich mehrheitlich, zu 66 Prozent, gegen Männchen aus fremden Gruppen. Die werden auch bevorzugt in Überzahl attackiert – im Schnitt mit einem Zahlenverhältnis von acht zu eins. Was bedeutet, dass das Risiko, selbst Opfer zu werden, sich so erheblich reduziert. Es ist eine einfache Rechnung: Schimpansen attackieren ihre Konkurrenten, wenn die Kosten eines Überfalls gering sind und der Gewinn hoch ist.

Ganz anders verhält es sich bei den Bonobos, die den Schimpansen derart ähnlich sehen, dass man sie früher auch Zwergschimpansen genannt hat. Die beiden Arten haben zwar zu 99,3 Prozent identisches Erbgut, zeigen aber ein höchst unterschiedliches Sozialverhalten. Während bei den Schimpansen männliche Alphas die Gruppen anführen und aggressiv verteidigen, leben die Bonobos in einer von Weibchen dominierten Hierarchie. Diese Art ist weitaus toleranter, was das Teilen von Futter angeht. Sie paart sich mit Mitgliedern aus anderen Gruppen, wobei es sogar vorkommt, dass ausgewachsene Männchen mit fremden Jungtieren spielen. Unbekannte Weibchen reiben ihre Genitalien aneinander, um Spannungen ab- und freundschaftliche Beziehungen aufzubauen. Treffen sich zwei Bonobo-Gruppen, kann es durchaus erst mal zu brenzligen Situationen kommen, wie der Primatologe Frans de Waal in seinem Buch *Der Mensch, der Bonobo und die zehn Gebote* schreibt. Da gibt es Geschrei auf beiden Seiten und auch Versuche, sich zu verjagen. Doch dann scheint sich das Blatt zu wenden. Statt zu einer kriegerischen Auseinandersetzung kommt es zur Annäherung und zum gemeinsamen Sex. Und so findet sich in den Datensätzen der Gemeinschaftsstudie von 2014 kein einziger belegter Fall von Bonobo-Gewalt, nur einmal gab es eine Vermutung. Allerdings wurde bei der Schwesternart eine deutlich kleinere Stichprobe untersucht – hier waren es lediglich vier Gruppen im Vergleich zu 18 Schimpansen-Populationen.

Survival of the Friendliest

Dieses so unterschiedliche Verhalten der beiden nahen Verwandten hat einen Wissenschaftler immer wieder umgetrieben, der ebenfalls lange Zeit am Leipziger MPI tätig war: Brian Hare. Das ist jener Nachwuchsforscher von einst, der Mitte der Neunzigerjahre ein Umdenken in der Kognitionsforschung angestoßen hatte, weil ihm an seinem Hund aufgefallen war, dass dieser menschliche Zeigegesten verstand. Im Gegensatz zu den Primaten, die damit überfordert waren. Heute ist Hare ein anerkannter Primaten- und Hunde-Experte und lehrt an der Duke University in North Carolina. Zusammen mit seinen ehemaligen Kollegen vom Leipziger MPI verglich er 2010 die kognitiven Fähigkeiten von Bonobos und Schimpansen. Und stellte fest: Trotz ihrer genetischen Ähnlichkeit und obwohl sich die beiden Arten erst vor ein bis zwei Millionen Jahren trennten, zeigen sie in ihren Denkleistungen große Unterschiede. Bonobos waren in allem deutlich besser, was zum Komplex einer *Theory of Mind* gehört. Ihr toleranteres und kooperativeres Sozialverhalten machte es ihnen offenbar leichter zu erkennen, was ein anderer vorhatte. Schimpansen zeigten hingegen ein höheres kausales Verständnis und waren fitter darin zu entscheiden, welches Werkzeug für einen bestimmten Zweck nützlich war und welches nicht. Erst 2007 hatte eine Primatologin entdeckt, dass Schimpansen Speere herstellen. Damit machen sie Jagd auf kleine Feuchtnasenaffen, die sich tagsüber in Höhlen verstecken. Die Schimpansen brechen sich Äste von Bäumen, entfernen die seitlichen Zweige und Blätter, bis die Stäbe glatt sind, benagen dann mit ihren Schneidezähnen den oberen Teil und formen eine scharfe Spitze. Fertig ist die Waffe, mit der sie in die Höhlen hineinstoßen, wo sie ihre Beute vermuten.

Auf eine solche Idee käme vermutlich kein Bonobo. Warum eigentlich nicht? Weil sie sich selbst auf Friedfertigkeit selektiert haben, glaubt Brian Hare. Der Affenforscher hat Ende 2016 seine These in einem Artikel mit dem Titel veröffentlicht: *Das Überleben der Nettesten (Survival of the Friendliest)*. Darin beschreibt er unter anderem, wie Bonobo-Weibchen, die ja in ihren Gruppen das Sagen haben, vor allem freundliche und friedliche Männchen als Sexualpartner auswählen und sich auch schützend vor Weibchen stellen, die von aggressiven Männchen attackiert werden. In der Bonobo-Welt pflanzt sich also eher der fort, der nett zu seinen Artgenossinnen ist.

Im Leipziger Zoo kann man beobachten, dass trotzdem nicht alles nur sonnig ist bei den haarigen Hippies. »Auch das Matriarchat kann ganz schön gemein sein«, sagt Hanus. Der Bonobo-Mann Joey hat in seiner Gruppe wenig zu lachen. Immer mal wieder wird er von Weibchen umringt, gebissen und traktiert, die ihm alle körperlich weit unterlegen sind. Doch der große Kerl wehrt sich nicht. Das 35-jährige Männchen zeigt ein auffälliges Verhalten. Bevor er 2001 in den Leipziger Zoo kam, lebte Joey in schlimmer Haltung, isoliert von Artgenossen. Das hat er nicht verkraftet. Nun lehnt er an der Felswand des Außengeheges, schüttelt immer wieder den Kopf und bewegt die Lippen, als spräche er mit sich selbst. Er schlägt seine Hände aufeinander und wirkt wie ein verwirrter Obdachloser, der den Kontakt zur Außenwelt verloren hat. Joey ist auch nicht an Sex mit anderen interessiert. Eines der Jungtiere nähert sich, legt sich vor dem großen Männchen auf den Rücken und spreizt die Beine. Doch Joey steht nur auf und verzieht sich.

»Ein Bonobo, der nicht kopuliert«, sagt Hanus, »mit dem stimmt etwas nicht.« Was auch der Grund dafür sein könnte, vermutet der Forschungskoordinator, weshalb Joey immer wieder gemobbt wird. Aber der Affe beteiligt sich gern an den Experimenten und ist bei einigen Aufgaben auch richtig gut. So hat er etwa in einer Studie von Daniel Hanus gezeigt, dass er zuverlässig Mengen abschätzen kann. Wenn es darum geht, von zwei Tellern denjenigen auszuwählen, auf dem mehr Rosinen liegen, dann kriegt Joey das hin. Sogar dann, wenn die Mengen annähernd gleich groß sind und nur um eine Beere abweichen, wie etwa sieben zu acht. Und das kann er selbst dann noch, wenn man ihm nicht beide Teller gleichzeitig, sondern nur nacheinander zeigt.

Theory of Mind – die Meisterklasse

Wenn Forscher die kognitiven Leistungen von Tieren untersuchen, kommen sie immer wieder auf die *Theory of Mind* zurück. Vielleicht weil sie eine so große Rolle in unserem eigenen Leben spielt und unerlässlich ist für unsere komplexen sozialen Beziehungen. Wir könnten einander nicht verstehen, wenn wir nicht eine Vorstellung von der inneren Welt anderer Menschen hätten und davon, dass jeder seinen eigenen Blickwinkel hat, eigene Wünsche, Ideen und Ansichten. Dieses Bewusstsein für die Perspektive der anderen ist wesentlich für unser Mitgefühl und unser soziales Miteinander.

Manche Tierarten verfügen über Elemente einer *Theory of Mind*, wie die vorigen Kapitel gezeigt haben. Auch Schimpansen gehören dazu. Sie sind zum Beispiel gut darin, sich vorzustellen, was ein Artgenosse gesehen hat, und richten ihre strategischen Handlungen danach aus. Das hat ein Experiment namens Schimpansen-Schach gezeigt, das die Biologin Juliane Kaminski 2008 am Max-Planck-Institut in Leipzig durchführte. Für ihren Versuch saßen sich zwei Schimpansen in separaten Räumen hinter Plexiglas gegenüber, zwischen ihnen war ein verschiebbarer Tisch platziert, und auf dem standen drei Becher. Kaminski hatte die Behälter umgedreht und unter einem einen Belohnungshappen versteckt. Der Trick war, dass nur einer der beiden Affen wusste, wo das Futterstück lag. Den zweiten Mitspieler hatte man durch einen Sichtschutz am Zuschauen gehindert. Dies wiederum hatte der erste Affe mitbekommen. Es gab nun also folgende Situation: Einer von drei Bechern enthielt eine Belohnung, und nur einer der beiden Mitspieler wusste, wo sie sich befand. Aber war er auch in der Lage, dieses Wissen zu seinem Vorteil zu nutzen?

Und ob, wie das anschließende Spiel zeigen sollte. Bevor es losging, versteckte Kaminski ein weiteres Futterstück unter einem der drei Becher. Diesmal durften beide Affen dabei zuschauen. Schimpanse eins hatte also Kenntnis von zwei Happen, Schimpanse zwei nur von einem. Dann wurde gespielt. Zuerst war jener Affe dran, der strategisch im Nachteil war, weil er nur von einem Leckerchen wusste. Mit einem Fingerzeig sollte er auswählen, welchen Becher er haben wollte. Diese Wahl lief geheim ab, der andere Spieler saß nun seinerseits hinter einer Sichtbarriere und durfte die Auswahl des zuerst spielenden Affen nicht mitverfolgen. Dann kam der entscheidende Schachzug: Welchen Becher würde der nächste Schimpanse auswählen – also das Tier, das wusste, dass zwei Futterhappen existierten? Ein Mensch in dieser Situation würde strategisch vorgehen. Er würde sich ausmalen, dass sein Kontrahent den einzigen Becher gewählt hätte, von dem er wusste, dass er nicht leer war. Ergo gab es noch einen zweiten mit einem Happen darin, und den würde sich der Mensch schnappen.

Und genau das tat auch der Schimpanse. Er ging gewieft vor und wählte nicht den Becher, den Spieler eins schon aufgedeckt hatte. Sondern eben den anderen, von dessen Inhalt nur er Kenntnis hatte. Und so ging er keinesfalls leer aus.

Wo wir gerade beim Spielen sind: Schnick-Schnack-Schnuck begreifen Schimpansen offenbar auch, wie im August 2017 eine japanisch-chinesische Studie ermittelt hat. Schnick-Schnack-Schnuck ist auch als Schere-Stein-Papier-Spiel bekannt, bei dem es darum geht, dass zwei Spieler auf Kommando mit ihrer Hand ein Symbol formen, das »stärker« ist als das des Kontrahenten.

So schlägt Papier (die flache Hand) den Stein (die Faust), weil Papier den Stein umwickelt. Stein schlägt Schere (gespreizte Finger), weil er das Metall stumpf macht. Und Schere zerschneidet Papier.

Mithilfe eines Monitors wurden sieben Schimpansen darin geschult, von zwei Handsymbolen stets das stärkere auszuwählen. Für diese Aufgabe brauchten sie im Schnitt 307 Sitzungen, dann aber spielten fünf der sieben Affen Schnick-Schnack-Schnuck auf dem Niveau vierjähriger Kinder. Die Wissenschaftler hatten als Vergleichsgruppe 38 Kinder im Alter von drei bis sechs Jahren getestet, die in durchschnittlich fünf Trainingseinheiten den Sinn des Spiels begriffen, wobei ihre Leistungen mit zunehmendem Alter immer besser wurden.

Um Schnick-Schnack-Schnuck erfolgreich zu spielen, braucht ein Schimpanse allerdings keine *Theory of Mind*, sondern ein gutes Erkennungsvermögen für wiederkehrende Muster. Dass die Menschenaffen jedoch noch für ganz andere Überraschungen gut sind, fand ein junger Wissenschaftler namens Christopher Krupenye heraus, der ebenfalls am Leipziger Max-Planck-Institut zu Menschenaffen forscht.

Denn es gibt ein Element der *Theory of Mind*, das bislang noch niemals an Tieren beobachtet werden konnte – bis zur Arbeit von Krupenye, veröffentlicht im Oktober 2016 und einer breiteren Öffentlichkeit vorgestellt auf dem »Behaviour«-Kongress im August 2017. Es geht um den Aspekt des sogenannten *false belief*. Damit ist die Fähigkeit gemeint, zu begreifen, dass ein anderer sich irren kann. Dass er von falschen Annahmen ausgeht und aufgrund dessen auch irrtümlich handelt. Das ist zum Beispiel der Fall, wenn jemand ein Objekt an einem verkehrten Ort sucht. Ein Beobachter, der um den richtigen Ort weiß, könnte dem Suchenden einen Hinweis geben. Diese Fertigkeit verlangt nicht nur eine Einsicht in die Gedankenwelt anderer – hier sucht jemand etwas –, sondern überdies das Wissen, dass es unterschiedliche Sichtweisen gibt, wobei manche eben auch falsch sein können. Und Menschenaffen sollen zu so etwas in der Lage sein?

Ja, sagt Krupenye. Sein Experiment wirkt auf den ersten Blick etwas bizarr, zumindest für Außenstehende. Auf dem »Behaviour«-Kongress zeigte der Wissenschaftler sein Versuchsvideo, in dem ein Schauspieler im Gorilla-Kostüm durchs Bild lief. Diesen Darsteller nannte Krupenye »King Kong«. King Kong machte merkwürdige Dinge. Er tobte wie entfesselt durch einen Käfig, in dem zwei Holzkisten auf dem Boden standen. Vor dem Käfig stand ein Mensch und sah dem Treiben zu. King Kong stand mit dem Rücken zu seinem Zuschauer und versteckte schließlich einen Stein in einer der beiden Holzkisten. Dann drehte er sich zu der Person vor dem Käfig um und fuchtelte mit den Armen, sodass der Beobachter fluchtartig den Raum verließ.

All das verfolgte aufmerksam ein Bonobo. Es war keine Szene, die sich real vor seinen Augen abspielte, sondern als Video auf einem Monitor gezeigt wurde. Der Affe sah sich also einen Film an, und während er das tat, zeichnete eine Kamera seine Augenbewegungen auf.

Nun war King Kong allein in seinem Käfig. Er holte den Stein wieder aus der Box heraus und versteckte ihn in der zweiten. Dann schien er es sich anders zu überlegen. Er schnappte den Stein erneut und verschwand mit ihm aus dem Bild. Auch das registrierte der Bonobo aufmerksam. Kaum war King Kong verschwunden, kehrte der Zuschauer in den Raum zurück. Durch eine Käfigtür griff er zu jener Box, in der er den Stein vermutete. Es war die, die King Kong zuerst als Versteck gewählt hatte, bevor er beschloss, seinen Beobachter zu verscheuchen. Und da der nicht wusste, dass der Stein gar nicht mehr im Raum war, suchte er ihn am falschen Ort.

War das dem Affen klar? Was registrierte die Kamera, die auf die Augen des Bonobos gerichtet war? Krupenye und seine Kollegen hatten das sogenannte Eye-Tracking-Verfahren gewählt. Weil sie davon ausgingen, dass das Versuchstier genau auf jene Stelle blicken würde, an der es die menschliche Suchaktion vermutete. Es wusste ja um die Ahnungslosigkeit des Zuschauers.

236

Wenn der Bonobo also damit rechnete, dass der Beobachter den Stein genau dort suchen würde, wo er ihn zuletzt hatte verschwinden sehen, dann müssten seine Augen auf dieser Holzkiste ruhen – und zwar bevor der Mensch zur Tat schritt. Und genau das taten sie auch.

Insgesamt durchliefen 30 Tiere Krupenyes Test, darunter Bonobos, Schimpansen und Orang-Utans. Die drei Arten unterschieden sich nicht in ihren Ergebnissen. 22 Versuchstiere blickten tatsächlich als Erstes auf die Holzbox, die der Mensch kurz darauf untersuchte. »Unsere Resultate zeigen«, so das Fazit der Studie, »dass einige Affen exakt vorhersahen, wie ein Mensch handeln würde, der von einer falschen Annahme ausgeht.« Und somit sei auch diese Fähigkeit aus dem Komplex der *Theory of Mind* nicht länger eine exklusiv menschliche, sondern vermutlich schon so alt wie der letzte gemeinsame Vorfahr von Mensch und Menschenaffe.

Es gibt Reis, Baby!

Im Bonobo-Gehege ist die Stimmung an diesem ungewöhnlich warmen Oktobernachmittag träge und ruhig. Die Tiere sitzen in der Sonne oder in den Bäumen und dösen. Ab und zu wechseln sie ihre Plätze. Einige Bonobos tun das nicht mit leeren Händen. Von irgendwoher haben sie sich Pappkartons oder Jutesäcke besorgt, und damit wandern sie nun durch ihr Gehege, auf der Suche nach einem Ruheplatz. Ich beobachte ein Weibchen mit einem Jutesack in der Hand. Sie lässt sich an der Felswand des Geheges nieder, schüttelt den Stoff aus und drapiert ihn auf dem Boden. Dann streicht sie ihn glatt und legt sich mittig darauf. Diese Bewegungen sind mir sehr vertraut, ich hätte es kein bisschen anders gemacht. Ich finde das unheimlich, offen gesagt.

»Geht Ihnen das auch so?«, frage ich Daniel Hanus. »Dass Sie manchmal erschrocken sind, wie sehr uns Menschenaffen ähneln?«

»Ja und nein«, antwortet er. Der Forschungskoordinator blinzelt ins Herbstlicht. »Manchmal bin ich erstaunt, wie schlau, manchmal aber auch, wie vermeintlich dumm sie sind. Wo wir doch genetisch so nahe beieinanderliegen: Warum ist es für sie trotzdem oft so schwer, wenn ich ihnen etwas zeige?« Etwa die Handbewegung mit dem ausgestreckten Finger, die Affen nicht oder nur nach einigem Training verstehen. Der Primatologe Frans de Waal hat dazu eine eigene Theorie. Nach seiner Ansicht liegt es daran, dass sich Menschenaffen nicht sehr für uns interessieren, dafür umso mehr füreinander. Wir sind einfach nicht im Zentrum ihrer Aufmerksamkeit. Und das ist laut de Waal auch der Grund, warum so viele Versuche unbefriedigend enden, in denen es darum geht, ob Affen uns verstehen.

Doch eine Sache gibt es, in der Mensch und Menschenaffe offenbar aufs Schönste übereinstimmen. Es ist ein Punkt, den wohl die wenigsten erwartet hätten. Seit der Untersuchung zweier Psychologen der Universität Harvard von 2015 wissen wir, dass Schimpansen genau wie wir eine Liebe zu gekochtem Essen haben. Und möglicherweise sogar ein paar Anlagen mitbringen, die für dessen Zubereitung nötig sind. Ergo: einen Sinn fürs Kochen. Wie das?

Die beiden Harvard-Psychologen Felix Warneken und Alexandra Rosati hatten sich die Frage gestellt, wann eigentlich das Kochen von Nahrung in der menschlichen Entwicklungsgeschichte aufgetaucht war. Genau wie der Biopsychologe Onur Güntürkün aus Bochum vermuteten auch sie, dass die Umstellung von roher auf gekochte Nahrung entscheidend zur Vergrößerung des menschlichen Gehirns beigetragen hatte. Denn damit einher ging eine viel höhere Energieausbeute, vor allem von pflanzlicher Nahrung. Kochen war also sehr wahrscheinlich ein entscheidender Schritt in der menschlichen Entwicklung.

Aber war es auch eine rein menschliche Angelegenheit? Oder gab es vielleicht schon früher irgendwelche Anzeichen dafür – in unseren nächsten Verwandten, den Schimpansen? Mit Anzei-

238

chen waren Fähigkeiten allgemeiner Art gemeint, die fürs Kochen unerlässlich sind wie: eine generelle Vorliebe für zubereitete Nahrung im Gegensatz zu roher, dazu die Bereitschaft, Rohfutter herzugeben, damit es gekocht werden kann, statt es sofort zu verzehren – für Schimpansen eine echte Herausforderung –, weiterhin ein Grundverständnis für die Verwandlung von roh zu gekocht, dann die Geduld, die der Kochvorgang verlangt, und natürlich die Planung, die erforderlich ist, um rohes Essen zu sammeln und aufzubewahren. Und das ausgerechnet bei Schimpansen, die für alles Mögliche bekannt sind, nur nicht für ihre Langmut.

Warneken und Rosati war klar, dass manche dieser Fertigkeiten auch bei anderen Spezies auftreten, zum Beispiel bei denen, die einen Vorrat für den Winter anlegen. Daher ging es ihnen um das große Ganze. Fünf Eignungen mussten zusammenkommen, damit man nach Ansicht der Forscher von einer Grundveranlagung fürs Kochen sprechen konnte. Die Schimpansen, die für die Studie herangezogen wurden, lebten in einer Rettungsstation in der Republik Kongo, wo sie sich tagsüber in den Wäldern aufhielten. Das Experiment war hochgradig aufwendig, es musste in mehrere Einzeltests zerlegt werden. Zuallererst wurde die Vorliebe der Schimpansen für gekochtes Essen untersucht. Ließ man sie wählen zwischen gekochten oder rohen Süßkartoffelscheiben, war das Resultat eindeutig: Alle 29 Affen dieses ersten Versuchs griffen bevorzugt zur gekochten Knolle. Dabei gehört die rohe Süßkartoffel zu ihrer täglichen Nahrung, sie war ihnen also alles andere als fremd. Anschließend kam die Disziplin Geduld an die Reihe, und hier zeigte sich etwas Erstaunliches. Den insgesamt 16 Tieren des nächsten Tests wurde die Wahl gelassen, ob sie ein einzelnes Futterstück sofort haben wollten oder ob sie lieber eine Minute warteten, um danach drei zu erhalten. Im ersten Versuch ging es ausschließlich um rohe Futterstücke. Und da reichte die Geduld der Schimpansen nicht besonders weit. Nur zu 60 Prozent entschieden sie sich fürs Warten. Hatten sie jedoch die

Wahl zwischen rohen und gekochten Happen, konnten sich die Tiere plötzlich weitaus mehr am Riemen reißen. Knapp 85 Prozent harrten aus und erhielten zum Lohn drei gekochte Bissen.

Und so ging es durch das gesamte Setting. Die Forscher spielten »Ofen« für die Schimpansen, indem sie rohe Süßkartoffelscheiben in eine Box warfen und sie kräftig schüttelten. Anschließend entnahmen sie der Box gekochte Futterscheiben, ganz so, als wären die gerade eben darin zubereitet worden. In einem Kontrollversuch machten die Experimentatoren dasselbe mit einer anderen Schüssel, die jedoch das Essen nicht verwandelte, sondern genauso roh zurückgab, wie es hineingelangt war. Fast 88 Prozent der Schimpansen zeigten augenblicklich auf den »Ofen« und wollten, dass der ihre rohe Süßkartoffel garte. Ein großes Männchen geriet laut Rosati dabei vollkommen aus dem Häuschen: »Er begann zu schreien und auf- und abzuspringen. Man konnte förmlich sehen, wie in seinem Kopf das Licht anging, als er begriff, dass sein Futter nun ›gekocht‹ werden würde.«

Im nächsten Schritt sollten die Tiere selbst »kochen«. Was bedeutete, dass man ihnen drei Möglichkeiten ließ: ihr rohes Futter zu behalten und es gleich zu essen. Oder es in den Behälter zu werfen, der ihre Nahrung scheinbar garen konnte. Oder die Box zu wählen, die gar nichts damit anstellte, sondern die Kartoffelscheiben roh zurückgab.

Futter herzugeben ist für Schimpansen verdammt schwer. Und so schafften es auch nur 13 von 21 Affen dieses Experiments, ihr Essen aus der Hand zu geben. Doch die, die sich dazu durchringen konnten, wählten zu mehr als 85 Prozent den simulierten »Ofen«. Die Forscher testeten auch andere Nahrungsmittel, etwa rohe Karotten. Oder nicht essbare Dinge wie Holzstücke, die die Versuchstiere aber niemals in das Kochgerät warfen, im Gegensatz zu den Karotten. »Das ist ein deutlicher Hinweis darauf«, schrieben die Forscher in ihrer Veröffentlichung, »dass die Schimpansen davon ausgingen, das Kochgerät transformiere

Nahrung.« Sie glaubten also nicht, dass der »Ofen« generell gekochtes Essen hervorzauberte, also etwa in der Lage war, auch Nichtessbares in Futter zu verwandeln. Sie hatten das wesentliche Element des Kochens begriffen: die Transformation von Essbarem.

Was die Tiere allerdings nicht so gut konnten: Futter über einen noch längeren Zeitraum aufzubewahren, der eine Minute deutlich überschritt, und bei dem auch nicht absehbar war, dass es zum Kochen kommen würde. Denn den Affen wurden drei rohe Futterhappen überreicht, während der »Koch« sich mit seinem »Ofen« Zeit ließ. Es gab keinen Versuchstisch und keinerlei Anzeichen für einen geplanten Garungsvorgang. Erst nach drei Minuten tauchte der Versuchsleiter mit der Schüssel auf, in die die Affen ihre Happen hineinwerfen und zubereiten lassen konnten. Das war für die Mehrheit der Schimpansen zu schwer. Sieben Tiere aßen während des Wartens ihr ganzes rohes Futter auf. Fünf immerhin hielten durch. Und das überraschte die Forscher dann doch: »Das ist nach unserer Kenntnis der erste Nachweis überhaupt«, schreiben Warneken und Rosati in ihrem Fazit, »dass Affen für die Zukunft planen können, indem sie Futter für einen späteren Transformationsvorgang aufbewahren.« Auch wenn dies nur einer Minderheit möglich war.

Bis heute kocht kein einziger in Freiheit oder in Gefangenschaft lebender Schimpanse. Unser nächster Verwandter kann Feuer nicht kontrollieren. Auch besteht seine Nahrung nur zu einem geringen Teil aus Wurzeln, deren Verdaulichkeit sich durch Kochen erhöht, weitaus mehr verzehrt er Früchte. Er teilt seine Nahrung nicht gern und bringt zu wenig Geduld auf, was eine Vorbedingung fürs Kochen ist.

Und dennoch: Ganz aus dem Nichts scheint die Kochkunst nicht über den Menschen gekommen zu sein. Nach Ansicht der beiden Psychologen hat sich durch ihre Studie gezeigt, dass Kochen sehr früh in der menschlichen Entwicklung stattgefunden haben muss. Denn einige Voraussetzungen dafür bringen schon die Schimpansen mit, vor allem die Liebe zu gekochtem Essen und das Grundverständnis von Nahrungsumwandlung. Die Forscher erwähnen in ihrem Fazit auch eine frühere Studie von 2010, die nachweisen konnte, dass senegalesische Schimpansen im Gegensatz zu anderen Wildtieren wenig Angst vor Feuer zeigen. Sie beobachten Waldbrände ruhig und wählen dann geeignete Wege, um sich in Sicherheit zu bringen. Auch wissen sie die Naturgewalt durchaus zu schätzen: Nach einem Brand suchen Schimpansen den Boden ab, um geröstete Samen aufzulesen. Und weil das so ist, schließt ein Bericht im Magazin *National Geographic* über die Studie von Warneken und Rosati auch mit den Worten: »Wieder ein Punkt, den man streichen muss von der Liste der menschlichen Einzigartigkeit.« Kein Ende in Sicht.

Zukunftsmusik

In der Eingangshalle des »Behaviour«-Kongresses lässt sich ein Blick auf die Zukunft werfen. Sie zeigt sich in Gestalt von Hunderten Nachwuchsforschern, die an Stellwänden ihre Forschungsarbeiten präsentieren. Man erkennt rasch, wohin die Reise geht: *Selbstkontrolle bei Ameisen. Frösche mit einem Mengenverständnis. Eidechsen, die Formen unterscheiden können. Wie Drückerfische Entscheidungen treffen.* Vermehrt wird also zu Tieren geforscht, die bislang nicht auf der wissenschaftlichen Agenda standen, wenn es um kognitive Fähigkeiten ging: Reptilien, Amphibien, Fische. Es gibt immer weniger Scheu vor weit von uns entfernten Tieren. Und offenbar immer mehr Lust auf Pioniertaten. Denn bei solchen Spezies geht die ganze Entwicklungsarbeit, wie man sie bei den vermeintlich tumben Vögeln oder den scheinbar beschränkten Hunden und den bestimmt nur instinktgesteuerten Bienen schon hinter sich gebracht hat, noch einmal von vorn los.

Da lassen auch die Gegenstimmen nicht lang auf sich warten. 2016 erschien eine Arbeit mit dem Titel »Warum Fische keinen Schmerz spüren«. Die Begründung des australischen Professors Brian Key, der an der Biomedizinischen Fakultät der Universität Queensland lehrt, lautete kurz gefasst: weil sie nicht dieselben Hirnstrukturen hätten wie wir. Ihnen fehle zum Beispiel der Cortex.

Da muss man schon schlucken. Das dachten sich offenbar auch rund 40 Wissenschaftler, die umgehend Keys These widersprachen, jeder auf seine Weise, entweder mit einer eigenen Arbeit oder einem Kommentar.

Doch die letzten Seiten dieses Buches gehören nicht der Vergangenheit, sondern den Pionieren und ihrer Lust auf Neuland. Hier ein paar Kostproben aus der Zukunft.

Schützenfische unterscheiden die Gesichter von Menschen

Im selben Jahr, in der Key seine These von der Schmerzunempfindlichkeit der Fische publizierte, erschien eine ebenfalls australische Studie. Sie wies nach, dass Schützenfische menschliche Gesichter auf Fotos auseinanderhalten können. Und zwar auf einer ganzen Reihe von Fotos. Auch wenn den Tieren, wie die Autoren schreiben, ein Cortex fehle und überdies auch die Gewöhnung an Menschengesichter. Die Fische hatten die Sache einfach gelernt. Mit einer überaus beeindruckenden Treffsicherheit von durchschnittlich 81 Prozent bei insgesamt 44 Abbildungen.

Die Forscher nutzten für das Training eine Jagdtechnik der Fische, die Insekten mit einem Wasserstrahl bespritzen, um sie zu fangen. Sie brachten den Schützenfischen bei, ihren Wasserstrahl auf Bilder von Menschengesichtern zu richten. Wenn es klappte, bekamen sie dafür eine Futterbelohnung. Im nächsten Schritt sollten die Tiere ihnen bereits bekannte Fotos von unbekannten unterscheiden und dies dadurch anzeigen, dass sie auf das vertraute Bild spuckten. Was unerwartet gut funktionierte, wie die Forscher in ihrer Studie schrieben. Die Fische bewiesen »eindrucksvoll ihre Fähigkeit zur Unterscheidung«, und das ganz ohne Cortex.

Selbstkontrolle bei Ameisen

Sind Ameisen in der Lage, sich zu zügeln? Diese Frage stellten sich die Biologie-Doktorandin Stephanie Wendt und der Biologe Tomer J. Czaczkes von der Universität Regensburg. Sie testeten eine Kolonie schwarzer Wegameisen auf ihre Fähigkeit zur Selbstkontrolle, bauten den Tieren einen Laufweg, der

244

120 Zentimeter lang war und an dessen Ende sich eine verlockende Futterquelle befand: Tropfen einer hochkonzentrierten Zuckerlösung. Beim zweiten Testdurchgang boten die Wissenschaftler den Ameisen bereits auf der Hälfte der Wegstrecke eine zweite Zuckerlösung an, allerdings in deutlich niedrigerer Konzentration. Was auch heißt, entschieden weniger attraktiv. Fast 70 Prozent der Ameisen ließen die minderwertige Futterquelle links liegen und nahmen die längere Strecke in Kauf. Waren beide Zuckerlösungen allerdings gleich gut, entschieden sich die Ameisen für die nahe gelegene Futterquelle. »Normalerweise«, sagt die Studienleiterin Wendt, »akzeptieren Ameisen eine niedrig konzentrierte Lösung, wenn sie keine weitere zur Verfügung haben.« Doch nun ignorierten sie die vollkommen, denn sie kannten etwas Besseres. Auch wenn damit mehr Aufwand verbunden war.

Lehrer der Schildkröten

Wie kommt man an eine Erdbeere heran, die hinter einem Zaun liegt? Die Kognitionsforscherin Anna Wilkinson von der Universität Lincoln in Großbritannien hat dieses Problem acht Köhlerschildkröten vorgesetzt und sie in zwei Gruppen aufgeteilt. Die erste sollte von selbst auf die Lösung kommen: um das Zaunstück herumgehen und von der anderen Seite an den Happen gelangen. Doch keinem der vier Tiere gelang es. Sie probierten es zwar, versuchten sich durch den Zaun zu zwängen, gaben dann aber auf. Keine Schildkröte kam auf die Idee, sich auf den Weg zu machen. Das ist allerdings auch schwer, denn sie hätten sich zunächst einmal von dem Futterstück wegbewegen müssen.

Anders lief es hingegen in der zweiten Gruppe. Die Tiere konnten einem Artgenossen zusehen, der die Lösung schon kannte. Und im anschließenden Testlauf schafften es alle vier, den Umweg zu nehmen, zwei davon gleich im ersten Versuch. Eine Schildkröte nahm sogar den Weg andersherum, lief also nicht zuerst nach rechts, wie es ihr vorgemacht worden war, sondern nach links. Dies war der erste Nachweis für soziales Lernen bei einem Reptil, das nicht in einer Gruppe, sondern als Einzelgänger lebt. Und er zeigt, dass Lernen durch Imitation nicht zwingend voraussetzt, in einer Gemeinschaft zu leben.

Wilkinson testet ihre Schildkröten übrigens bei hohen Raumtemperaturen von um die 30 Grad Celsius, da sie festgestellt hat, dass bei einer für Menschen üblichen Zimmertemperatur ein Reptiliengehirn weniger wach ist. Was ein Grund dafür sein könnte, dass ihren Tieren so viel gelingt. Wie etwa auch das Arbeiten mit einem Touchscreen. Oder das erfolgreiche Futtersuchen in einem Labyrinth mit acht verschiedenen Gängen. »Schildkröten eignen sich perfekt für Studien«, sagt Wilkinson, »weil sie sich seit ihrer Entstehung vor Millionen von Jahren nur wenig verändert haben.« Vielleicht kann man eines Tages mithilfe solcher Geschöpfe besser nachvollziehen, wie das Denken in die Welt kam.

Der Durchblick der Schweine

Lässt man junge Schweine ein paar Stunden vor einem Spiegel zubringen, verstehen sie seine Funktion. Sie durchschauen, dass es sich um eine Fläche handelt, die etwas reflektiert. Das ist das Ergebnis einer Studie aus England, in der Wissenschaftler eine Futterschüssel hinter einer Sichtbarriere versteckten. Die Schweine konnten die Schüssel von ihrem Platz im Stall aus nicht sehen, sondern nur durch die Reflexion des Spiegels. Sie konnten das Futter auch nicht riechen.

Sieben von acht Schweinen brauchten nur 23 Sekunden, nachdem die Futterschüssel hinter der Barriere abgestellt war, um vom Spiegel wegzugehen, das Hindernis zu umrunden und dahinter die Schüssel zu entdecken. Dies gelang den Schweinen jedoch nur dann, wenn sie einige Zeit mit dem Spiegel zugebracht hatten. Tiere, die man kontrollweise direkt mit dem Spiegel konfrontiert hatte, wussten nichts damit anzufangen. Sie fanden auch die Futterschüssel nicht, sondern blickten hinter den Spiegel.

Wenn Wale von Delfinen lernen – und Delfine von uns

Immer wieder gab es in der Vergangenheit Berichte von Meeressäugern, die Laute fremder Arten kopierten und in ihr eigenes Repertoire aufnahmen. So imitierte etwa in den Achtzigerjahren ein kalifornischer Beluga-Wal namens NOC den Klang menschlicher Stimmen. Allerdings in einer seltsamen Form, die an das Musikinstrument Kazoo erinnert. Wenn man in ein Kazoo hineinspricht, formt es aus der menschlichen Stimme eine Art Melodie. Und etwas Ähnliches gab auch NOC von sich. Was immer er da produziert hatte, um seine eigene Kommunikation handelte es sich eindeutig nicht. Schon allein aufgrund der Stimmlage, die bei seinen menschenähnlichen Lauten einige Oktaven tiefer war als sonst.

Auch kursiert noch immer eine Anekdote, wonach der Beluga unvermittelt das Wort »out« nachgeahmt haben soll. Er hörte das Wort jeden Tag, es galt den Tauchern in seinem Becken und war ihr Kommando zum Auftauchen. Nun vernahm also eines Tages ein Taucher das Wort »out« unter Wasser und schwamm zum Beckenrand, um dort nachzufragen, warum er herauskommen solle. Aber niemand hatte ihm das Signal gegeben. Und so heißt es bis heute, NOC habe es produziert.

»Melden Sie sich gern wieder in ein paar Jahren«

ist nicht unbedingt das, was man in einer Antwort-Mail lesen möchte, wenn man um ein Gespräch bittet. Aber Wissenschaftler denken in anderen Zeiträumen als Journalisten. Verschlingt ein einziges Experiment schon rund drei Jahre, möchte man sich eben erst dann dazu äußern, wenn man auch wirklich etwas zu sagen hat. So zumindest hielt es Ann Bowles.

Die Meeresbiologin erforscht Orcas in Gefangenschaft im Hubbs-Seaworld Research Institute in San Diego, Kalifornien. Manche der Schwertwale leben nur mit ihren Artgenossen zusammen, andere teilen sich ihre Becken mit Großen Tümmlern, einer Delfin-Spezies. Durch eine Analyse von 2861 Tonaufnahmen, gesammelt über mehrere Jahre, konnte Bowles nachweisen, dass sich Orcas in ihrer Kommunikation den Delfinen annäherten, mit denen sie zusammenlebten. Dass sie also anfingen, sich wie eine andere Spezies zu artikulieren. Dass sie sozusagen eine Fremdsprache lernten.

Schwertwale verwenden im sozialen Miteinander überwiegend gepulste Rufe, das sind stoßartige, von Pausen unterbrochene Laute. Diese Rufe klingen teilweise enorm schrill und können in einem hohen, spitzen Laut enden. Daneben äußern Orcas Klicks und Pfiffe, doch im sozialen Kontext eben weit weniger als ihre Hauptlaute. Delfine hingegen kommunizieren untereinander hauptsächlich durch Pfiffe, die ein bisschen an Geschnatter erinnern, und durch Klicks. Auch äußern sich Delfine mehrheitlich als Individuen, während es bei den Orca-Rufen vor allem um Gruppenverständigung geht, um den Austausch eines gemeinsamen Dialekts, ganz ähnlich wie bei den Pottwalen.

Dass Orcas prinzipiell fähig sind, Laute von Artgenossen zu lernen, hatte Bowles bereits Ende der Achtzigerjahre nachgewiesen. Da hatte sie in einer Studie gezeigt, wie Orca-Kälber die gepulsten Rufe der Alttiere nicht von Anfang an können, sondern von ihren Müttern erst allmählich übernehmen, weil sie sie üben müssen. Anfangs produzieren die Jungtiere nur unkoordinierte Geräusche, die sie dann aber immer mehr modulieren können und schließlich denen des mütterlichen Repertoires angleichen.

Nun hatte die Meeresbiologin also 2861 Lautäußerungen vor sich, die von insgesamt zehn Schwertwalen und zwei Großen Tümmlern stammten. Drei der Orcas lebten mit Delfinen zusammen, die anderen ausschließlich mit ihren Artgenossen. Und was sich da in den Daten an Kommunikationsunterschieden zeigte,

248

war frappant: Orcas, die ihr Becken mit einer anderen Spezies teilten, verminderten signifikant die Häufigkeit ihres wichtigsten Signals, den gepulsten Ruf. Sie benutzten ihn nur noch zu 78 Prozent, im Gegensatz zu den anderen Schwertwalen, die fast ausschließlich damit kommunizierten (zu rund 98 Prozent). Stattdessen verwendete die Dreiergruppe 17-mal mehr Klicklaute als die Kontrollgruppe und viermal mehr Pfiffe, das Hauptsignal der Delfine. Auch ließen sich ihre Pfiffe nicht mehr klar von denen der Delfine unterscheiden.

Von den drei Orcas stach ein Weibchen besonders hervor. Sie hatte nicht nur einen Pfeiflaut in ihr Repertoire übernommen, der dem Delfin-Original sehr nahe kam, sondern auch zwei neue Rufe erlernt, die man einst den Tümmlern antrainiert hatte. Es waren künstliche Zirp-Geräusche, die die Delfine von den Menschen übernommen hatten und nun offenbar an einen Schwertwal weitergaben.

Ich fand das sehr beeindruckend: Wale, die eine fremde Kommunikation erlernen. Doch Ann Bowles wiegelte ab. »Wir haben erste kleine Babyschritte gemacht, uns dieser Kommunikation anzunähern«, schrieb sie. Aber in ein paar Jahren hätte sie weit mehr zu berichten. Und dabei blieb es.

Gespräche mit Delfinen
Überaus spannend sind auch die Forschungsarbeiten, die die amerikanische Verhaltensbiologin Denise Herzing mit Delfinen unternimmt. Seit mehr als drei Jahrzehnten versucht sie, die Pfeif-Kommunikation der Tiere zu entschlüsseln, und erforscht dazu die Meeressäuger vor den Küsten Floridas und den Bahamas-Inseln. Noch immer gibt es wenige gesicherte Erkenntnisse. Das komplette Repertoire der Pfiffe ist bislang unbekannt, trotz der Aufzeichnung von Zehntausenden Lauten. Viele Tiere kommunizieren simultan, was die Zuordnung der einzelnen Töne ungeheuer erschwert. Sicher weiß man: Die Tiere verwenden

sogenannte Signatur-Pfiffe, um sich selbst zu benennen, so wie wir Namen haben. Diese Signatur-Pfiffe behalten sie ihr Leben lang, sie erkennen sich daran und erinnern sich noch nach Jahrzehnten an die Namen ihrer Artgenossen.

Doch Delfine äußern nicht nur Pfiffe, sondern auch Klicks zur Echo-Ortung. Und zur Kommunikation untereinander, wenn diese Klicks in rascher Abfolge zu Schnarr-Lauten werden. Damit werben die Männchen um ihre Weibchen. Schließlich weiß man noch von Kampflauten, die Delfine bei Konflikten untereinander ausstoßen, und von für Menschenohren nicht hörbaren Ultraschall-Lauten.

Denise Herzing hat nun seit Langem den Ehrgeiz, eine Zwei-Wege-Kommunikation mit den Meeressäugern möglich zu machen, also einen Dialog zwischen Mensch und Delfin herzustellen. Dafür muss sie als Erstes herausfinden, was einige der Pfiffe bedeuten. Sie muss also, wie damals Con Slobodchikoff, ihren »Stein von Rosetta« finden, erste Elemente aus der Delfin-Kommunikation decodieren, um einen Fuß in die Tür zu kriegen. Dafür verwendet Herzing seit ein paar Jahren ein Unterwasser-Aufnahmegerät mit Lautsprechern und einem integrierten Computer, das sie Chat nennt, die Abkürzung von »Cetacean Hearing and Telemetry«. Mit diesem Apparat kann sie unter Wasser Pfiffe abspielen, die sie zuvor aufgezeichnet hat, aber auch künstlich erzeugte Pfeifsignale. Und dann speichert Chat die Antwortsignale der Tiere.

Daran arbeitet Herzing nun seit einiger Zeit. Wobei es ihr vor allem darum geht, bestimmte Pfiffe mit bestimmten Gegenständen zu verknüpfen. Sie also zu »labeln«, genau wie Pepperberg das mit ihren Papageien macht.

Delfine können das. Es gibt Tiere in Gefangenschaft, die sich ein Repertoire von rund 40 Objekten erarbeitet haben. Doch Herzing arbeitet mit Delfinen in Freiheit. Sie kreuzt fünf Monate im Jahr mit ihrem Forschungsschiff vor den Küsten der Bahamas herum und tritt dort in Kontakt mit Tieren, die sie seit vielen Jahren kennt. Ihnen spielt sie künstliche Pfeiflaute vor, die es im Repertoire der Säuger nicht gibt. Zeigt ihnen Gegenstände dazu. Hofft, dass die Delfine Objekt und Pfeiflaut miteinander verknüpfen. Eine Weile lang präsentierte sie den Delfinen zusätzlich ein Symbol auf einer Anzeigetafel, etwa einen Stern für Seil oder ein Kreuz für Seetang, in der Hoffnung, dass die Tiere erstens die Pfeiflaute lernten. Und sie zweitens selbst ausstießen, sobald sie das entsprechende Symbol auf der Unterwasser-Tafel zu Gesicht bekamen. Dann hätte Herzing ihren »Stein von Rosetta«.

Vier Jahre arbeitete sie mit ihren Kollegen daran, den Delfinen das Labeln beizubringen. Sie nutzten eine simplere Variation der Model/Rival-Technik, die Pepperberg bei ihren Papageien anwendet. Sie zeigten sich gegenseitig Objekte unter Wasser und ließen die Meeressäuger dabei zuschauen, während ein dritter Taucher die Symbol-Tafel hochhielt.

Beim ersten Versuch, den sie überhaupt anstellten, arbeiteten Herzing und eine Kollegin mit einem Seil vor einer kleinen Gruppe Delfine. Sie hielten es hoch, warfen es sich zu. Vom Band erklang der künstliche Pfiff für Seil, und die Tafel zeigte den Stern, das entsprechende Symbol. Dann ließ Herzing das Seil mit einer weit ausholenden Bewegung fallen. Es trudelte Richtung Meeresboden. Wie würden die Delfine reagieren?

Zwei tauchten ab und fingen es mit der Schnauze auf. Sie spielten damit. Sie zogen es umher, einer jagte den anderen. Dann ertönte der Seil-Pfiff. Herzing sah, wie die Tiere nun direkt auf sie zuschwammen, das Seil im Maul, und es vor ihr fallen ließen. Sie hatten ihr das Objekt übergeben. Hatten sie damit Pfiff und Gegenstand verknüpft? Oder einfach nur gespielt, ganz unabhängig von dem, was die Forscher taten?

»Wir wissen es nicht«, sagt Herzing. »Wir können nicht sagen, ob sie auch die Funktion des Pfiffes verstanden haben.« Zumindest ist die Verknüpfung mit dem Symbol auf der Tafel bislang nicht geglückt. Vielleicht weil Delfine sich so sehr auf ihr Gehör verlassen. Und ihnen visuelle Symbole eher fremd sind. So kam Herzing letzten Endes auf Chat. Dies ist ein rein akustisches Medium. Es spielt die Pfiffe ab und verwandelt die Antwortsignale der Tiere wieder zurück in das entsprechende Wort, damit der Mensch es verstehen kann. Das Pfeifsignal für Seil wird also in Herzings Kopfhörern wieder zum Wort »Seil«.

Und so geschah es, dass die Biologin plötzlich im August 2013 das Wort »Sargassum« hörte. Sie hatte gerade einem Delfin den künstlichen Pfiff für die Braunalge vorgespielt. Diese durchs Wasser treibenden Gewächse sind so eine Art Ball für die Meeressäuger, die damit regelrecht jonglieren. Von Flosse auf Schnauze, auf Fluke und wieder zurück. Nun kam also die Antwort von dem Meeressäuger, ein Pfiff. Es war das Signal für die Braunalge, vom Chat-Gerät umgewandelt in das Wort »Sargassum«. Es hallte in ihrem Ohr nach. Herzing war fassungslos.

Das ist nun ein paar Jahre her. Noch immer weiß die Forscherin nicht, ob der Delfin, der damals den Algen-Pfiff von sich gab, damit auch wirklich das Gewächs gemeint hat. Ob es also tatsächlich eine Verknüpfung gegeben hat und ob er nicht einfach nur den Laut imitierte, den er gerade vom Band vernahm. Denn ein weiteres Erlebnis dieser Art gab es noch nicht wieder. Herzing betritt mit ihrer Arbeit Neuland, und das weiß sie auch. Auf ihrem Blog-Eintrag vom August 2017 steht zu lesen: »Dies ist unser erster Versuch, mithilfe der Computertechnik einzelne Bausteine der Delfin-Laute zu entschlüsseln.« Nicht mehr, aber auch nicht weniger.

Womit wir wieder am Anfang wären. Eines Tages könnte sich der ganze Aufwand lohnen. Bis dahin gilt: unverdrossen weitermachen.

Danke!

Es gibt ein afrikanisches Sprichwort, das heißt: Es braucht ein Dorf, um ein Kind großzuziehen. Mit Büchern ist es genauso. Wenn aus ihnen was werden soll, ist ein ganzes Netz aus Freunden, Kollegen und Familie notwendig.

Doch zuallererst einen herzlichen Dank an meine Gesprächspartner, die mit großer Geduld und Bereitwilligkeit in ihre Welt blicken ließen. Für ihre Mühe, ihre Zeit und die leuchtenden Augen, wenn von ihrem Thema die Rede war. Ein Extradank geht an Marc Bekoff für die Inspiration und den niemals stillstehenden Nachrichten-Ticker.

Es haben so viele Menschen geholfen, dieses Buch auf die Welt zu bringen. Mit Zuspruch, guten Tipps, Feedback, Aufbau-Telefonaten und Diskussionen bis spät in die Nacht. Mit ehrlichem Interesse, profunder Kritik und wertvollen Gedankenanstößen.

That's what friends are for.

Dafür tausend Mal Danke. Ihr wart allesamt großartig.

Ganz besonders: Ellen Dorn fürs unermüdliche Gegenlesen, die stets offenen Ohren und die vielen ermutigenden SMS. Insa Rücker für ihren Zuspruch und die tiefe Verbundenheit aus der Ferne. Andrea Mertes fürs Rückenstärken und Tränentrocknen. Silke Burmester für den Kampfgeist, der immer wieder guttut. Alex Lipp fürs Dasein seit so langer Zeit. Bertram Weiß für klugen Rat und wunderbares Feedback. Meinen Freischreiber-Kollegen fürs Rückenfreihalten. Heike Dorn für ihr kollegiales Verständnis und die immerzu gedrückten Daumen. Sascha

Ljubisavljevic für Hilfe in Recherchefragen. Peter Zink, meinem begnadeten Computer-Sanitäter, für seine Nerven aus Stahl und seine unermüdliche Hilfsbereitschaft.

Meinen großartigen Eltern, deren Unterstützung grenzenlos ist. Meinem solidarischen Mann, der alles am Laufen hält und unvermittelt brillante Ideen hat. Und Merle natürlich, für ihr Lächeln und die Atempausen im Wald.

Publikationen

Jonathan Balcombe, *What a Fish Knows: The Inner Life of Our Underwater Cousins*, Scientific American FSG, New York 2016.

Simon Barnes, *The Meaning of Birds*, Head of Zeus, London 2016.

Marc Bekoff, *Das Gefühlsleben der Tiere*, Animal Learn, Bernau 2008.

Marc Bekoff, *Tugend und Leidenschaft im Tierreich*, Animal Learn, Bernau 2010.

Tim Birkhead, *Bird Sense: What It's Like to Be a Bird*, Walker, New York 2012.

Juliane Bräuer, *Klüger als wir denken: Wozu Tiere fähig sind*, Springer Spektrum, Heidelberg 2014.

W. Bruce Cameron, *A Dog's Purpose*, Tom Doherty Associates, New York 2010.

Nathan Emery, *Bird Brain: an Exploration of Avian Intelligence*, Princeton University Press, Princeton 2016.

Dorit Urd Feddersen-Petersen, *Hundepsychologie*, Kosmos, Stuttgart 2004.

Udo Gansloßer, Kate Kitchenham, *Forschung trifft Hund*, Kosmos, Stuttgart 2012.

Rolf Gattermann (Hg.), *Wörterbuch zur Verhaltensbiologie der Tiere und des Menschen*, Elsevier, München 2006.

Michael Gazzaniga, *Die Ich-Illusion: Wie Bewusstsein und freier Wille entstehen*, Carl Hanser Verlag, München 2012.

Peter Godfrey-Smith, *Other Minds: The Octopus and the Evolution of Intelligent Life*, HarperCollins U.K., London 2017.

Jane Goodall, *Through a Window: My Thirty Years With the Chimpanzees of Gombe*, Mariner Books, New York 1990.

Bernd Heinrich, *Mind of the Raven: Investigations and Adventures with Wolf-Birds*, Harper Perennial, New York 2007.

Philip Hoare, *Leviathan oder Der Wal*, Mare, Hamburg 2013.

Bruce Hood, *The Self Illusion: How the Social Brain Creates Identity*, Oxford University Press, New York 2013.

Alexandra Horowitz, *Inside of a Dog: What Dogs See, Smell, and Know*, Scribner, New York 2009.

Andreas Jahn (Hg.), *Wie das Denken erwachte*, Schattauer, Stuttgart 2012.

Juliane Kaminski, *So klug ist Ihr Hund*, Kosmos Verlag, Stuttgart 2011.

Kurt Kotrschal, *Hund & Mensch: Das Geheimnis unserer Seelenverwandtschaft*, Brandstätter Verlag, Wien 2016.

Jennifer A. Mather, Roland C. Anderson, James B. Wood, *Octopus: The Ocean's Intelligent Invertebrate*, Timber Press, Portland 2010.

Randolf Menzel, Julia Fischer, *Animal Thinking: Contemporary Issues in Comparative Cognition*, The MIT Press, Cambridge 2011.

Randolf Menzel, *Die Intelligenz der Bienen*, Knaus, München 2016.

Adam Miklósi, *Dog Behaviour, Evolution, and Cognition*, Oxford University Press, New York 2009.

Sy Montgomery, *The Soul of an Octopus: A Surprising Exploration Into the Wonder of Consciousness*, Atria, New York 2015.

Irene Maxine Pepperberg, *Alex and Me*, Harper, New York 2008.

Irene Maxine Pepperberg, *The Alex Studies: Cognitive and Communicative Abilities of Grey Parrots*, Harvard University Press, Cambridge 2002.

Richard David Precht, *Tiere denken: Vom Recht der Tiere und den Grenzen des Menschen*, Goldmann, München 2016.

Gerhard Roth, *Wie einzigartig ist der Mensch? Die lange Evolution der Gehirne und des Geistes*, Spektrum, Heidelberg 2010.

Carl Safina, *Die Intelligenz der Tiere: Was Tiere fühlen und denken*, C. H. Beck, München 2017.

Con Slobodchikoff, *Chasing Doctor Dolittle*, St. Martin's Press, New York 2012.

Con Slobodchikoff, Bianca S. Perla, Jennifer L. Verdolin, *Prairie Dogs*, Harvard University Press, Cambridge 2009.

Spektrum Spezial, *Tierische Tricks: Intelligenz und komplexes Verhalten im Tierreich*, Spektrum der Wissenschaft, Heidelberg 2014.

Andrea & Wilfried Steffen, *Wale hautnah*, Verlag Stephanie Naglschmid, Stuttgart 2012.

Michael Tomasello, Josep Call, *Primate Cognition*, Oxford University Press, New York 1997.

Michael Tomasello, *Eine Naturgeschichte des menschlichen Denkens*, Suhrkamp, Berlin 2014.

Frans de Waal, *Are We Smart Enough to Know How Smart Animals Are?*, W. W. Norton, New York 2016.

Frans de Waal, *Der Mensch, der Bonobo und die zehn Gebote*, Klett-Cotta, Stuttgart 2015.

Hal Whitehead, Luke Rendell, *The Cultural Lives of Whales and Dolphins*, The University of Chicago Press, Chicago 2015.

Peter Wohlleben, *Das Seelenleben der Tiere*, Ludwig, München 2016.

Tom Wolfe, *Das Königreich der Sprache*, Karl Blessing Verlag, München 2017.

Erik Zimen, *Der Hund: Abstammung – Verhalten – Mensch und Hund*, Goldmann, München 2010.